气象工程管理

巩在武 张丽杰 孙 宁 等编

气象出版社
China Meteorological Press

内容简介

本书从气象工程管理理论、方法、应用和热点问题等方面系统阐述了气象工程管理的基本理论，涉及的方法，气象服务平台建设、效益评估、气象灾害管理等方面知识。

本书可作为非气象专业，特别是管理学、经济学等专业的本科生教材，也可作为管理学、经济学等研究生专业从事气象经济管理交叉研究的导读书。同时本书还可作为气象部门从事管理工作人员的参考书。

图书在版编目（CIP）数据

气象工程管理/巩在武等编. —北京：气象出版社，2012.6
ISBN 978-7-5029-5505-2

Ⅰ. ①气…　Ⅱ. ①巩…　Ⅲ. ①气象学-工程管理　Ⅳ. ①P4

中国版本图书馆 CIP 数据核字（2012）第 121721 号

出版发行：气象出版社

地　　址：北京市海淀区中关村南大街 46 号	**邮政编码**：100081
总 编 室：010-68407112	**发 行 部**：010-68409198
网　　址：http://www.cmp.cma.gov.cn	**E-mail**：qxcbs@263.net
责任编辑：隋珂珂	**终　　审**：汪勤模
封面设计：博雅思企划	**责任技编**：吴庭芳
印　　刷：北京京科印刷有限公司	
开　　本：720 mm×960 mm　1/16	**印　　张**：16
字　　数：408 千字	
版　　次：2012 年 7 月第 1 版	**印　　次**：2012 年 7 月第 1 次印刷
定　　价：30.00 元	

本书如存在文字不清、漏印以及缺页、倒页、脱页等，请与本社发行部联系调换

序

2005 年 8 月 23 日,威力强劲的"卡特里娜"(Katrina)飓风在美国南部沿海地区登陆,造成 1836 人死亡,100 多万人流离失所和接近 1000 亿美元损失的灾难,是美国历史上最为严重的自然灾害之一。这次灾难暴露出美国联邦政府在灾难事件的应急反应方面存在严重缺陷,国土安全部缺乏快速评估和传递灾难造成损失的信息以及协调各救援机构的系统,是造成联邦政府在"卡特里娜"飓风灾难中救援反应迟缓的主要原因之一。2005 年 9 月 13 日美国总统布什在白宫说,"卡特里娜"飓风暴露了美国各级政府应急反应能力中的严重问题,他对联邦政府未能在应急救灾方面完全履行职责承担责任。但是,早在 1718 年,就有工程师提出了洪水威胁的警告。洪水的神秘性总是冲走灾难的预兆,新奥尔良人也始终存在侥幸心理。直到 2005 年 8 月 30 日晨"卡特里娜"飓风最后一刻向东偏转时,当地许多居民才强烈感受到:灾难真的来了……

2008 年年初,我国南方发生了历史上罕见的特大低温雨雪冰冻灾害。这次灾害发生强度大、持续时间长、影响范围广,造成湖南、湖北、安徽、江西、广西、贵州等 19 个省(区、市)受灾人口达 1 亿多人,直接经济损失达 1516.5 亿元。这次灾害发生在春节前后,恰逢我国民工返乡、学生放假,对我国各行各业产生了极大的影响,特别是对交通运输、能源供应、电力传输、农业及人民群众生活造成严重影响和损失。安徽等地部分列车停运,从湖南境内南下的车辆通行受阻,京广南段、沪昆西段出现旅客列车大面积晚点,广州地区滞留了 80 万旅客,铁路运输面临极为严峻的困难和挑战,对春运的正常运行造成重大影响,对我国政府应急管理带来极大的考验。党中央、国务院把"保交通,保电力,保民生"看作政府应对巨灾的目标,在这场突如其来的巨灾面前,政府经受住了考验,取得了巨大的抗灾成果……

2009 年 12 月 7—18 日,《联合国气候变化框架公约》缔约方第 15 次会议在丹麦首都哥本哈根召开。本次会议就未来应对气候变暖的全球行动签署了新的协议。全球气候变暖正在造成海平面上升和降雨量及降雪量在数额上和样式上的变化。这些变动正在促使极端天气事件更强更频繁,譬如洪水、旱灾、热浪、飓风和龙卷风。除此之外,还造成农作物减产、冰河撤退、夏天河流流量减少、物种消失及疾病肆虐。有科学家指出,受全球气候变暖影响,北极冰川融化速度加快、澳大利亚大堡礁将在 20 年内消失、马尔代夫也将消失，亚马逊"飞行之河"(flying river，即给广大雨林地区带来降水的潮湿气流)可能会渐渐消失。全球气候变暖的直接诱因是过多的二氧化碳排放。据美国橡树岭实验室研究报告，自 1750 年以来，全球累计排放了 1 万多亿吨二氧化碳，其中发达国家排放约占 80%。据政府间气候变化专门委员会报告，如果温度升高超过 2.5℃，全球所有区域都可能遭受不利影响，发展中国家所受损失尤为严重；如果升温 4℃，则可能对全球生态系统带来不可逆的损害，造成全球经济重大损失。科学家们预计：想要防止全球平均气温再上升 2℃，到 2050 年，全球的温室气体减排量需达到 1990 年水平的 80%。哥本哈根会议是继《京都议定书》后又一具有划时代意义的全球气候变化大会，将对地球今后的气候变化走向产生决定性的影响。

以上仅仅是气象灾害以及气候变化对人类影响的冰山一角。近年来，人们在气象科学研究方面取得了众多突破性的进展：人们在灾害性天气的发生、发展以及可预报规律研究方面取得了较大进展，在此基础上设计出服务于社会的各种气象产品；人类对非线性的全球气候系统渐变规律研究日益深入，人类对应对全球气候变化——清洁生产与碳减排意识逐渐明确。然而，在严重的、突发性的自然灾害面前，最先进的自然科学技术与仪器设备也无能为力。实际上，天灾有时并不可怕，人祸带来的危机更让人担忧：人类无节制的、变本加厉的经济社会活动使得本来变化无常的气候系统更加脆弱；危机来临之前缺乏有效的风险预测与预防方法与技术、灾难面前缺乏有效的管理方法与技术；人类在危机来临时的恐慌与混乱所造成人为后果才是真正的灾难。换言之，气候变化背景下如何采取有节制、规律性的经济活动，采取有针对性的应对策略；灾害发生前后如何采取更为合理的科学管理方式，形成系统的应对与管理策略，将可能避免的灾害降低到最低限度，是现代社会的新课题。

"卡特里娜"飓风灾害发生后，引起了包括各国官员、平民百姓、各种社会组织以及研究学者各阶层的反思与探讨。代表世界最先进科学技术的国家竟然在自然灾害面前如此脆弱！科学技术再先进，都离不开社会的有序管理！于是，越来越多的专家学者将研究的重点转向危机管理、风险管理中。目前危机与风险管理已经成为一些高校的必修课程，这对于普及公众的危机意识、提高全社会危机应对能力十分重要。以美国新奥尔良危机为借鉴，我国在危机、灾害与风险管理方面也成效显著。2008年年初，我国成功应对 50 年一遇的特大冰冻雨雪灾害；2008 年 5 月，我国政府又在汶川特大地震灾害面前经受住了考验。

2009 年 12 月 19 日，哥本哈根世界气候大会在喋喋不休的争吵中落幕，有欢笑，也有失意。有报道称，中国在这场国际谈判中赢得了尊严，争取了主动；也有国外对我国的碳减排政策提出了怀疑与非议。此前，我国学者在气候变化、碳减排与清洁生产研究方面已经取得了富有成效的研究成果。这对我国政府在国际谈判中争取外交主动权起到了积极的作用，也对我国政府制定应对气候变化以及低碳经济发展策略提供了科学的依据。

无论是政府应对危机、灾害管理还是政府应对气候变化,都与公共气象服务息息相关。"气象防灾减灾"和"应对气候变化"一直以来是中国气象局的两项重大工程。近年来,中国气象局一方面努力发展现代气象预报预测业务,天气预报预测能力不断增强,精细化程度大大提高;另一方面着力建设现代化气象综合观测系统。综合气象观测能力明显增强,已建成了地基、空基和天基相结合,门类比较齐全,布局基本合理的综合气象观测系统。但是,气象工程最终归结为气象服务:"为经济社会发展和人民群众安全福祉作出贡献。"经过 60 年的发展,我国气象部门已从提供较为单一的决策服务和为农服务,逐步发展形成包括决策服务、公众服务、专业服务和科技服务在内的中国特色气象服务体系。农业气象服务领域已由传统农业扩展到包括农、林、牧、渔以及现代农业、新农村建设等在内的大农业范畴。面向工业、交通、环保、水利、国土、卫生、海洋、旅游等行业,以及国防建设、森林防火、应急保障、气候资源开发利用、重大工程建设等领域的专业气象服务蓬勃发展。我国气象服务效益明显增加,气象投入产出比从 20 世纪 90 年代的 1:40 提高到目前的 1:50。气象部门为抵御各种重大气象灾害,为保障新中国成立以来的各种重大庆典活动,为建设包括三峡工程、南水北调、青藏铁路、载人航天等重大工程提供了优质的气象服务保障。气象部门积极参与应对气候变化工作,强化气候变化科学研究、预测预估、影响评估、决策服务,在国家应对气候变化内政外交格局中发挥了重要作用,在国际气候变化科技领域的影响越来越大。

公共气象服务涉及的内容是一项庞大的"气象系统工程",只有对公共气象服务实施有效管理,才能使其发挥服务社会的最大功效。本教材中,我们将"气象工程"定义为气象乃至其他经济行业针对气象系统内外的各种资源,开发满足各方面需求的气象产品。对气象工程实施有效管理,采取有效的方式与方法,最大程度地发挥气象服务的功能和效益,是气象工程管理研究的基本内容。因此,气象工程管理可以定义为:利用科学的管理手段与方法,充分整合气象内外资源,包括人力、物力、财力,使得气象为强化防灾减灾工作服务的职能和作用、气象为应对气候变化能力建设服务的职能和作用、气象信息为服务社会、行业生产及人民生活物质需求的职能作用达到最优。

科学发展的历史表明,科学上的重大突破、新的增长点至新学科的产生常常是由不同学科的彼此交叉、相互渗透而产生的。大气科学、应用气象学是传统气象学科,遥感学科与技术学科是大气科学、应用气象学科优势的延伸。在科学研究从高度分化走向交叉综合的大趋势下,数学、信息科学、计算机科学以及环境科学等理工科学科以及哲学、社会科学等软科学学科之间相互交叉、融合、渗透,将为气象工程管理学科的创新、实践与发展提供更丰富的研究手段,将赋予气象工程管理更丰富的研究领域和内涵。

　　本教材共分四大部分,12 章:气象工程管理理论篇主要介绍气象工程管理的概念界定,以及框架气象工程管理的理论。本部分内容中还介绍了气象科学、管理学的一些基本理论与常识,作为公共课学生的知识普及。气象工程管理的方法篇主要介绍气象工程管理涉及的方法如系统论方法、投入产出分析法以及优化方法、模糊数学方法、统计方法等方法,并通过案例分析说明这些方法的用法。气象工程管理应用篇主要介绍公共气象服务平台建设、公共气象服务效益评估理论与应用、气象灾害管理等。本部分内容是本教材的核心内容。气象工程管理热点问题篇主要介绍气候变化与公共管理、碳减排以及低碳经济等。作为全球关注的焦点问题之一,气候变化相关问题在一定程度上体现了气象服务学科当前的研究导向。作为本教材的最后部分,我们希望本热点问题能起到抛砖引玉的作用。

本书编写人员的具体分工(以姓氏笔画为序)

　　第 1 章:孙宁、吴敏洁、张丽杰、徐常萍

　　第 2 章:巩在武、孙宁

　　第 3 章:孙宁

　　第 4 章:王芳、巩在武、吴敏洁、徐常萍、姚小芹

　　第 5 章:王芳、姚小芹

　　第 6 章:王桂芝、张泓波

　　第 7 章:孙瑞玲、巢惟忐、韩颖

　　第 8 章:吴优

　　第 9 章:张丽杰

　　第 10 章:谢宏佐

　　第 11 章:谢宏佐

　　第 12 章:谢宏佐

　　本书的统稿工作由巩在武、孙宁完成。

目　录

序

气象工程管理理论篇

第1章　气象工程管理概述 …………………………………… （3）

1.1　大气科学相关知识 …………………………………… （3）

1.2　工程学相关知识 ……………………………………… （6）

1.3　管理学相关知识 ……………………………………… （10）

1.4　气象工程管理的概念 ………………………………… （16）

第2章　气象工程管理的基本框架 …………………………… （21）

2.1　气象工程管理的理论框架 …………………………… （21）

2.2　气象工程管理的研究框架 …………………………… （22）

2.3　气象工程管理的应用框架 …………………………… （25）

第3章　气象工程管理的规范与特色 ………………………… （30）

3.1　气象工程管理的规范 ………………………………… （30）

3.2　气象工程管理的特色 ………………………………… （30）

3.3　气象工程管理的研究意义 …………………………… （31）

本篇小结 …………………………………………………… （32）

复习思考题 ………………………………………………… （32）

气象工程管理的方法篇

第4章　气象工程管理的方法 ………………………………… （35）

4.1　系统论方法 …………………………………………… （35）

4.2　投入产出法 …………………………………………… （45）

4.3　优化理论与应用 ………………………………………… （53）

4.4　模糊理论及应用 ………………………………………… （58）

4.5　统计分析方法 …………………………………………… （67）

案例:基于贝叶斯方法的渔船出海风险决策 ………………… （71）

案例:风暴潮灾情等级识别的模糊聚分析方法 ……………… （74）

本篇小结 ……………………………………………………… （79）

复习思考题 …………………………………………………… （79）

气象工程管理应用篇

第5章　公共气象服务平台建设 ………………………………… （83）

5.1　观测平台建设 …………………………………………… （83）

5.2　业务平台建设 …………………………………………… （85）

5.3　服务平台建设 …………………………………………… （89）

第6章　公共气象服务效益评估 ………………………………… （92）

6.1　公共气象服务内容、方式与渠道 ……………………… （92）

6.2　公众气象服务效益评估 ………………………………… （93）

6.3　行业气象服务效益评估 …………………………………（108）

案例:苹果花期冻害气象服务效益分析 ………………………（112）

本章小结 ………………………………………………………（115）

复习思考题 ……………………………………………………（115）

第7章　气象灾害管理理论 ………………………………………（116）

7.1　气象灾害管理基础理论 …………………………………（116）

7.2　气象灾害管理技术 ………………………………………（126）

7.3　气象灾害风险评估 ………………………………………（129）

7.4　气象灾害应急管理 ………………………………………（134）

7.5　气象灾害灾后管理 ………………………………………（151）

案例:大雪无情,人间情意在 …………………………………（165）

本章小结 ………………………………………………………（167）

复习思考题 ……………………………………………………（167）

第8章　行业气象灾害工程管理 ………………………………… (169)

　　8.1　气象敏感行业与气象的关系 ……………………………… (169)

　　8.2　敏感行业气象灾害分类 …………………………………… (171)

　　8.3　气象灾害工程管理对策 …………………………………… (183)

　　复习思考题 …………………………………………………… (186)

　　案例:科学预防和减轻雾害策略 ……………………………… (186)

　　案例:南方雪灾反映出的问题与思考 ………………………… (187)

第9章　区域气象灾害工程管理 ………………………………… (192)

　　9.1　区域气象灾害 ……………………………………………… (192)

　　9.2　防灾管理 …………………………………………………… (196)

　　9.3　区域气象灾害灾中管理 …………………………………… (205)

　　9.4　灾后管理与信息的有效传递 ……………………………… (208)

　　本章小结 ………………………………………………………… (209)

　　复习思考题 ……………………………………………………… (210)

气象工程管理热点问题篇

第10章　气候变化专题 …………………………………………… (213)

　　10.1　气候变化概述………………………………………………… (213)

　　10.2　气候变化的影响……………………………………………… (215)

　　10.3　应对气候变化………………………………………………… (217)

　　本章小结 ………………………………………………………… (222)

　　复习思考题 ……………………………………………………… (222)

第11章　碳减排专题 ……………………………………………… (223)

　　11.1　低碳经济概念 ……………………………………………… (223)

　　11.2　碳减排中的重点技术和投资热点 ………………………… (223)

　　11.3　碳减排国际合作 …………………………………………… (224)

　　11.4　我国节能减排工作的若干对策措施 ……………………… (225)

　　本章小结 ………………………………………………………… (227)

　　复习思考题 ……………………………………………………… (228)

第 12 章　清洁能源专题 ……………………………………………………………（229）

12.1　清洁能源概念及分类……………………………………………………………（229）

12.2　中国清洁能源供给现状…………………………………………………………（231）

12.3　风能………………………………………………………………………………（232）

本章小结………………………………………………………………………………（234）

复习思考题……………………………………………………………………………（234）

参考文献 ………………………………………………………………………………（235）

气象工程管理理论篇

　　什么是气象工程？什么又是气象工程管理？气象工程管理应该包含哪些内容？作为一门新兴的综合交叉学科，有必要首先理清上述问题。因此本篇将围绕气象工程管理的概念界定，构建气象工程管理的理论框架，从而初步回答上述基本问题。

第 1 章　气象工程管理概述

顾名思义,气象工程管理由气象、工程和管理三个关键词组成,代表其理论基础或者说其主干理论应该由大气科学、工程学和管理学这三门学科构成。本章就由这三门学科的基础知识出发,延伸出气象工程管理的概念,探讨其内涵和外延。

1.1　大气科学相关知识

很明显,气象工程管理跟大气科学的关系密不可分,大气科学的相关理论知识就成为气象工程管理的主干理论之一。本节仅概要性的描述大气科学的基本知识[①]。

1.1.1　大气科学的研究对象

大气科学主要是研究大气的各种现象及其演变规律,以及如何利用这些规律为人类服务的一门学科。故其主要研究对象是大气圈。由于地球的引力作用,地球周围聚集着一个气体圈层,这就是大气圈。相应的,这层空气称为"地球大气"或简称为"大气"。此外,大气科学也研究大气与其周围的水圈、岩石圈和生物圈相互作用的物理和化学过程。目前相关研究已经拓展到太阳系其他行星的大气。

大气具有可压缩性的特点,同时受到太阳辐射、地球公转和自转、地球表面海陆分布、地形起伏、地质演化及地球生态系统演变等诸多因素的影响,这些影响因素的作用对大气的特定组分、结构和运动状态起到重要作用。另外,人类活动也已成为影响大气组分、结构和运动的重要因素。

总之,全球大气是一个不断运动的系统,整个大气圈通过各种物理、化学等机制(这些专业内容本书不作探讨)相互紧密联系在一起,形成了空间尺度小至几米以下,大至几千乃至上万公里,时间尺度短至几秒,长至十几天乃至更长时间的多种大气运动系统。为研究这些运动系统,掌握大气运动变化快、范围广、形式多的特征,就必须对大气进行连续的、高频的、全球性的观测。目前,全球已经形成了比较完整的大气观测网,运用气象观测站、探空气球、气象雷达、气象卫星等探测手段对大气基本物理

[①]　本节内容主要参考何金海主编《大气科学概论》,气象出版社,2012.

特征进行监测并做相应处理,供各国天气预报及研究部门应用。

1.1.2　大气科学的研究内容

　　大气科学的主要研究内容从学科的角度看,可分为气象学和气候学两大学科。气象学主要研究大气现象及其随时间变化的特征;气候学主要研究构成气候的大气长期统计特性。

　　(1)气象学的研究内容

　　气象学根据其研究的侧重点不同,衍生出三大分支学科:动力气象学、天气学和物理气象学。

　　动力气象学主要依据流体力学原理研究大气运动及其随时间的演变。具体来说,动力气象学是应用物理定律研究大气运动的动力过程、热力过程以及它们之间的相互关系,从理论上探讨大气环流、天气系统演变和其他大气动力过程的一门学科。从这个意义上讲,动力气象学是探讨大气运动和演变的理论基础。

　　天气学主要研究大尺度的大气运动状况及其分析和预报。天气学中的天气分析和预报主要是在经验方法的基础上,通过总结和归纳发展起来。

　　物理气象学主要研究大气的组成和结构、电磁波和声波在大气中的传输、云和降水形成的物理过程、大气电学等内容,同时也包括大气与物理学和化学紧密相关的各种问题。

　　(2)气候学的研究内容

　　气候学研究的对象是地球上的气候。气候指的是在太阳辐射、大气环流、下垫面性质和人类活动在长时间相互作用下,在某一时段内大量天气过程的综合。它不仅包括该地多年来经常发生的天气状况,而且包括某些年份偶尔出现的极端天气状况。依据其主要研究内容,目前气候学也可分为三个分支学科:物理气候学、描述气候学和应用气候学。

　　物理气候学主要研究气候的基本成因。如研究太阳辐射、大气环流、下垫面状况等因素在气候形成中的作用。

　　描述气候学主要研究气候统计特征,系统阐述全球性、地区性、局地性和微尺度的各种气候统计特征。如对气候分类和气候区划、区域气候、近地层气候、高空气候、海洋气候等的研究。

　　应用气候学主要研究如何利用气候方法解决实践问题。如农业气候学、林业气候学、建筑气候学、医疗气候学、航海气候学、航空气候学等。

1.1.3　大气科学的研究现状

　　大气科学的相关研究具有悠久的历史。古代底格里斯河与幼发拉底河流域的楔形文字碑上就记录着许多天气知识,约公元前 400 年希腊医生希波克拉底所著的《空气、水和地方》可视为一篇气候志;此外,我国许多古代典籍中也有相关记载,比如《易经》、《孙子兵法》、《山海经》等。

大气科学真正得到长足发展,是在无线电报发明以后,气象观测结果得以快速传达到各地,从此编制天气图成为可能,19 世纪中后期,天气图迅速发展起来,基本的大气运动规律也陆续被发现,比如 1878 年 Ley 根据卷云状的云移动记录,给出了锋面低压的基本三维空间结构;1882 年 Loomis 出版了用等雨线绘制的世界降水量分布图;1883 年泰塞伦克给出了第一幅显示季节性的反气旋和气旋的平均气压图;1920 年皮叶克里斯父子等发现了暖锋和气旋锢囚过程,并提出了气旋形成的极锋学说。

20 世纪 50 年代后,何金海等[①](2012)指出大气科学的发展表现出三大特色:第一是开展大规模的科学实验;第二是利用电子计算机对大气现象定量的进行数值模拟实验;第三是把大气作为一个整体来研究。逐渐重视人类活动的影响。

20 世纪 90 年代,由于大容量、高速计算机的开发,数值模式二维(x,y)网格点数从 10 年前的 $10^2 \times 10^2$ 增到 $10^3 \times 10^3$。因此,全球模式的网格距从几百千米减至几十千米,而区域模式可减至 4~6 km。后者明显增强了模式对中小尺度天气波动和外强迫(如地形,感、潜热源)的分辨率,并增加数值模拟的准确度,尤其是与地形有关的降水。过去 10 多年里随着廉价、高速并行工作站的普及、宽频互联网的快速发展和区域模式的越来越成熟,使用区域模式和实时获取各国气象中心资料越来越方便。区域模式的普及有利于提高人们对影响本地区天气因素的认识,同时也大大促进气象资料在各地环保、水文、交通、旅游、新闻等部门中的应用。

此外,各种气象(模式和观测)资料的方便使用也使广播、电视气象学应运而生。日常电视播放的卫星云图、雷达回波和天气图以及天气频道的建立,大大改变了普通百姓对周围环境和大自然的认识,并提高了他们对大气科学、环境事业的兴趣和关注。同时,随着气象资料在近十多年来的飞速增长,如何通过网络实时传播、现场迅速处理和显示高达数千兆的多维动态气象信息(如雷达、卫星、高分辨率的模式积分结果),并且具有一定"人机对话"智能和进行自动分析、天气解释、发布异常天气警报的功能,使得信息科学和工程与其他领域中的信息技术(IT)一样在近几年来引起重视。

近年来由于土地沙漠化、温室气体和污染物过度排放,造成全球气候变暖、酸雨事件和灾害性天气频发。所以,大气科学已与水文、海洋、环境、地理、生态及其他学科相结合研究大气运动在不同时、空尺度上的演变特征。因此,大气科学的发展直接影响到与国计民生有关的工业、农业、国防、交通、能源、水资源、城市建设、污染控制、

---

① 参见何金海,许建明等编《大气科学导论》

商业、体育、旅游直至人民生命和财产,并使她成为 20 世纪后叶最受各国人民和政府关注的重要科学领域之一。目前,美、日、俄等发达国家对大气科学研究的趋向大致着重在三个方面:一是关注中小尺度天气系统的研究,尤其以灾害性天气为重点;二是关注气候变化研究,尤其已经突破仅从大气圈的角度研究的限制,综合考虑五大圈层所组成的气候系统;三是关注大气物理和大气化学的研究,特别重视城市污染、酸雨、臭氧、对流层化学等方面的研究。

1.2　工程学相关知识

　　气象工程管理从字面上看,就隐含着气象工程这一概念(其界定下文详述),必然跟工程学有关。本节简单介绍有关工程学的基本知识,以期读者对工程学尤其是工程的概念有初步的了解,为后文界定气象工程管理的概念打下基础。

1.2.1　工程概述

　　什么是工程?用简单的话说,工程是服务于某个特定目的各项技术工作的总和。工程是以一系列的科学知识为依托,应用这些科学知识,并结合经验的判断、经济地利用自然资源为人们服务的一种专门技术。

　　工程有着十分广泛的内容。涉及各种复杂而又极不相同的活动领域,要用到多种多样的科学知识和技能。它不同于科学,也不同于技术,工程强调的是解决实际需要的问题。一项工程的完成除了需要专门的工程技术之外,还需要经济、管理方面的有关知识和技术。在长期的生产和生活实践中,人们根据数学、物理学、化学、生物学等自然科学和经济学等社会科学的理论,应用各种技术的手段,去研究、开发、设计、制造产品或解决生产工艺等方面的问题,逐渐形成了门类繁多的专业工程。如电气工程、机械工程、建筑工程、水利工程、土木工程、材料工程、航天工程、管理工程等。

　　工程活动是人们有目的有意识改造自然并从中获取产品的活动。人们获取产品或服务的途径有三种:试验探索途径、工业制造途径、工程途径。试验探索途径是在各种各样的试验室里进行的产品获取活动。其活动特点是:目标不是完全确定的,少数人参与的探索性的活动;工业制造途径是在工厂里进行的产品获取活动。它的活动特点是:目标是完全确定的(即唯一的),使用完全程序化(即规范化)的方法,活动空间、参与人员因产品性质而异;工程途径是在更广大的空间里进行的产品获取活动。其活动特点是:目标(即产品的结构和功能)是相对确定的,所使用的方法是相对确定的,并且主要使用程序化(即规范化)的方法,而辅之以探索性的方法;其活动空间较大,参与的人员也较多。

在物质产品获取的三种主要途径中,就其投入规模和活动范围而论,与试验探索途径相比,后两种途径占有更大的比例。在后两种途径中,由于除在工厂里获取产品以外的产品获取活动几乎都是工程活动,因此,在人们全部物质产品获取活动中,工程活动占有一个相当大的份额。工程活动的一般规律对人们有着特别的意义。

工程涵盖范围广泛,那么一项完整的工程具有哪些特点呢? 概括起来,主要有以下五个方面:

1)有明确的起始点和终止点。

2)有明确的目标。

3)工作是一次性的,而不是多次反复的。

4)它通常包含有费用和进度安排,目的是生产规定的产品,或得到预期的效果。

5)它突破许多组织和职能的界限。

1.2.2　工程类型

按工程活动的出发点来看可将所有狭义工程分为 4 大类:正向工程、反向工程、横向工程和重新工程。其中,只有正向工程是以用户需求为出发点,其他 3 类工程都以某个现有系统为出发点。

正向工程是根据用户需求产生系统定义和系统需求规格说明书,再经体系结构设计和详细设计,最后到制造、实现和集成系统的过程。一切崭新系统的产生都是并且只能是正向工程的结果。

与正向工程相反,反向工程是从某个现有的系统出发。通过对它的功能和结构的剖析,反向提取系统设计或用户需求规格说明书的过程。简单地说,它是一个由系统本身到它的设计或用户需求规格说明书的反向转换过程,即正向工程的逆过程,因此,又叫做"反设计"。当人们需要了解或仿造他人已设计并制造出来的一个陌生系统时就需要反向工程。

横向工程是将某个现有系统的设计划格说明书转换到另外一个相似系统上去的过程。当两个系统的全部或某些功能相同或相近时就需要横向工程。

重新工程是在系统用户需求基本不变的条件下通过用新的设计思想、技术手段或工程标准对现有系统进行改造的过程。在设计思想、技术手段和工程标准不断更新的情况下,人们常常会提出重新工程的任务要求。

区分工程类型的意义在于:在不同类型的工程(特别是在正向工程和反向工程之间)存在着重要的方法论上的差别:一般地说,正向工程主要使用综合的方法,"由内向外"的方法,即系统论方法;而反向工程在认识现有系统时主要使用分析的方法,"由外向内"的方法,即传统科学的还原论方法,在仿造系统时则主要使用系统论方法。

1.2.3　工程要素

任何一项工程都毫无例外地包含着以下 9 个基本要素：

（1）用户：期望使用工程产品的是哪个（些）人或哪个（些）组织（包括中间顾客和最终用户）？

（2）目标：用户期望的产品是什么？ 这种产品能做些什么（有哪些功能）？ 怎么做法（如何工作）？ 做到什么程度（性能与能力如何）？ 期望它在什么条件（环境）下工作？ 期望它带来什么价值或积极后果？ 不希望它产生哪些消极后果？

（3）资源：实现用户期望目标的基本物质条件（包括原材料、设备、工具、设施、能源、信息、财政，等等）是什么？

（4）行动者：谁是工程的主承包商（即系统承包商）？ 谁是工程的子承包商？ 谁是工程的供应商？ 谁是工程的顶级管理和监督单位？ 谁是工程的后勤保障单位？ 对这些组织及其所属个人的能力、素质、信誉、行为准则及道德水准的要求是什么？

（5）方法与技术：行动者使用哪些可用而有效的手段（包括技术的和管理的）去实现他们所承担的工程任务？

（6）过程：工程从什么地方或状态开始？ 到什么地方或状态结束？ 中间经历哪些阶段？ 每个阶段中又包括哪些子阶段或步骤？

（7）时间：整个工程的持续时间（又叫做工程的生命周期或系统的开发周期）有多久？ 每项工程活动从什么时间开始？ 到什么时间结束？ 不同活动间的时序关系是什么？ 哪些活动在时间上必须是串行的？ 又有哪些活动应该而且是必须并行的？

（8）活动：在工程过程的每个阶段和每个步骤中，每个行动者应该做些什么？ 依据什么（法规、文件、标准等）去做？ 采用什么做法？

（9）环境：工程是在什么样的背景（其中包括国际政治、国家政策、市场竞争、技术状态、工程标准等）下进行的？ 这些背景带给工程的约束是什么？

除环境外，上述其余 8 个要素共存于一个工程框架或边界之内，它们相互紧密地作用着，并组成为一个具有如下内涵的相关整体：行动者采用适当的方法与技术，通过一个完整而有序的活动过程，将资源转换为用户期望的目标。这里将这个相干的整体叫做工程系统；而把第 9 个要素叫做工程系统的环境，它为工程系统提供输入，接收工程系统的输出，并对工程系统产生约束力。对工程系统问题的解决可采用系统论的方法，具体参见第 2 章。

1.2.4　工程系统

工程系统是人们为了达到各种特定目的而建立的人工系统。工程系统的建立是一项具有很强的技术性和社会性的工作。它是由许多相互作用和相互联系的基本要素组合而成的一个整体,在创建这种复杂的工程系统时,要把总的目标要求逐步地划分为各个更为具体的设计任务,并通过一系列工程过程使这一个个具体的设计工作结果按一定规律综合起来后构成符合目标要求的实际系统。

完成这一工作,需要总体的协调、综合的优化和有条不紊地组织管理。因此,必须运用系统工程的原理和方法来合理地规划、指导和管理现代工程系统研制的全过程。从更为广泛的意义上去看待和处理现代的工程问题。

根据组成工程系统的基本要素的相近性与差别性,同时根据工程所具有的基本内容、性质和特征。可将工程系统分解并包装为如下 6 个子系统:

(1)工程对象系统。用户所期望的一种工程产品。这种产品可能是纯粹物理系统。也可能是纯粹抽象系统,还可能是物理成分和抽象成分相结合的系统。由于任何工程事实上都是对工程对象系统存在形态的转换过程。因此,分别将工程开始和工程结束时工程对象系统的存在形态称做概念的工程对象系统和实现的工程对象系统(工程产品)。

(2)工程过程系统。工程所经历的全部阶段或步骤及其全部活动的有序集合,因而又被叫做(工程对象)系统开发生命周期,或被叫做(工程)项目生命周期。

(3)工程技术系统。工程技术活动及其所使用的全部原理、方法和手段的有机集合。

(4)工程管理系统。工程管理活动及其所使用的全部原理、方法和手段的有机集合。

(5)工程组织系统。获取工程对象系统产生所涉及的所有组织、个人及其技能、知识结构、组织准则、道德水准和行为规范的有机集合。

(6)工程支持系统。为正常而有效地进行工程技术活动和工程管理活动提供保障的全部实体的有机集合。

无论在历史上还是在现实的千百万个工程案例中,由于人们常常习惯地把工程系统简单地等价为工程对象系统,因此,使许多工程问题得不到正确的认识和处理。系统论的扩展性为获得对工程问题的正确认识和处理提供了一种有效的结构框架。其中,将工程对象系统视为工程系统的一个组成部分,而不是它的全部,就是一个最重要和最基本的框架。

1.2.5　工程系统特性

由其组成可知,工程系统是一类特殊的系统。如果采用 P.B. 切克兰德关于系统的分类方法,那么,工程系统至少是由人造物理系统、人造抽象系统和人们活动系统 3 大类系统(有时还应包括自然系统)组成的复合系统。因此,它们不仅具有这 3 大类系统各自单独具有的某些基本性质,而且它们还具有自己的突现性质。

1. 复杂性

显然,由于工程对象系统只是工程系统的一个子系统,因此,工程系统的复杂性永远大于工程对象系统的复杂性。这就是说,即使工程对象系统是一个简单系统,工程系统本身仍然可能是一个复杂系统。

2. 动态性

简而言之,工程是一个将概念的对象系统不断地转化为实现的对象系统的过程。这种转换过程不仅意味着工程对象系统的形态是动态的,而且意味着与转换过程相联系的所有工程要素都是随时间变化的。

3. 开放性

任何工程系统都不可能是封闭系统。它们不仅要不断地与外界交流物质和能量(原材料、半成品、成品、设备、工具,等等),而且还要不断地与外界交流信息(法令、标准、指示、数据、资料、文件,等等)。

4. 目的性

任何工程系统都是目标驱动的系统。工程系统的目的性表现为在最短的时间内以最低的成本将概念的工程对象系统转换为实现的工程对象系统的企图。

5. 人们活动性

工程系统与纯粹自然系统、纯粹人造物理系统和纯粹人造之抽象系统的一个重要差异是:它不仅包含着人,而且通常包含着一群人,并且这群人间的活动是相互作用着的。因此,工程系统是带有人们活动性质的系统。认识工程系统这一重要性质,就有可能为认识和处理许多工程问题找到正确而有效的出路。

6. 控制性

不管其工程对象系统本身是否是带有协调器的系统,一切工程系统都是带有协调器的系统。并且,在工程系统中通常存在着一个协调器体系(由不同层次的管理和技术总体组织组成)。正是这种协调器或协调体系的存在,才使工程系统具有了自我控制和适应环境的能力。

1.3　管理学相关知识

管理是气象工程管理最重要的关键词,管理学的相关理论知识在气象工程管理中有着最广泛的应用,本节简要论述管理学的基本理论。

1.3.1　管理的概念

长期以来,中外学者从不同角度对管理的概念提出了许多看法,这些看法都从不同角度反映了管理的内涵。其中比较有影响的定义有以下几种类型:

(1)"职能论"认为：管理者在管理过程中，不断重复执行一系列的职能。但职能学派自身对于管理者在管理过程中应该执行哪些职能，看法不一。如法约尔（Henry Fayol,1916）认为："管理就是实行计划、组织、协调和控制。"而管理学家卢瑟·古利克和林德尔·厄威克（Luther Gulick 和 Lyndall Urwick,1937）却提出了管理七职能论，这七职能包括计划、组织、人事、指挥、协调、报告和预算等等。但职能学派统一认为，管理者的职能至少必须包括计划、组织和控制三项基本职能。

(2)"决策论"认为："管理就是决策，管理过程就是决策过程。"决策理论学派以美国的赫伯特·西蒙（Herbert A. Simon,1946）为代表。

(3)"人本论"认为：管理就是做人的工作，以行为科学学派的梅奥（Elton Mayol）和罗特利斯伯格（Fritz J. Roethlis Berger）为代表。人本论的主要内容是以研究人的心理、生理和社会环境影响为核心，激励职工的行为动机，调动人的积极性。

(4)"模式论"认为：管理就是用数学模式与程序来表示计划、组织、决策等合乎逻辑的程序，求出最优解答，以达到企业目标。以伯法（E. S. Buffa）等数学学派为代表人物。

从以上列举的定义可以看出，各个学派、各个学者对管理的定义尽管有不同描述，但都有其合理和可取之处，都是从某个侧面反映了管理的某些内容和特点。要全面理解和把握管理的概念必须从以下几个角度来理解：首先，从经济学的角度看，管理是与经济发展有关的唯一最重要的社会活动，是一种国家最重要的经济资源，是第二生产力。其次，从行为学的角度看，管理是有关人的行动的一门学问，就是通过他人将事情办妥，或者可以理解为让别人同自己去实现既定目标的活动。最后，从管理职能的角度看，管理就是决策，就是实行计划、组织、指挥、协调和控制。

根据上述分析，在本书中，我们给管理的定义是："在特定的环境下，对组织所拥有的资源进行计划、组织、领导和控制，通过既定资源的整合从而放大系统的功效或者提高系统整体效益的活动。"这个定义可以从以下几个方面去理解：

(1)管理就是放大系统功效。管理作为一项工作的任务就是设计和维持一种体系，使在这一体系中共同工作的人们能够用尽可能少的支出（包括人力、物力、财力等），去实现他们既定的目标；或者使系统中共同工作的人们能够用既定的支出实现既定目标的超越。因此，简言之，管理就是放大系统功效的，而这依赖于系统个人目标与组织目标的一致。

(2)管理的"载体"是组织。组织是对完成特定使命的人们的系统性安排。组织的具体形式有很多，例如企业、学院、政府机构等等，但是它们都具有共同的特征：第一，每一个组织都有一个明确的目的，这个目的一般是以一个或一组目标来表示。第二，每一个组织都是由人组成的，而且是两个以上的人，组织成员可以分为两种类型：操作者（负责组织的业务活动）和管理者（负责组织的管理活动）。第三，每一个组织都发育出一种系统性的结构,用以规范和限制成员的行为。

(3)管理的基本对象是人。管理的主体是管理者,管理的客体是以人为主导的投入产出系统。管理是一种人际关系,存在着管理者与被管理者,管理的主要矛盾是管理者与被管理者的对立统一。

(4)管理的实施是通过计划、组织、领导和控制等管理的基本活动进行的,反映了管理活动的功能、过程和手段。

从上面的叙述不难看出,所有的管理活动都可以划入"管事"、"管人"、"管人和事"三种类型之中,所有的管理不但需要按照一定规则程序进行,还会因管理者的管理技能不同而产生不同的管理结果。

1.3.2　管理的要素

管理的基本要素有多种分法。有的学者把管理要素分为"五要素"——人员、物料、机器设备、奖金和方法;而近年来,最为常见的一种是"七要素法",即"7M":①人员(Men)——工作评价、人事管理、人力开发、组织发展、组织模式。②资金(Money)——财务管理、预算控制、成本控制、成本效益分析。③方法(Methods)——生产计划与控制、质量管理、作业研究、分析。④机器(Machines)——工厂布置、工艺装备、自动化。⑤物料(Material)——物料采购、运输、储存、验收、保管等。⑥市场(Market)——市场需求预测、市场导向分析以及价格和销售策略制定等。⑦士气(Morade)——领导、人群关系、公共关系、工作效率等。

上述分类方法基本上是以管理所涉及的资源作为分类基础,偏重于生产力的研究。从更全面的角度出发,有学者认为,管理要素可以概括为九大要素:观念、目标、组织、人员、信息、资金、技术、物资和环境。

(1)管理观念,是指管理者实施管理的指导思想。包括价值、经营、人性等方面的观点。管理观念决定企业的管理行为的方向,是管理活动的起点,因此是管理的基本要素。

(2)管理目标,是指管理者为实现组织目标的努力方向,是管理活动要达成的效果。管理观念与环境相互作用的结果导致目标地形成,管理活动以管理目标为起点。

(3)管理组织,是指各类组织团体内的组织层次和结构、层次之间的相互关系,也就是为了实现某种目标而组成的人和技术的系统结合。组织是管理活动赖以展开的基础,不同的组织有不同的管理方式。

(4)人员,是指管理组织中的管理者和被管理者,是管理要素中的基本要素。人是管理要素中最活跃的要素,管理者和被管理者都由人去充当,在组织中充当着相对独立的角色。

(5)管理信息,是指能够反映管理内容的、可以传递和加工处理的文字、数据或信号。信息沟通,即管理者和被管理者之间的信息交流和反馈,是管理活动的基础。从某种程度上讲,整个管理过程就是信息处理的过程。

(6)资金,是管理组织中物的货币表现,它既是管理的手段,又是管理的目的。统筹有限的资金就是管理,管理好资金要以效益为目的。

(7)物资,是管理组织中物的要素,在生产企业中主要指原材料、燃料、设备、厂房等,在非生产性组织中指各种物资装备。物资是管理要素中必不可少的要素,缺乏物资,则其他管理要素就无从发挥作用。

(8)管理技术,主要指管理程序、管理方法和管理工具等,一定的管理技术可以提高组织的运作效率,是管理者不容忽视的一个重要因素。

(9)管理的环境,是指人们活动所涉及的空间要素,是管理的内部和外部的各种要素的总和。管理的内部环境包括管理的其他要素,如人、财、物等;管理的外部环境包括自然环境和社会环境,本质上是一种动态的环境。管理者只有根据组织所处的环境实施管理,才能产生好的效果。

还有学者在"九要素"的基础上又加上了"时间"和"空间"等要素,总之,随着经济的发展、信息与网络技术的普及应用以及管理实践的不断丰富,管理要素还会不断被丰富,从而推动科学管理的不断发展。

1.3.3 管理的职能

亨利·法约尔是第一个对管理职能进行区分的管理学家,他认为完整的管理过程包括计划、组织、指挥、协调和控制等五个职能。管理理论发展到今天,对管理职能的划分并没有统一的结论,众说纷纭,有三职能说,四职能说,五职能说,最多的有数十职能说。我们认为,管理活动最基础的职能包括决策、计划、组织、领导、控制,即管理活动是从管理的决策和计划职能开始,经由组织、领导和控制完成的循环过程。

(1)决策。决策是管理的本质,管理的各项职能都离不开决策。我们认为,所谓决策,是组织中的管理者为实现一定的目标,在两个以上的备选方案中进行分析比较,最终选择一个方案并付诸实施的过程。必须从以下几个方面来把握决策的概念:

①决策的主体是管理者。决策不仅是管理的一项职能,也是管理者的主要任务和职责。组织中大量的决策是由管理者做出的,是否负有决策责任也是区别管理者与非管理者的一个重要标志,虽然现代组织中越来越强调非管理者对决策的参与,但通常情况下非管理者的主要工作是操作性的。

②决策的本质是一个过程。它包含一系列相互关联的步骤,尽管人们对决策过程的理解不尽相同。

③决策的目的是为了解决问题或利用机会。也就是说,决策有时候是一个发现、确定并解决问题的过程,有时候是针对组织外部环境变化和组织内部资源运用过程中所产生的机会或威胁而采取行动,或者做出反应的过程。

(2)计划。计划是管理的一项重要职能,任何组织中的各项管理活动几乎都离不开计划,计划工作本身的质量如何,是衡量一个组织整体管理水平高低的重要依据。我们可以给计划定义为,"组织依据其外部环境和内部条件的现实要求,确定在未来一定时期内的目标,并通过计划的编制、执行和监督来协调各类资源以实现预期目标的过程"。

计划的主要内容可以概括地归纳为以下六个方面,也就是说,任何一项完整的计划都必须包含以下六个方面的内容,这六个方面的内容可以简称为"5W1H":

①What(做什么)? 需要明确计划工作的具体任务和要求,以此确定一定时期的工作任务和工作重点。

②Why(为什么做)? 明确组织的宗旨、目标和战略,充分论证计划工作的必要性和可行性。

③Who(谁去做)? 计划所涉及的各项工作都由哪些部门负责,必要的时候要落实到具体的人。

④When(何时做)? 规定计划中各项工作的开始和完成的时间以及进度。

⑤Where(何地做)? 合理安排计划实施的空间布局,明确规定计划的实施地点和场所。

⑥How(怎样做)? 明确计划实施的方式方法,制定实现计划目标的措施,包括相应的政策、规则和程序。

(3)组织。从管理的角度看,我们认为组织是为了实现某一共同的目标,经由分工与协作,以及不同的权利和责任制度而构成的人群集合系统。这个概念包含以下三层含义:

①组织必须有共同的目标。目标是组织存在的前提和基础,任何组织都是为实现特定的目标而存在的,不论这种目标是明确的还是隐含的。

②组织必须有分工与协作。明确的分工与协作系统是确保组织的各项活动协调一致,使人们在群体里高效率地完成工作的基本保证。

③组织必须有权利和责任制度。居于组织各层级、各部门和岗位的人员为了更加有效地完成工作任务,必须赋予他们相应的职权和职责,并保证这些职权和职责达到一种动态的平衡。

(4)领导。管理过程中的领导,就是主管人员根据组织的目标和要求,在管理中学习和运用有关理论和方法以及沟通联络、激励等手段,对被领导者施加影响,使之适应环境的变化,统一意志、统一行动,保证组织目标实现的工作过程。领导职能通常包含以下三层含义：

①领导者一定要有领导的对象：领导者一定要与群体或组织中的其他成员发生关系，这些人就是领导者的下属，或者说是被领导者，没有被领导者，领导工作就失去意义。

②权力在领导者和被领导者之间的分配是不平等的：领导者拥有相对强大的权力，可以影响组织中其他成员的行为；而组织中其他成员却没有这样的权力，或者说其所拥有的权力并不足以改变其被领导的地位。

③领导者对被领导者可以产生各种影响：领导的本质是影响力。

（5）控制。所谓控制，是管理者对组织内部的管理活动及其效果进行衡量和校正，以确保组织的目标以及为此而拟定的计划得以实现的行为。具体而言，控制的作用可以从以下几个方面去理解：

①有效的控制是完成计划的重要保障。控制对计划的保证作用主要表现在两个方面：其一，通过控制纠正计划执行过程中出现的各种偏差，督促计划执行者按照计划办事；其二，对计划中不符合实际情况的内容，根据执行过程中的实际情况，进行必要的修正、调整，使计划更加符合实际。

②有效的控制是提高组织效率的有效手段。控制可以提高组织的效率主要表现在两个方面：其一，控制过程是一个纠正偏差的过程，这一过程不仅仅能够使计划执行者回到计划确定的路线和目标上来，而且还有助于提高人们的工作责任心，防止再出现类似的偏差，有助于提高人们执行中的计划更加符合实际情况，发现和分析制定的计划所存在的缺陷以及产生缺陷的原因，发现计划制定工作中的不足，从而使计划工作得以不断改进；其二，控制过程中，控制者通过反馈所了解的不仅仅是受控者执行决策的水平效率，同时也可了解到自己的决策能力和水平，管理控制的能力和水平，有助于决策者不断提高自己的决策和控制管理活动的水平。

③有效的控制是管理创新的催化剂。控制不仅要保证计划完成，并且还要促进管理创新。控制过程要通过控制活动调动受控者的积极性。这是现代控制活动的特点。如在预算控制中实行弹性预算就是这种控制思想的体现，特别是在具有良好反馈机制的控制系统中。施控者通过受控者的反馈，不仅可及时了解计划执行状况，纠正计划执行中出现偏差，而且还可以从反馈中受到启发、激发创新。

④有效控制是确保组织适应环境的重要条件。一个组织要想生存发展，必须适应环境。计划就是组织为适应环境所作的准备。但是，如果计划一旦制定就能够自动地实现，就不需要控制了。事实上，组织在实施目标和计划的过程中，正是环境的变动使得组织的计划不再正确，实质上也就是组织与环境不再相适应。控制在某个方面就是防止这种不适应的距离变大。因此说，控制的一个重要的作用是使组织计划与环境相适应。

1.4　气象工程管理的概念

　　气象行业以气象信息产品开发这一核心业务为主轴,兼有人工影响天气,防灾减灾等相关业务,其相关行业涉及教育、科研、传媒、建筑、仪器仪表等。如何经济有效地整合整个气象行业的资源,创造出最大的社会和经济效益,已成为当前气象部门面临的具有重大现实意义的问题。但是目前国内外从整个气象事业的宏观角度探讨其发展的相关研究尚不多见,为此我们结合气象部门实际情况,引人工程管理的思想,提出气象工程管理这一全新的概念,本节拟通过围绕界定气象工程管理的概念,构建气象工程管理的基本理论基础。

　　在界定"气象工程管理"的概念之前,首先必须明确"气象工程"的概念。依据广泛而成熟的工程概念,结合气象事业的特点,对气象工程概念的界定如下。

1.4.1　气象工程的概念界定

　　气象工程是指气象行业内、外部与气象有关的活动。它包括气象行业内部的业务操作层面、行业管理层面、统筹规划层面、外部的防灾减灾层面的各类活动。气象工程明确引入了工程的概念,这意味着有关工程的理论特别是成熟的工程管理理论可以引入气象工程中来,为气象事业的发展研究开辟了新的路径。因此,从这个角度来看,广义的气象工程概念是对气象事业在工程角度的抽象概括。

　　更为明确的气象工程概念需要建立在明确的工程概念的基础之上。美国工程师专业发展协会(The Engineer's Council for Professional Development,简称 ECPD)从职业的角度对于工程的定义描述如下:工程是一种职业,它利用通过学习,经验,实践所获得的数学和自然科学知识,来寻求经济地利用物质和自然力量的方法,以造福人们。该定义揭示了工程师与科学家的根本区别在于"科学家发现事物,工程师使它们有用"(Scientists discover things. Engineers make them work)。

　　由上可以更广泛地对工程定义为:利用已有的科学知识(包括自然科学知识与人文社科知识),最大限度地发挥各种物质和自然力量的效用,创造对人们有实际使用价值的产品。

　　很明显,上述定义有三方面核心内容:

　　(1)知识:是工程实行的根本基础。如何正确有效地选择和运用知识是此内容的关键部分,也是整个工程成功与否的关键。

　　(2)资源:是工程实施的物质条件。如何经济有效地利用资源发挥它们的最大效用是此内容的关键部分,也是整个工程可行性与否的关键。

　　(3)产出:是工程最终的实现目标。最终得到的产品成功与否的标准就是评价其产出是否满足使用需要。

根据上述工程概念的阐述,我们对气象工程的概念做如下定义:综合运用气象科学知识与相关工程理论,最大限度地利用气象系统内外的各种资源,开发满足各方面需求的气象产品。此定义大到可以针对气象行业的整体,小到可以适用于某个局地气象项目。上述定义的具体内容同样可以从知识、资源和产出三方面来进行分析:

(1)气象工程的知识:气象工程涉及的知识主要是气象科学知识和相关工程理论,前者涵盖气象学、大气物理、天气学、气候学、大气化学、应用气象学等诸多气象学科,后者则主要包括与工程相关的科学理论,如系统论、最优化理论、决策预测理论等。由此可见气象工程具有学科跨度大、知识综合度高、知识面涉及广泛的特点。

(2)气象工程的资源:气象工程需要管理优化的资源来自气象部门系统内部与外部。归结起来主要是人员、技术、政策、经费四个方面的资源。如何整合这些资源,发挥这些资源的最大效益正是气象工程管理需要解决的核心问题。

(3)气象工程的产出:气象工程的产出简单讲就是服务于社会的各种气象产品。气象部门的主体岗位职能包括业务、科研、管理和服务四大类。所以气象部门的产出具体来说主要就是业务上生产的各种气象产品(各种天气观测信息、天气预报产品等);科研上研究开发的气象新理论、新方法、新仪器等;管理上通过优化整合创造管理效益;服务上依据业务提供的气象产品进一步开发专业的气象服务产品(如针对重大活动、气象敏感行业的气象服务)。

上述气象工程三方面要素的关系如图 1.1 所示,通过整合知识和资源来创造产出,产出本身构成新的知识或者资源,图中用反馈表示这一过程。

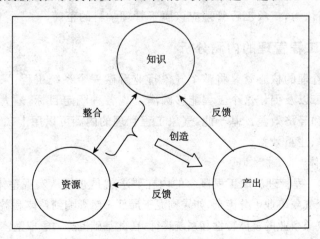

图 1.1　气象工程三要素关系示意图

1.4.2　气象工程管理的概念界定

通过上述针对气象工程概念的界定,实际上气象工程管理的概念已渐趋明朗了。顾名思义,气象工程管理就是专门针对气象工程,研究运用科学的管理学理论与方法进行有效管理的交叉学科。管理是气象工程管理的关键词,代表了基本研究途径与方法。因此,在对气象工程管理下严格定义之前,有必要再次明确管理的概念。

管理学家玛丽帕克·福丽特(Mary Parker Follett)定义管理为"通过他人来做事情的艺术";著名管理大师彼得·德鲁克(Peter Drucker)认为"管理者的职责就是指挥他们的公司,实施领导,并决定如何运用组织资源去实现目标";国内有人认为管理"就是为了有效地实现组织目标,由专门的管理人员利用专门的知识、技术和方法对组织活动进行计划、组织、领导与控制的过程"。

从这些形形色色的管理定义上可以发现,管理的要义包含两大部分:一是管理职能的有机组合。基本的管理职能有计划、组织、领导与控制(很多时候还包括人事);二是管理目标的有效实现。如此我们通过引入管理的概念,对气象工程管理定义如下:简言之,气象工程管理就是对气象工程进行管理。具体来说,就是利用科学的管理手段与方法,充分整合气象内外资源,包括人力、物力、财力,使得气象为强化防灾减灾工作服务的职能和作用、气象为应对气候变化能力建设服务的职能和作用、气象信息为服务社会、行业生产及人民生活物质需求的职能和作用达到最优。

从上述定义可以看出,气象工程管理研究的根本目标是如何让气象工程更好地完成;其采取的根本途径是运用科学的管理学方法与理论;其存在的根本意义一方面是基于气象工程的综合性与复杂性,另一方面则是追求资源的高效利用。通过上述概念界定,我们认为,气象工程管理应该属于管理学科的范畴。

1.4.3　气象工程管理的内涵分析

气象工程管理的核心就是将整个气象行业看做一个系统工程,采用现代先进的管理理念来保障以及促使这个工程能够圆满实现各种既定目标,最大限度地发挥气象行业的社会和经济效益。基于此,气象工程管理的内涵可以用十二个字概括:把握整体、追求效率、注重效益。

1. 把握整体

显然,气象工程管理汲取工程概念的内在要求就是必须从宏观整体的角度来看待气象事业。整个气象事业十分庞杂,如果拘泥于局部必然影响到整体利益。因此,必须高屋建瓴地把握气象事业的整体特性和系统特征,在此基础上努力争取整体利益的最大化。

2. 追求效率

气象部门是科技服务部门,主体业务是给社会提供及时准确的天气预报服务。

在全球气候变化导致的极端天气气候事件日益严重的今天,如何保证气象部门尽可能高效、高速地运转是气象部门最需要关注的管理问题。因此,追求效率是气象工程管理的基本要求,也是衡量具体的气象工程管理成功与否的重要标准。

3. 注重效益

对于以气象服务为根本的气象部门而言,注重在有限的资源基础上争取气象服务效益的最大化是再自然不过的事。这也恰恰符合气象工程管理的目标设定,因为管理的根本目的也就是实现资源的优化配置从而取得最大的效益。可以说,注重效益是气象工程管理的根本诉求,是实施气象工程管理的重要前提。

综上所述,气象工程管理的这些基本内涵代表了气象工程管理的本质特点和根本诉求,反映了气象工程管理的基本意义和重要作用。理解并把握好这些内涵,也就掌握了气象工程管理的精髓。

1.4.4　气象工程管理的外延设定

如果说内涵分析概括了气象工程管理概念的特有本质属性,那么本节讨论的外延则是主要描述气象工程管理概念的数量和范围。主要从气象工程管理的分类和管理层次两个角度来探讨。

1. 气象工程管理的分类

按照不同的分类标准,气象工程管理的种类也是多种多样。按照管理的基本职能,可以分为:

• 气象工程计划管理——主要围绕具体的气象工程(比如开发一个台风路径预报系统),制定该气象工程的具体目标以及达成该目标的详细方案。

• 气象工程组织管理——针对计划管理拟定的目标和方案,把各种有关行动、人员关联起来,形成完成任务或者子任务的团队。例如在上述台风路径预报系统的例子中,组建一个团队去负责开发台风路径的预报,这就是组织管理。

• 气象工程人事管理——为顺利完成某气象工程,对所需的人员进行招聘、选拔、培训等工作。气象部门的人事部门的主体工作就属于气象工程人事管理的范畴。

• 气象工程领导管理——主要对气象工程的实施过程以及人员完成任务的情况进行指导,带领属下保质保量地完成预定目标。比如某气象工程管理者定期召开项目组会议,对各子课题完成情况进行检查,确定下一步实施方向,就是一种典型的气象工程领导管理。

• 气象工程控制管理——在气象工程实施过程中,对其实施进度以及财务开支进行控制,以确保整个工程得以顺利完成。

按照气象部门岗位职能不同,可以分为:

• 业务管理——对于气象部门的主体业务天气预报来说,其整个流程就是一个典型的小型气象工程,如何在有限的资源条件下做出最及时准确的预报产品是气象工程业务管理所要解决的问题。

· 科研管理——科研也是气象部门的主要工作,多数具体的气象工程均有科研的成分在里面。因为科研工作涉及人力和物资的有效配置,以便取得最大的科研成果和效益,因此专门对其进行管理是很有必要的。

· 行政管理——气象部门是事业单位,直接受中国气象局及各级地方政府的领导,因此行政管理也是气象部门内部不可缺少的一环。尤其在与政府合作进行重大天气信息的发布、重大气象灾害的防范方面行政管理发挥了重要作用。

· 服务管理——针对公众、重大活动以及特殊行业提供各种气象服务是气象部门主体业务。从这个意义上来说,对服务进行有效管理就显得尤为重要。近年来,气象部门为提升气象服务水平和效益,专门成立气象服务中心,其主要职责简单讲就是对气象服务进行管理。

2. 气象工程管理的管理层次

任何规模的气象工程在实施过程中都离不开管理。依据管理学的理论,一个足够规模的气象工程一般存在三个层次的管理:

· 高层管理——该层管理的人员通常扮演的角色是部门主管、项目经理、课题负责人等。其重要职能为确定气象工程的目标、主要实施方案和资源的使用。

· 中层管理——主要是负责实现高层管理人员所制定的目标,具体制定方案实施的细则。比如某项大的研究课题的子课题负责人所做的工作就属于典型的中层管理。

· 低层管理——属于最低一层的管理,通常在这一层级除规模很大的气象工程以外,负责该层管理都是个体,实际上实施的是自我管理,负责气象工程某个环节的具体工作。

第 2 章 气象工程管理的基本框架

在界定了气象工程管理的概念之后，需要进一步理清的就是其基本框架。本章探讨的气象工程管理的框架主要分理论、研究和应用三个部分，涵盖气象工程管理的主要研究领域，从而完成对气象工程管理这门新兴综合交叉学科的理论架构。

2.1 气象工程管理的理论框架

气象工程管理是新兴的综合交叉学科，从上述概念的界定可以看出管理是核心，管理的对象是气象工程，实际上气象工程管理就是管理科学在气象工程的应用理论。这就决定了其理论框架应该以管理学理论与方法为主，气象及工程科学理论为辅。图 2.1 描绘了气象工程管理的理论框架，管理、工程、气象三学科理论构成气象工程管理的主干理论，其他一些社会和自然科学理论作为辅助，这些理论的综合形成了气象工程管理丰富的学科背景，充分体现其交叉学科理论上的综合性。有关主干理论的基本知识在第 1 章中已做扼要说明，其余辅助学科理论限于篇幅在此不再详细叙述，本书的后续章节均有所涉及。

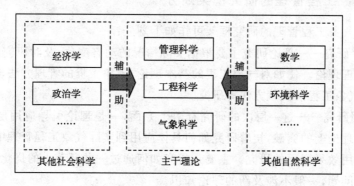

图 2.1 气象工程管理理论框架示意图

在气象工程管理研究过程中需要运用到很多具体的方法与技术，气象工程管理的研究过程大致可分为分析和决策两大阶段，图 2.2 给出了在这两个阶段内常用的一些方法与技术，即技术方法层面上的理论框架。一些常用的经典方法在本书的方法篇有具体介绍,并且在应用篇中有详细的案例描述。

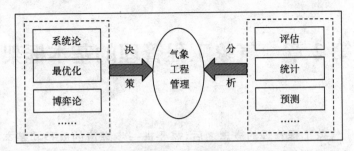

图 2.2　气象工程管理方法与技术框架示意图

2.2　气象工程管理的研究框架

本节研究框架旨在探讨气象工程管理这门新兴学科的主要研究内容及可延伸触及的研究领域。依据我们对气象工程管理的定义以及上述理论框架的探讨,可以总结出气象工程管理的根本研究问题是"采用何种方法能够高效集约地达成某气象工程的建设目标",显然核心的方法应该是属于管理学范畴的,而这应当成为气象工程管理这门学科的重点研究内容。介于本书方法篇对相关具体技术方法有专门探讨,故本节讨论研究框架的时候首先从宏观的角度对气象工程管理的研究框架做简单梳理,然后专门就管理学范畴内的研究内容做详细探讨。

2.2.1　气象工程管理的研究框架划分

宏观上气象工程管理的研究框架可作如下划分:

• 理论研究——理论研究主要根据实际情况的动态变化,及时研究完善现有的气象工程管理理论。比如对气象工程的基本理论、气象工程的管理方法、气象工程的预测方法、气象工程的决策方法等研究。

• 应用研究——这一层次的研究有两个方面,一是理论引导应用层面的研究。即首先有了理论上的突破,接着研究如何具体应用到实际气象工程管理中来的问题;二是改进应用效果层面的研究。主要是研究如何通过一些环节上的优化来达到应用效果提升的问题,一般不涉及新的理论知识。

当然上述从理论和应用两方面的划分仅仅是从学理研究的角度笼统得出的结果。很多时候这两方面的研究是相互融合的。理论上的进步提升了应用水平,同时应用的需要亦促进了理论研究。在具体的气象工程管理研究中,只有将这两方面有机结合起来,取得理论和应用研究的统一,才是真正体现了气象工程管理这门新兴学科的研究目的。

2. 2. 2　气象工程管理的具体研究内容

气象工程管理应该属于管理学的范畴,因此其具体的研究内容就应该遵循管理学的理论与方法。依据应用广泛而成熟的管理学基本理论与方法,我们归纳出如下研究内容:

1. 气象工程管理的规划管理理论

要实施好任何一个气象工程,对其进行完善的规划管理是必不可少的。总的来说,这部分研究的主要内容包括:①总体规划:即根据社会对气象产品和气象服务需要的预测,研究气象工程如何规划实施以满足现在和未来的需求;②执行计划:主要是研究如何对总体规划进行分解、资源如何分配等子计划的分解和安排问题;③调整规划:主要是为应付突发状况和情况变动,对总计划或子计划进行必要调整;④管理计划:依据管理的职能以及气象工程实施的目标,制定管理计划,涉及管理人员、资金、任务等方面的分配问题。

总之,气象工程管理的规划管理理论是对气象工程从立项到完成整个过程的一个总策划,是气象工程实施的纲领,也是其顺利完成的基础。

2. 气象工程管理的控制管理理论

这部分主要是研究如何完善或者发展现有的控制管理理论,并将其运用到气象工程管理中去。目前,国内外广泛运用的工程控制管理理论主要有两大类:一类是传统的"静态管理"方法,即对工程采取"过程跟踪、事后考核"的管理控制方法。但这种控制方法并不符合系统论的观点,其弊端也越来越凸现;另一类是"动态管理",即对工程采取"全程跟踪、实时考核"的管理控制方法,基本克服了"静态管理"的弊端。

另外,对工程项目控制问题的研究,主要有两种思路和方法:一种是采用网络技术的方法,包括网络计划的分解、综合和控制,进度和成本的联合管理等问题,处理对象细化到工序;另一种是采用控制论,偏重于从宏观角度来研究,对象是工程项目各阶段目标的实现。从三大控制目标的最有效控制方法角度,目标管理控制方法是最主要的工程项目管理方法,强调目标指导行动,遵循 PDCA(计划—实施—检查—处理)循环法则进行事前控制、事中控制和事后控制。工程管理以实现目标为宗旨而开展科学化、程序化、制度化、责任明确化的活动,从而把控制问题的两种思路和方法有机综合起来。

好的控制管理是气象工程顺利完成的保障。气象工程管理理论需要借鉴这些先进的管理思想、方法,并且注意总结实践经验,形成体现气象工程特色的控制管理理论。

3. 气象工程管理的协调管理理论

这部分主要是研究如何完善或者发展现有的协调管理理论,并将其运用到气象工程管理中去。协调管理要掌握好几项要素:一是协调对象,一般是人、物、资金等资源;二是协调内容,主要是合同内容的制定、双方利益的分配等;三是协调机制,本着公平公正、互惠共赢的原则,制定一套协调机制,有利于工程实施双方的沟通,从而有利于项目的实施。

主要的协调管理理论有,①团队管理理论:团队是指一种为实现某一目标而由相互协作的个体所组成的正式群体,与群体不同,所有的团队都是群体,但只有正式群体才能是团队。正式群体又分为命令群体、交叉功能团队、自我管理团队和任务小组。工程项目管理团队是指本着共同的目标、为了保障项目的有效协调实施而建立起来的管理组织,一般由项目经理和团队成员组成;②集成管理理论:采用系统工程原理,全面考虑工程项目从筹建到实施全过程中各阶段的要求和衔接关系,以及项目执行过程中各个参与方之间的动态影响关系,这是一种高效率工程项目管理模式。通常信息技术是项目集成化管理的实施基础,合适的项目管理组织模式是项目集成化管理的实施保证。

因为多数气象工程规模比较大,涉及的人员多,成员之间的互动协调是个大问题。因此,研究上述团队管理和集成管理理论在气象工程管理中的应用具有广阔的应用前景。

4. 气象工程管理的激励管理理论

激励有助于团队形成凝聚力、有助于团队成员提高工作的自觉性、主动性和创造性、有助于团队成员保持良好的工作绩效,因此,研究气象工程管理的激励管理理论,对于提高团队成员的干劲和工程完成的质量大有帮助。

激励管理理论简单讲主要是研究如何通过一些激励手段和方法来提高团队成员的工作热情。激励手段包括:①物质激励。包括工资、奖金和福利待遇等,这是工程项目组织中常采用的一种激励方法,其满足了项目小组成员的社会生存需要;②精神激励。是工程项目组织对个体或群体的高度评价,通过口头表扬等手段来向他人或社会证明其价值,以满足人们的自尊需要;③团队激励。由可以相互补充知识和技能的人员组成的,以团队任务为向导,实现共同的绩效目标。对团队成员以物质激励和精神激励相结合的方式比较有效,要让成员知道他们是团队的一员,通过团队激励可以提高组织的灵活性、具有强烈的动机激励以及增强组织的凝聚力。可以增强团队之间的协调沟通;④目标激励。通过组织目标和个人目标有机结合起来,实现整体目标的同时体现个人的价值;⑤自我激励。自我激励是指项目组织通过团队学习,使每一个项目小组成员改变心智模式,不断超越自我,树立新的有助于项目成功的人生目标,从而激发员工忘我工作。

激励方法包括:①对于不同员工应采取不同的激励手段,避免平均主义;②适当拉开实际效价的档次,控制奖励的效价差;③注意公平心理的疏导;④恰当地树立奖励目标,坚持"跳起来摘桃子"的原则;⑤注意奖励时机和奖励频率,注意综合效价;

⑥物质激励和精神激励并存;⑦要体现激励机制的公开创新。

　　总之,激励管理理论在气象工程管理中也是不可缺少的一环,恰到好处的激励对于气象工程的完成常常有事半功倍的效果。研究如何在气象工程管理中制定合理的激励措施以及采取何种激励方法意义重大。

　　5. 气象工程管理的技术管理理论

　　所谓气象工程管理的技术管理理论,就是对气象工程各项技术活动和构成工程技术的各项要素进行计划、组织、指挥、协调和控制的总称。考虑到气象工程丰富的科技内涵,很有必要加强这方面的研究。

　　技术管理所包括的内容主要包括以下部分:①属于技术准备阶段的,有工程项目招标文件的编制、对投标文件的设计、审查、会审、实施的组织设计等;②属于工程实施阶段的,主要有工程变更、技术措施、技术检验、施工技术、材料及半成品的试验及检测,技术问题处理、规范、规程的贯彻与实施等技术问题;③属于技术开发活动的,主要有科学研究,技术改造、技术革新、新技术试验以及技术培训等。此外,技术装备、技术情报、技术文件、技术资料、技术档案、技术标准和技术责任制等,也属于工程项目技术管理的范畴。

　　气象工程技术管理的任务是在工程项目实施过程中,运用计划、组织、指挥、协调和控制等管理职能,去促进技术工程的开展,使之正确贯彻国家和行业的技术政策和上级有关技术工作的指示与决定,科学地组织各项技术工作,建立良好的技术秩序,保证整个工程实施过程符合技术规范、规程,以保证高质量地按期完成该工程项目,使技术、经济、质量与进度达到和谐和统一。

　　本节重点就管理学范畴内介绍了一些气象工程管理的研究框架,应该讲做好这些研究,可以极大地优化气象工程建设中的管理,从而确保工程保质保量的完成。本书应用篇涉及许多大型气象工程,实际上在这些项目的实施过程中均体现了上述管理思想。我们认为如何更好地将管理学理论和方法融入气象工程管理中,是这门学科今后的主要研究内容和发展方向。另外,管理学以及气象工程管理有关的其他科学的理论和方法本身就十分丰富,同时也在不断演进,因此,气象工程管理的研究内容也应该随之不断扩张和更新。

2.3　气象工程管理的应用框架

2.3.1　气象工程管理的应用概念框架

　　对于任何一个具有一定规模的气象工程来说,抛开纷繁芜杂的具体细节不谈,气象工程管理的应用框架可用图 2.3 表示。

　　气象工程的实施过程大概包括立项、任务分解和实施三大部分,气象工程的管理是贯穿整个气象工程的实施过程的,具体的管理内容可依据管理的基本职能概括,即包括计划、组织、人事、领导和控制管理。气象工程的计划管理主要在气象工程立项的时候体现出来;组织管理则主要作用在气象工程分解和安排任务的时候;人事管理涉及到气象工程项目组人员的组建、任务的安排等方面,所以主要体现在气象工程的立项和任务分解环节;领导管理必须贯穿气象工程实施的始终,负责统领全局;控制管理因为涉及到资源使用的控制,同样需要体现在气象工程实施的全过程。

　　在气象工程的实施过程中,随时都可能有新情况发生,所以在气象工程管理的应用框架内必须有个反馈的环节,即气象工程管理层不断依据实施过程中反馈过来的具体情况,及时对管理做出调整。

　　图 2.3 展示的气象工程管理应用框架揭示了一个典型规模气象工程管理的两个应用特点:一是要树立全局管理的概念。气象工程管理必须贯穿气象工程的始终,这是由其管理职能决定的;二是要树立动态管理的理念。管理的内容和方式应当不断随气象工程实施过程中情况的变化而调整。

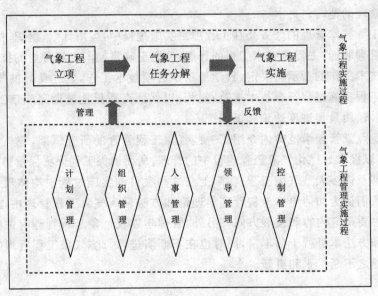

图 2.3　气象工程管理的应用框架示意图

2.3.2　气象工程管理的具体应用实例

　　气象工程管理的理念虽然尚未被学界和大众广泛接受,但是符合本书设定的气象工程管理概念框架下的应用已经非常普遍。这里我们结合实际举出一些典型的应用实例：

1. 重大活动气象保障工程——以北京奥运气象服务为例①

针对重大活动进行天气预报预警服务等气象服务，从而保障活动的顺利进行，这是气象部门气象服务的一个重要内容，同样也属于气象工程的范畴。我们以 2008 年北京奥运气象服务为代表，简述气象工程管理的应用。

2008 年北京奥运能否成功举办牵动了亿万中国人民的心，气象部门在此期间需要为奥运提供全方位的专项气象服务，服务质量的好坏直接关系到比赛的正常和顺利举行。这是一个典型的大型气象工程，由于事关重大，因此，专门成立了"北京奥运气象服务中心"来全权负责此事。该中心是主要依托北京市气象局以及协办城市的气象机构，以及国家级的支持中心共同组成的一个服务实体。其主要职责就是发布气象检测和跟踪天气变化，以及滚动更新信息。比如说包括奥运场馆的气象观测和预报、一些突发性的强对流性天气的预警等等。

该工程的实施贯穿奥运举办的前前后后，涉及多种气象服务内容，需要高标准的气象预报和服务质量，为了细化工作内容，该工程属下又成立了多个专门机构来负责一些专项事务，比如在具体负责气象预报的北京市气象台里面，又形成了场馆预报预警的团队，一个组有 24 人；此外还在 SCC 设立一个综合咨询的服务办公室，进行现场咨询服务由 5 人组成，国家体育场有 2 人，顺义服务组有 3 人；还通过国际合作的项目②，大约有 16 位国内外专家，其中国外专家大概 12 位左右，一同为场馆气象服务提供信息支持。

总之，正是由于领导有方、分工明确、过程控制和管理得当，从而确保了整个北京奥运气象服务工程的顺利实施，收到了良好的社会和经济效益。这种针对重大活动的专项气象服务工程管理是气象工程管理的一大类，其重要作用在气候变化加剧气象灾害频繁的今天越发得到突显。

2. 防灾减灾工程——以 2008 年湖南低温雨雪冰冻灾害为例③

近年来气象灾害及其衍生灾害对人民生产生活造成了重大影响，气象部门对此进行的天气预报预警服务，对防范以及减少气象灾害及其衍生灾害带来的损失起到

---

① 相关资料来源：http://news. xinhuanet. com/newscenter/2008—08/03/content_8923474. html

② 这个项目是中国气象局通过世界气象组织天气研究计划通过实施的国际项目，这个项目是在更大范围就奥运气象服务涉及灾害性或者是高影响天气的技术预报方面能够开展多边的合作，使国际先进的技术，通过北京奥运服务的平台得到共享和发展，并且在北京奥运气象服务工作中加以运用。

③ 资料来源：http://www. cma. gov. cn/ztbd/zdqxfw/zdqxfwgg/zdqxfwjz/200811/t20081126 _21552. html

了决定性作用。另外一些诸如地震、重大事故等其他自然或人为灾害发生时,气象部门提供准确的气象服务也对救灾和减少灾害损失作用巨大。所以如何在灾害发生发展的过程中及时提供天气预报和灾害预警服务,是气象部门工作的重点,自然也是气象工程的一大类,我们将其归纳为防灾减灾工程。这里以 2008 年湖南低温雨雪冰冻灾害为例,介绍气象工程管理在防灾减灾工程中的应用。

2008 年春节期间,湖南省发生大范围雨雪冰冻天气并一直维持,31 个县市达到重度冰冻灾害标准,冰雪严寒天气持续时间之长达 1969 年以来之最。面对严重的冰冻天气,湖南省气象局早在 1 月 21 日紧急启动了《湖南省突发性气象灾害预警应急预案》雨雪冰冻 II 级应急预案,全省各级气象部门坚守岗位,认真做好气象预报预测,及时发布气象预警信息,为各级党政领导和社会公众提供了优质气象服务,受到各级领导的充分肯定和高度评价。1 月 25 日,湖南省省长周强在省气象局《气象专题汇报》上批示:"省气象局预报雨雪、冰冻天气及时、准确,为抗灾救灾提供了重要依据。望密切关注未来一段时间的气象变化,及时为决策提供预测信息。"

湖南省气象局党组要求全省各级气象部门:严格执行 24 小时应急值班制度,加强雨雪冰冻天气的监测预报和会商,做好实时监测、滚动预报、准确预警。并主动向当地党委、政府汇报,提出防范措施建议。及时通过电视、电台、报纸、短信、电子显示屏等各种手段向社会公众发布预警信息和应对措施,提醒公众和相关部门做好防范准备。同时还要与相关单位做好配合保障工作,确保通信畅通和仪器设备正常运行。强化舆论引导,做好雨雪冰冻天气及应对防范知识的科普宣传。

应该讲,在各级领导的果断指示下,湖南省气象局调动一切资源,通过各种媒介向社会各个层面提供的天气预报预警是成功的,这里边体现了气象工程管理的思想。本书后续章节对有关防灾减灾工程有专门详细论述,这里不再赘述。

3. 气象服务效益评估工程——以 2006 年美国 OUSSSO 项目为例①

目前,基于气象部门所提供的气象服务日益增长的重要性,以及考虑到气象事业自身发展所需要争取的各方面支持,国内外针对气象服务效益的评估工作也越来越受到重视。这里简要介绍美国一个有代表性气象服务效益评估项目,当然该项目是从天气敏感性的角度进行评估的。

2006 年,在美国多机构参与的 WASIS(Weather And Society Integrated Study,天气与社会综合研究)项目的推动下,并结合国际 THORPEX 项目中第五部分"社会和经济应用研究"的美国实施计划,开展了规模较大的"美国不同经济行业对天气敏感性评估项目"(OUSSSA—Overall U. S. Sector Sensi-tivity Assessment,美国各行

---

① 资料来源:中国气象局培训中心咨询报告"气象投入是国家的一支绩优股——国际上气象预报和服务效益评估的分析"(内部资料)

业(气象)敏感度评估)。OUSSSA 项目由 NCAR、美国大学和 Stratus 咨询公司共同参与。项目已经取得的行业敏感度研究中,采用了较以往不尽相同的思路和方法。研究者首先确立了美国生产力产值(Y)是资本(K)、劳动力(L)、能源(E)以及天气情况(W)决定的,然后利用美国 48 州、11 个行业、1977—2000 年共 24 年上述要素的数值,即利用 Y、K、L、E 和 W 总计 48 州×11 行业×24 年=12672 的"观测"值,建立 Y 与各因变量之间的关系模型,从而得出天气要素 W 在决定产值 Y 中的作用。

根据 11 个主要气象敏感行业对气象的敏感性,得到美国国家经济与气象的关系,即:美国年度经济 3.4% 的变率,或大约 2600 亿美元和天气变化有关。由于研究的基本数据是以州为单位,所以研究还给出美国各州气象敏感性以及气象影响州产值的比例情况:美国各州的气象敏感度在 2.5%～13.5% 之间变化,不同的州可以相差大约 5 倍以上。

这个项目研究团队来自 3 个单位、研究范围覆盖美国 48 个州,涉及的数据量级达到 10 万,规模不可谓不大。这种大型项目工程的研究是气象工程管理极好的研究样本,期间可以深入考察策划、分解、控制、验收、调整等工程的诸多环节以及管理的各个职能在工程各个环节的作用。本书后续章节对气象服务效益评估工程有详细分析,在此略过。

总之,人们应对天气气候变化的一切努力尝试都属于气象工程管理应用的范畴,随着全球气候变化所引起的负面影响日益加剧,人们为减轻减缓这些负面影响所需要付出的努力也随之水涨船高,气象工程管理的重要性日益突显。

本章初步论述了气象工程管理的理论、研究和应用框架,意在抛砖引玉,希望更多的专家学者加入到这门新兴学科的研究中来,进一步完善气象工程管理的理论体系、提升气象工程管理的研究水平,从而提高应对天气气候变化的能力。

第3章　气象工程管理的规范与特色

3.1　气象工程管理的规范

气象工程管理作为气象、工程和管理科学的交叉,在实施具体某个气象工程的过程中,要想达到预期的目标,各个环节必须遵守上述学科理论和应用上的约束,我们总结出以下几点气象工程管理的规范,或者说是在气象工程管理过程中需要注意的几个方面:

• 理论技术规范——理论和技术是关系管理质量的决定因素,因此只有注重在气象工程管理的各个环节中狠抓理论技术环节,才能够确保气象工程的顺利实施、取得较高的管理质量、实现或超额完成预期的管理目标。

• 规章制度规范——经验证明,好的规章制度能够提高工作人员的工作效率,是决定气象工程管理质量的重要保障。所以有必要在实施气象工程管理的各个环节建立一套完善的规章制度。

• 政策法律规范——气象工程项目的设立、实施以及在管理气象工程的过程中不能违反国家乃至国际的相关政策法律,要避免国家、民族之间的摩擦与冲突。坚决不能违法乱纪,做有损国家利益,破坏民族团结的事。

• 社会人文规范——一般来说气象工程管理掌管着气象工程项目的制定和实施,在这过程中势必会有与社会人文相冲突的地方,比如工程项目涉及古老建筑的拆迁、人事管理的时候关系到相关人员的利益等等,在处理这些问题的时候必须本着以人为本的原则,尽量调节好各方的利益关系,将矛盾和冲突减到最小,争取实现共赢的局面。

没有规矩不成方圆,上述气象工程管理的种种规范为其顺利执行乃至取得成功提供了各方面的支撑与保障,需要注意的一点就是这些规范都不是死的,需要随着时势、环境、技术等多方面因素的变化而不断完善。

3.2　气象工程管理的特色

气象工程管理作为新兴独立的交叉学科必然存在区别于其他类似相关学科的特

色。从定义可知,气象工程依托气象事业,基本上都是气象部门的内部事务,或者是由气象部门主导的部门间合作的事务,从这个意义上说气象工程应该具有气象事业的公益属性,同样气象工程管理也就带有了公益的色彩。我们认为公益性是气象工程管理区别于其他类似学科的最主要特色。

气象工程管理公益性的特色又决定了在具体的气象工程管理过程中具有如下一些突出的特点:

• 公众利益优先——气象工程多半是为了提高气象部门服务水平的,是面向公众的,所以围绕提升公众利益做文章是气象工程管理公益性特色的核心体现。

• 注重综合效益——通常管理的目标之一是尽可能减少人力和物力的消耗,但是由于公益性特色的要求,为了最大限度地满足群众的需要,有时候必须舍得投入。庆幸的是这些投入也不是没有效果,国内外的研究发现气象部门的投入产出比相对较高,取得良好的社会和经济双重效益是气象部门的终极追求。因此在进行气象工程管理的时候,把握社会和经济的综合效益是必须要遵守的原则。

• 服务质量为本——气象部门是公益性服务单位,其核心业务天气预报就是一种公共服务产品,显然提高这些公共服务产品的质量,让受众得到满意的服务体验就成为气象部门的基本诉求。气象工程自然继承了这一诉求,在对其进行管理的时候把握好这一点就尤为必要。

公益性是气象工程管理的主要特色,只有在管理过程中抓住上述几点,体现出公益性特色,才是符合规范的气象工程管理。

3.3　气象工程管理的研究意义

气象工程管理是一个崭新的研究方向,已经初步成为一门新兴的交叉学科,在当前全球气候变化日益加剧的现实背景下,该领域的研究意义颇为重大:

1. 优化资源配置,实现部门效益最大化

气象工程管理注重将科学的管理理论和方法融入到相关气象工程中去,根本的目的就是追求发挥资源的最大能量,从而实现气象部门效益的最大化。当然这里所说的气象部门效益既包括气象部门自身获得的社会和经济效益,也包括气象部门提供的各种气象工程产品给社会带来的效益。总而言之,气象工程管理重点在管理,应属于管理学科的范畴。

2. 融合学科优势,开创教学科研新领域

气象工程管理的知识结构可以简单描述为:以管理科学为基础、气象与工程科学理论为补充,是多门类多学科知识的综合。因此,可以说本教材真正为气象工程管理这门交叉学科奠定了基础,同时为气象和管理学科群的建设增加了新的内容,也为气象事业发展急需的专业管理人才培养提供了培训教材。

3. 防范气候变化,服务气象敏感性行业

评估和防范天气气候极端事件引起的气象灾害所造成的影响是本教材的主要内容之一。这些内容可以指导气象敏感性行业进行有针对性的防灾减灾工作,比如抵御危险气象因素的影响、防范台风、城市内涝等气象灾害及其衍生灾害的危害等等,从而最大限度地减少相关损失。

4. 普及气象科学,增强社会气象认知度

虽然近年来民众对气象越发重视,但是对气象科学的认知度却不高,常常不能够搞清楚一些气象科学以及气象业务术语、不清楚气象灾害及其衍生灾害的危害以及防范,本教材设定的读者群除气象事业内部专业人士及高校学生外,也将广大民众包括进来。内容力求通俗易懂,包含了大量气象科学知识,对广大普通群众提高对气象的认识大有帮助。

本篇小结

本篇作为全书的总领,主要从理论上把握气象工程管理。首先从气象工程管理的主干理论出发,详细阐述了气象工程的定义,并从内涵与外延两个方面立体剖析了气象工程管理的概念;然后构建了气象工程管理的理论框架,包括理论、研究和应用三方面;最后讨论了气象工程管理的规范与特色,指出遵循严格的管理规范、秉持公益性的特色是良好的气象工程管理的必要条件,并且强调气象工程管理这门新兴学科设立的重要意义。

复习思考题

1. 你认为气象工程管理应该包含哪些理论与方法? 哪些理论是最主要的?

2. 气象工程管理是属于管理学的范畴? 还是工程学的范畴? 亦或是工程管理的范畴?

3. 结合气象工程管理的内涵、外延与特色,举出生活中具体的气象工程管理的例子,并谈谈这些气象工程在管理的过程中符合规范。

4. 假如某地气候稳定宜人,你觉得气象工程管理这一交叉学科在当地有存在的必要吗?

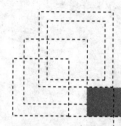

气象工程管理方法篇

　　气象工程管理是一门交叉学科,是应用气象学、工程学、经济学、管理学、数学等多门学科的复合体。作为一门复杂的交叉学科,气象工程本身的实践性与气象管理的复杂性与不确定性蕴涵着气象工程管理方法的多样性。本篇主要介绍气象工程管理的一些常用定量方法。

第 4 章　气象工程管理的方法

气象工程管理涉及的方法众多,本章主要介绍较常用的系统论方法、投入产出分析法以及优化方法、模糊数学方法、统计方法等。在 4.1 节中,我们将介绍系统论的方法,首先对系统论方法进行概述,其次介绍三种常见的系统方法,然后给出系统方法在气象工程管理中的两个应用实例——德尔菲法在气象服务效益评估中的应用及气象应急资源调度;4.2 节将介绍投入产出分析法,主要从投入产出法的原理与内容、模型及其计算、应用举例三方面进行讲述;4.3～4.7 节将分别介绍优化理论及其算法、模糊数学理论以及数学统计方法的基本原理,并通过相关案例说明这些方法在实际管理工作中的应用,体现其对提高管理效率和质量的促进作用。

4.1　系统论方法

宇宙、自然、人们,一切都在一个统一的运转的系统之中,同样气象工程管理的对象也可视为包含若干相互关联要素的系统,但管理对象本身的系统性并不意味着处理方法的系统性,千万个系统问题的处理案例表明,对待系统问题,尤其是复杂、动态系统问题,系统方法的运用往往十分有效。气象工程管理的系统方法主要是从应用上研究系统,以解决对具体气象工程管理系统的设计、优化和实施运作。它是系统论的基本概念、原理和原则的实际应用。

4.1.1　系统方法基本原理

凡是用系统观点来认识与处理问题的方法,亦即把对象当作系统来认识和处理的方法,不管是理论的或经验的,定性的或定量的,数学的或非数学的,精确的或近似的,都叫做系统方法。系统方法既有共同点,也有相异之处。本节拟对系统方法的基本原理,即系统方法的共性展开阐述。

1. 系统方法含义

所谓系统方法是把人们需要研究的对象暂时从宇宙万物中相对孤立出来,并把这个对象看成是由更小的元素组成的有机整体,即一个系统,一方面从整体与元素之间,元素与元素之间的相互联系、相互制约、相互作用的关系中综合精确地考察这个对象,另一方面又不忽视这个相对孤立出来的对象和其他事物,即外部环境之间的相互影响和相互作用,并把这种影响和作用作为系统的输入和输出来处理。简单地说,系统方法就是从系统观点出发,从系统与元素之间、元素与元素之间以及系统与外部环境之间的相互联系、相互制约、相互作用中,综合地精确地考察对象,以达到最优处理问题的一种科学方法。

2. 系统方法原则

系统方法主要有以下五个方面原则[①]:

(1)目的性原则

目的性是指系统本身的目的性,不是从外部加给系统的目的性。运用系统方法,首先要明确目的性,采取相应的手段措施促使目的的实现。这是应用系统方法要掌握的第一个原则。特别是对待人工系统更要明确它的目的性。道理很简单,研究任何系统所要达到的目标必须明确,只有目标明确才能决定为达到目标而采取的手段和方法,否则,目的不明确,处于盲目状态,就会收不到效果,也达不到目的。

(2)整体性原则

整体性是系统方法的基本出发点。系统方法突破了已往分析方法的局限,不要求把整体分割成许多部分,然后机械地相加求总和;也不是传统的先分析后综合,从部分求整体的方法,而是如实地把整体当作整体去对待,从整体与部分、整体与环境的相互制约、相互联系、相互作用中去认识和把握系统的整体特性和规律。这样,它就摆脱了那种局部决定整体以及简单的线性因果决定论的束缚,使人们思考问题的角度和观察事物的思想方法发生了重大变化。对待一些较复杂的大系统,如国民经济发展总体设计、资源开发和利用、环境保护和生态平衡、科学技术发展规划、人口问题、就业问题、物价问题、以及迎接新技术革命的挑战的对策问题、精神文明建设、智力投资与开发问题、教育发展战略问题、提高全民族思想文化素质问题等等,都是必须放在国家这个整体中去综合考察的。国家这个整体性,其内容也是极为丰富的,如其历史情况、现状、人口、经济实力、科学文化水平以及与外部的关系等等。在应用系统方法研究问题时,如果离开了这个整体,那就不会解决问题。

(3)综合性原则

所谓综合,就是把对象的各部分、各方面和各种因素联系起来综合加以考察,从中找出共同的规律性。系统方法把综合性原则贯穿于过程的始终,这是它的很大特点。系统方法的综合性原则有两方面的含义:其一,认为任何整体(系统)都是以这些或那些要素为特定内容而组成的综合体;其二,要求对任何一个对象的研究,都必须从它的成分要素、结构功能、相互作用、历史发展等方面进行综合的系统考察。

---

① 胡玉衡. 系统论　信息论　控制论原理及其应用[M]. 郑州:河南人民出版社,1989.

（4）最优化原则

最优化是指系统的最优化，即在一定条件下研究系统的特性，使得系统具有最佳功能。最优化既是系统本身固有的规律性，也是运用系统方法所要达到的目的。这一点是任何传统方法都不能做到的。系统方法的最优化原则，是指在解决同一问题时，通常提出很多方案，其中有可行方案和不可行方案。在可行的方案中，有一个或几个方案得到的结果最好，或者说它能以最高的效率和效益实现预期的目的，那么这个方案叫做"最优方案"。系统方法的最优化原则，就是寻找最优方案，寻找最优方案的过程就是最优化。最优化是系统方法解决问题时所能达到的目标，这一点是任何传统方法所不及的。

（5）定性分析与定量分析相结合原则

应用系统方法，对于一个系统的考察既要定性分析，也要定量分析，系统方法的定量化特点，是它在方法论上一个重大突破，是它的优点之一，是以往其他方法无法办到的。人们对客观事物的认识由定性分析到定量分析是一个很大的进步和深化，也是科学发展的结果。从哲学角度看，每件事物都有质的规定性和量的界限，质与量结合的辩证统一就是度。度就是反映事物固有的质的量的限度，系统方法要求定性分析与定量分析相结合的原则，正是反映了人们对事物认识的深化和发展，体现了系统方法的全面性与科学性。

以上就是系统方法的几个基本原则。其中主要的是整体性、综合性和最优化。它们之间的关系是：整体性是系统方法的出发点，综合性贯穿于考虑问题、解决问题的全过程，而最优化是系统方法所要达到的目的。由此可见，系统方法是一种立足整体，统筹全局，实现预期目标的科学方法。

3. 系统方法的应用步骤

系统方法有许多种，各种方法的特点不尽相同，但这些方法在实际运用中，因为面对研究的对象是客观系统，所用的理论和观点是系统论，所以它们也有相同的地方，这就是在解决具体问题时，通常都遵循如下的步骤：

（1）摆明问题，明确目标

从系统整体角度出发，说明需要解决的问题是什么，它的重点和范围，从而确定目标。目标要鲜明。要有准确的客观衡量标准，以便准确地判断问题解决的程度。

（2）收集资料，寻求解决问题的各种方案

从历史、现状、发展趋势等各方面，对要解决的问题进行调查研究，收集国内外同类问题的各种信息、数据和资料。在分析的基础上，为解决问题提出拟采取的各种手段，初步构思方案。例如，气象灾害应急管理，可以借鉴欧美发达等国的经验教训，当然主要还是根据我国的实际情况，从国情出发，寻求切实可行的管理方案。这一步骤又叫系统综合。

（3）建立模型，对比分析

为了对各种备选方案进行分析、比较、评价，找出或确定其中较好的方案，往往建立一定的模型，主要是数字模型。通过模型把这些方案与整个系统的评价目标联系起来，能进一步认识系统的规律，掌握系统规律，科学地选择方案。在系统方法应用过程中，一般把这一步骤又叫做系统分析。系统分析的主要环节是建立模型，为使模型能科学地反映系统的规律，就必须有准确的参数和恰当的数学工具。

（4）综合分析确定最优方案

利用模型和最优化技术，在定量分析的基础上再进行定性分析，在定量与定性结合的基础上对整体系统进行综合分析，从而确定最优方案。确定最优方案又叫系统选择或最优化。确定最优方案在领导上来说，就是决策。因为可供选择方案可能有几个或者除了定量目标外，还要考虑的一些定性目标（如涉及一些人和社会、单位因素等），这时必须由领导机构根据更全面的要求做出决策，确定一个最优方案。对已确定的方案，如发现有问题，不满意，可以进行反馈，重新按原步骤进行分折，直到满意为止（见图 4.1）。

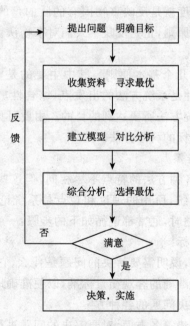

图 4.1　系统方法步骤

（5）组织实施，控制调整

对选择的方案已确定，就决策执行，制定实施计划，即具体的工作进行计划。在实施中要按方案要求进行科学控制（如检验、验收、信息反馈等等），如果发现了问题就要根据情况对方案作适当调整,直到问题解决为止。

以上的五个步骤是系统方法应用时的大致轮廓,其先后次序并不一定要求得很严格,而且有时根据对象的不同,还要增加一些环节和步骤,它们经常会出现反复。此外,一个系统方法的成功应用,要具备一定的专业知识和科学知识,如气象专业知识、管理学知识等,有时还需涉及心理学、社会学等知识。

4. 系统方法在方法论体系中的地位

如果按层次,即概括程度和适用范围来分,方法论体系可用图 4.2 简明表示。

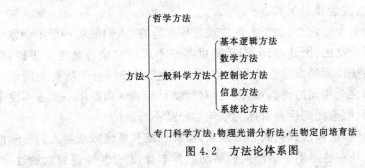

图 4.2　方法论体系图

从上图可以看出系统方法是一般科学方法,它的一端与哲学方法即唯物辩证法直接相连,另一端与其他科学方法紧密结合。目前系统方法对其他传统研究方法产生深远影响,使它们面目一新,工效倍增。另一方面系统方法与其他方法相互交叉互相交融。

4.1.2　HSM 系统和 SSM 系统

系统方法各种各样,按其方法论体系的应用可分为系统分析方法与系统工程方法,前者主要涉及系统方法在科学决策中的具体应用,而后者侧重于在组织管理中的应用。另一方面按处理的系统问题的性质,可分为硬系统方法论(Hard System Methodology,HSM)和软系统方法论(Soft Systems Methodology,SSM)。

1. 硬系统方法论(HSM)

硬系统方法论以问题及其相关系统清楚的情况为处理对象。它的基本假定是:世界是系统的,世界上的事物是能借助试验方法被客观认识的,试验结果是可用系统模型描述的。同时,系统的目标是确定的,在所有与问题有关的人员间对目标的认识是一致的(即一元的),因而找到达到目标的最佳途径是可能的。在此基础上,硬系统方法主要是一组供阐述目标、建立模型、验证并确认模型和寻找最优解使用的方法。简而言之,它们是一组手段—目标型的方法。

应用硬系统方法处理系统问题的过程都具有如下特征:

（1）有一个系统的当前状态，记为 S0；

（2）有一个期望的系统状态，记为 S1；

（3）为使系统由 S0 状态过渡到 S1 状态，有若干可供选择的途径，并且其中有一个可能是最好的。

2. 软系统方法论（SSM）

与硬系统方法论相对照，软系统方法论以问题本身及其相关系统都不清楚的情况为处理对象。这些情况是人们活动世界的正常的一般情况。各种各样的所谓"管理"活动都是以这些情况为其对象的。

软系统方法论的基本假定是：由于人的主观意识的存在，人们活动一般不会像物理试验那样是完全可重复的，因此，对人们活动世界是不可能完全客观地认识的，因而也不可能用建立系统模型的方法直接对它们进行描述。同时，由于所有与问题有关的人员有不同或不完全相同的世界观，因此，对活动目标的认识是不一致或不完全一致的（即多元的），因而想找到达到目标的最佳途径是不可能的。

但是，作为一种结构化和形式化的思维方式，系统思维和系统方法对人们活动世界是完全适用的。只是在这里不是用于人们活动世界本身，而是用于研究它的过程。

SSM 的主要创始人 P. B. 切克兰德发现：人们总是为着一定的目的而采取行动，目的来源于使问题情况得到改善的动机，而动机则主要根源于由以前行动的结果所获得的经验知识。这一由经验到行动的周期性循环使人们活动成为一个系统，即一个有目的的全局，它的突现性质就是其追求整体目的的能力。

3. HSM 和 SSM 的应用

简而言之，HSM 和 SSM 各自适用于满足它们的基本假定条件的对象，即 HSM 适用于处理硬系统问题，而 SSM 则适用于处理软系统问题。

由于人们所面临的大部分问题事实上都既有硬的成分又有软的成分，或者说，它们既包含物理系统的问题又包含人们活动系统的问题，因此，人们在应用系统方法处理他们所面临的问题时，常常是既应用 HSM，又应用 SSM（例如，在处理气象管理工程问题时就往往如此）。当然，对不同的问题，HSM 和 SSM 的使用比重一般不会相同。同时，经常发生的情况是，为了使用 HSM，首先需要使用 SSM。SSM 系统思维对人们活动给出了形式化的解释，使一般系统方法论增加了新的思想武器。但是由于迄今为止的系统科学发展史主要是硬系统方法论的发展史，因此，硬系统方法有十分丰富的内容。而 SSM 尚处于它的幼年发育时期，相关方法论体系还不成熟。

4.1.3　三种常见的系统方法

下面部分内容具体介绍了常见的两种硬系统方法（模型化方法、系统最优化方法）和兰德公司的"德尔菲"软系统方法。

1. 模型化方法

系统模型是对系统的一种替代形式。模型化方法是为研究系统建立它的模型的方法,或者说,是用此系统(模型系统)研究彼系统(原系统)的方法。系统科学强调系统的演化过程,因此,系统模型应是动态的,建模方法应以模拟法和混合法为主。因此,我们不去具体讨论系统的建模方法以及解析结构模型。例如层次分析法、投入产出模则、预测模型、评价模型、多目标决策网络模型、PERT 网络技术等,而是从整体与局部的结构演化关系上,探讨系统科学的建模方法基本思路。

(1)系统模型特征

系统模型反映着实际系统的主要特征,但它又高于实际系统而具有同类问题的共性。因此,一个适用的系统模型应该具有如下 3 个待征:

①它是现实系统的抽象或模仿;

②它是由反映系统本质或特征的主要因素构成的;

③它集中体现了这些主要因素之间的关系。

(2)常见系统模型建模方法

系统模型按与时间的依赖关系有静态和动态模型之分。按是否描述系统内部特性有"黑箱"和"白箱"模型之分,按变量形式有确定性、随机性、连续型、离散型之分,按变量之间的关系有代数方程、微分(差分、迭代)方程、统计型、逻辑型之分。针对不同的对象系统,可以采取不同的方法建造系统模型。常用的系统建模方法有以下5 种:

①推理法:对于内部结构和特性已经清楚的系统,即所谓的"白箱"系统,可以利用已知的定律和定理,经过一定的分析和推理,得到系统模型。

②模拟法:对于那些内部结构和特性不很清楚的系统,即所谓的"灰箱"系统,则可以通过建立计算机仿真模型,来模拟实际系统的行为,通过模拟的输入和输出结果,评价和确认系统模型。

③辨识法:对于那些内部结构和特性不清楚的系统,即所谓的"黑箱"系统,若允许进行实验性观察,则可以通过实验方法测量其输入和输出,然后按照一定的辨识方法,建立系统模型。

④统计分析法:对于那些内部结构和特性不清楚,又不允许直接进行实验观察的系统,可以采用数据收集和统计分析的方法来建造系统模型。

⑤混合法:大部分系统模型的建造往往是上述几种方法综合运用的结果。

(3)模型建立过程

建立模型(简称为建模)的过程叫做模型化过程。与概念化过程一样,它也是一种类型的抽象过程,其一般步骤如下:

①收集与所要处理系统问题相关的所有系统片段,包括结构、功能、事件、活动、

约束,等等;

②寻找这些片段的相似物,或者抽象描述这些片段的变量,并研究它们间的联系;

③用一种选定的实现手段建立系统模型。

(4)模型确认过程

模型确认过程是验证模型与原系统的相似性、近似性或逼真性的过程。任何模型都不可能是原系统的完全复现,而只能是对原系统的一种近似。因此,在正式使用模型之前必须对它的近似度或逼真度进行测试或评定。

对于动态系统,模型确认的一般过程如下:

①将原系统和模型置于尽可能相同的工作环境之下;

②给两者以相同的输入激励,分别观测并记录它们所产生的输出;

③用专家评估或数学计算方法,根据两者输出间的差异,给出定性或定量的近似度或逼真度度量。

(5)建模的必要性与可能性

建模的必要性首先来源于许多原系统的不可直接研究性。妨碍直接研究的因素有各种各样,如系统已不存在,系统尚不存在,系统不可接近,研究费用不可承受,等等。

其次,还来源于模型本身的一些优点,其中包括它们的直观性、形象性、简单性、易实现性、灵活性、低成本性,等等。

但是,如果说建立系统的定性模型(如类比模型等)是较为容易的,那么,建立系统的定量模型(加数学模型)并不总是容易的,有时甚至是不可能的。这里的主要障碍是某些系统变量的不可观性以及用已有的数学工具描述复杂系统现象的局限性。

2. 系统最优化方法

最优系统是能以最优方式满足用户需求的系统。寻找这种系统的方法叫做系统优化方法。一切人造系统都以最优系统为其设计目标。因此,对最优系统的追求成为推动系统论(特别是工程系统论)发展的最重要和最基本的动力。优化方法的内容详见 4.3 节。

3. 德尔菲法

解决良结构的系统问题可以使用硬系统方法,而对偏重社会、机理尚不清楚的生物型的系统问题,需要使用软系统方法。到目前为止,解决不良结构的软系统方法已提出一些,如专家调查法(德尔菲法,Delphi)、情景分析法(Scenario)、冲突分析法(Conflict analysis)等,由于德尔菲法应用普遍,下面部分内容围绕其展开介绍。

德尔菲法是在 20 世纪 40 年代由 O. 赫尔姆和 N. 达尔克首创,经过 T. J. 戈尔登和兰德公司进一步发展而成的。德尔菲法在对象不清晰、边界范围模糊、难以用客观定量方法加以描述时尤其能体现其优越性。该方法依据系统的程序,采用匿名发表意见的方式,即专家之间不得互相讨论,不发生横向联系,只能与调查人员发生关系,通过多轮次调查专家对问卷所提问题的看法,经过反复征询、归纳、修改,最后汇总成专家基本一致的看法,作为预测的结果。这种方法具有广泛的代表性,较为可靠。德尔菲法的实施步骤如下:

(1)组成专家小组。按照课题所需要的知识范围,确定专家。专家人数的多少,可根据预测课题的大小和涉及面的宽窄而定,一般不超过 20 人。

(2)向所有专家提出所要预测的问题及有关要求,并附上有关这个问题的所有背景材料,同时请专家提出还需要什么材料。然后,由专家做书面答复。

(3)各个专家根据他们所收到的材料,提出自己的预测意见,并说明自己是怎样利用这些材料并提出预测值的。

(4)将各位专家第一次判断意见汇总,列成图表,进行对比,再分发给各位专家,让专家比较自己同他人的不同意见,修改自己的意见和判断。也可以把各位专家的意见加以整理,或请身份更高的其他专家加以评论,然后把这些意见再分送给各位专家,以便他们参考后修改自己的意见。

(5)将所有专家的修改意见收集起来,汇总,再次分发给各位专家,以便做第二次修改。逐轮收集意见并为专家反馈信息是德尔菲法的主要环节。收集意见和信息反馈一般要经过三、四轮。在向专家进行反馈的时候,只给出各种意见,但并不说明发表各种意见的专家的具体姓名。这一过程重复进行,直到每一个专家不再改变自己的意见为止。

(6)对专家的意见进行综合处理。

4.1.4　系统论方法在气象工程管理中的应用

系统论方法能有效解决气象工程管理中遇到的各类问题,本小节将围绕上述提到的三种方法具体介绍其分别在气象服务效益评估以及气象应急管理中的应用(4.3 节)。

1. 模型化方法与德尔菲法在气象服务效益评估中的应用

行业气象服务效益评估的难点,一是没有足够的数据可供分析和应用,二是目前在国际上没有成熟和公认的评估方法可供借鉴。德尔菲法的最大优点就是在缺乏足够统计数据和原始资料的情况下,可以借助专家经验对气象服务效益进行定量的评估。1998 年气象服务效益评估课题组在研究行业气象服务效益时采用了改进德尔菲法,并在此基础上建立了预测模型。

(1)进行试点。德尔菲法要求有一个预测和评估领导小组织实施,只要按方法要求轮间反馈即可。行业气象服务效益评估是在全国范围内进行,由全国 30 个省(自治区、直辖市)气象局负责组织实施,采用轮间反馈的方式组织比较困难,若不进行反复严格的试点又很难得出统一、可信的评估结果。为便于统一组织,先后组织了两轮试点,在试点的基础上,得出"行业气象服务效益咨询调查表"(见表 4.1)和"各行业气象服务效益权重评估参考比例表"(见表 4.2)。为在全国范围组织行业气象服务效益评估积累了经验,并提供了参考依据。

(2)列出评估预测事件一览表,向专家提供背景材料。德尔菲法的第一轮,只给专家提供一张预测、评估主题表,由专家填写相应的预测、评估事件。这样可以排除先入为主的问题,有益于发挥专家个人的经验和才智。但是考虑到某些专家对德尔菲法不甚了解,对气象服务在本行业中产生的效益,即气象服务在本行业总产值所占的比重究竟有多大,概念也是很模糊的,有的专家对本行业的总产值也不一定很清楚。只凭经验进行估计。因此,为了让专家能够比较客观、准确地预测和评估出行业气象服务的效益比重,在第一轮评估时,向专家提供《行业气象服务效益咨询调查表》和《各行业气象服务效益比重评估参考比例表》,由专家根据各自的经验和知识,对本行业的气象服务效益比重进行预测和评估,并对表格中的有关内容和比重提出各自的修改和补充意见。

(3)减少应答轮数。德尔菲法一般需经过四轮,有时甚至五轮。如此多的反复,往往难以实现,很多专家也难以做到。经一系列的短期实验表明,经过两轮后意见已相当协调。因而就经验来讲,一般采用三轮咨询调查较为适宜。

表 4.1　行业气象服务效益咨询调查表

专家所在单位:　　　　　　职称:　　　　　　　　职务:　　　　　　　　所学专业:

项目	效益程度			自定比例	本行业产值	备注
	好	较好	一般			
综合效益						
气象预报情报服务						
气候资源利用服务						
人工影响天气服务						
气象卫星遥测遥感服务						
其他						

表 4.2　各行业气象服务效益权重参考比例表

项目行业	气象服务效益占各行业总产值比例			全国行业总产值(亿元)
	好	较好	一般	
农业	1.0%～2.0%	0.6%～0.9%	0.1%～0.5%	…
林业	1.0%～1.5%	0.6%～0.9%	0.1%～0.5%	…
水利防汛	15%～20%	10%～14%	1%～9%	…
…	…	…	…	…

根据上述评估组织思路,结合专家调查的实践,课题组设计了以下行业气象服务效益的专家评估法数学模型(式 4.1):

$$W = \sum_{j=1}^{m} \left(\frac{1}{M_j} \sum_{i=1}^{3} N_{ij} \cdot V_{ij} \right) C_j \tag{4.1}$$

其中参数含义为:

W 为行业气象服务总效益;

j 为所选行业数($j=1,2,3,\cdots\cdots,m$);

M_j 为第 j 行业的专家总人数;

i 为等级,即好、较好、一般三个定性评估等级($i=1,2,3$);

N_{ij} 为第 j 行业评估 i 等级的专家人数;

V_{ij} 为第 j 行业气象服务效益权重;

C_j 为第 j 行业的国民生产总值。

该模型中主要有两个参量,其一是行业的国民生产总值 C_j,其二是气象服务效益在某行业国民生产总值中所占的权重 V_{ij}。

2. 最优化方法在气象应急管理中的应用(详见 4.3 节)

4.2　投入产出法

投入产出法是数理经济学的基本方法之一,它是把经济学、统计学与数学相结合,对具有复杂联系现象进行数量分析的一种方法,也是我国经济数量分析起步较早的一种方法。

4.2.1　投入产出的原理与内容

投入产出法,是研究经济体系(国民经济、地区经济、部门经济、公司或企业经济单位)中各个部分之间投入与产出的相互依存关系的数量分析方法。该法是由美国经济学家瓦西里·列昂惕夫创立的。他于 1936 年发表了投入产出的第一篇论文《美国经济制度中投入产出的数量关系》;并于 1941 年发表了《美国经济结构,1919—1929》一书,详细地介绍了投入产出分析的基本内容;1953 年又出版了《美国经济结构研究》一书,进一步阐述了"投入产出分析"的基本原理和发展。列昂惕夫由于从事投入产出分析,于 1973 年获得第五届诺贝尔经济学奖。

1. 投入产出的原理

国民经济是由许多部门、再生产各种活动构成的有机整体,国民经济的运行过程就是国民经济各个部门实现再生产各个环节活动的过程。社会产品一经生产出来就具有价值和使用价值,由此产生了两种相对应的运动——实物运动和价值运动。

在实物运动和价值运动中,国民经济各个部门之间、再生产各环节之间、各个子系统之间存在着极其复杂的经济联系和生产技术联系:一些部门的生产成果是另一些部门的生产投入,一种产品的产出会影响其他产品的产出,一种产品的价格会影响其他产品的价格等。随着生产的发展、技术的进步,各种联系会更趋复杂,可以说现代经济就是在各种复杂的网络基础上进行的。国民经济系统内的联系虽然复杂,但可以概括为消耗与被消耗(即投入与产出)之间的依存关系。因此,可以从投入产出的角度对国民经济系统的复杂联系进行研究。

2. 投入产出的内容

所谓投入产出法,是在一定经济理论指导下,编制投入产出表,建立相应的投入产出模型,综合系统分析国民经济各部门、再生产各环节之间数量依存关系的一种经济数量分析方法。

其中,投入指社会生产(包括物质生产和劳务活动)过程中对各种生产要素的消耗和使用;产出,指从事经济活动后得到的一定数量的货物和服务以及它们的分配使用去向。

国民经济中的投入和产出,不仅是一个定性的概念,更是一个定量的概念。因为国民经济各子系统之间的依存关系,总是表现为一定的数量关系。投入产出法的主要任务就是将这样的数量关系揭示出来,并利用其建立数学模型,进行经济分析和预测等。

3. 投入产出法的特点

(1)投入产出法是一种经济计量方法

投入产出法通过一些假定,把各种经济变量之间的关系都处理成一次函数关系,利用相对稳定的经济参数(系数)建立确定的线性模型,用以描述各个生产部门的内在联系,反映不同部门之间的货物和服务流量。

(2)投入产出法是一种系统分析方法

投入产出法遵循系统论的思想,把国民经济看作是由许多子系统构成的巨大经济系统,研究它们之间相互依存、相互制约的关系。一张投入产出表、一组投入产出模型,既有反映整体综合的指标,又有各部门的指标;既有反映整体平衡的关系式,又有反映各部门平衡的关系式。

4.2.2　投入产出的模型

投入产出模型具有两种形式:其一是投入产出表;其二是投入产出数学模型,且两者之间密不可分,形成一个完整的模型体系。

1. 投入产出表

(1)投入产出表的一般形式

投入产出表可分为实物型和价值型,其中价值型投入产出表在实践中的应用更为广泛,因此以下以价值型投入产出表 4.3 为例进行分析。

表 4.3　价值型投入产出表的一般表式

| 投入　产出 | 中间产品 | | | | 最终产品 | | 总产品 |
	部门 1	部门 2	...	部门 n	消费 投资	出口	
中 部门 1							
间 部门 2			x_{ij}			Y_i	X_i
投 ⋮			第 I 象限			第 II 象限	
入 部门 n							
初 折旧					d_j		
始 劳酬			第 III 象限		V_j		
投 纯收入					M_j		
入 总计					N_j		
总投入			X_j				

表 4.3 是表现系统各部门(产品)的投入来源与产出去向的平衡表。该表的主栏是投入栏,表的列向表现对各种投入要素的消耗和使用,即投入来源;宾栏为产出栏,表的行向反映产品生产出来之后的分配使用去向,即产出去向。

(2)投入产出表的含义

第 I 象限是投入产出表的基本象限。它反映了经济各部门间的生产技术联系。但由于各部门间的联系受部门划分粗细及价格变动等因素的影响,所以确切地说,它反映的是各部门间的经济技术联系。

第 II 象限是最终使用象限。它是第 I 象限在水平方向的延伸,主栏与第 I 象限相同,是产品部门,宾栏是最终使用(即已经退出当前生产过程)的产品。这一象限反映了社会最终使用产品的部门构成和项目构成。

第 III 象限是初始投入(增加值)象限。它是第 I 象限在垂直方向的延伸,宾栏与第一象限相同,主栏是初始投入各个项目。它反映了初始投入的项目构成和部门构成。

2. 投入产出模型

(1)按行建立的投入产出模型

把第 I 和第 II 象限联系起来,反映产品的分配使用去向,表现了下面一个平衡关系:

中间产品＋最终产品＝总产品

因此,按行建立模型的数学表达式为:

$$\begin{cases} x_{11}+x_{12}+\cdots+x_{1n}+Y_1=X_1 \\ x_{21}+x_{22}+\cdots+x_{2n}+Y_2=X_2 \\ \cdots \\ x_{n1}+x_{n2}+\cdots+x_{nn}+Y_n=X_n \end{cases}$$

或写成：

$$\begin{cases} \sum_{j=1}^{n} x_{1j}+Y_1=X_1 \\[2mm] \sum_{j=1}^{n} x_{2j}+Y_2=X_2 \\[2mm] \cdots \\[2mm] \sum_{j=1}^{n} x_{nj}+Y_n=X_n \end{cases}$$

一般表达式为：

$$\sum_{j=1}^{n} x_{ij}+Y_i=X_i(i=1,2,\cdots,n)$$

通常，在一般表达式的基础上引入可以直接消耗系数，得出更具有研究意义的行模型。

直接消耗系数又称为投入系数或技术系数，一般用 a_{ij} 表示，定义为每生产单位 j 部门每单位产值中要消耗的 i 种产品的价值量，体现了经济的生产技术结构。直接消耗系数的计算公式为：

$$a_{ij}=\frac{x_{ij}}{X_j}(i,j=1,2,\cdots,n)$$

式中，X_j 为 j 部门的总产值，x_{ij} 为 j 部门生产时要消耗 i 部门产品的价值量。

从而，一般表达式可以表示为：

$$\sum_{j=1}^{n} a_{ij}X_j+Y_i=X_i(i,j=1,2,\cdots,n)$$

用矩阵表示为：

$$AX+Y=X$$

式中：

$$A=\begin{pmatrix} a_{11} & a_{12} & \cdots & a_{1n} \\ a_{21} & a_{22} & \cdots & a_{2n} \\ \vdots & \vdots & \cdots & \vdots \\ a_{n1} & a_{n2} & \cdots & a_{nn} \end{pmatrix}, X=\begin{bmatrix} X_1 \\ X_2 \\ \vdots \\ X_n \end{bmatrix}, I=\begin{pmatrix} 1 & 0 & \cdots & 0 \\ 0 & 1 & \cdots & 0 \\ \vdots & \vdots & \cdots & \vdots \\ 0 & 0 & \cdots & 1 \end{pmatrix}, Y=\begin{bmatrix} Y_1 \\ Y_2 \\ \vdots \\ Y_n \end{bmatrix}$$

经过同类项归并后，可得：

$$Y = (I - A) X$$
$$X = (I - A)^{-1} Y$$

式中，I 是单位矩阵。则：

$$(I - A) = \begin{pmatrix} 1 - a_{11} & -a_{12} & -a_{13} & \cdots & -a_{1n} \\ -a_{21} & 1 - a_{22} & -a_{23} & \cdots & -a_{2n} \\ \vdots & \vdots & \vdots & \cdots & \vdots \\ -a_{n1} & -a_{n2} & -a_{n3} & \cdots & 1 - a_{nn} \end{pmatrix}$$

n 阶方阵 $(I - A)$ 从经济意义上讲，其列体现了单位实物产品中的投入产出关系，是投入产出模型的核心和基础。若以"负"号表示投入，"正"号表示产出，则矩阵内每一列都说明为生产一个单位各种产品，需要消耗（投入）其他产品（包括自身）的数量。而主对角线上的元素 $(1 - a_{ii}) > 0$，元素均为正值，表示除去自身消耗的净产出。同时也可以看出，此矩阵的行没有经济意义。

（2）按列建立的投入产出模型

把价值表的第一和第三象限联系起来，反映产品部门的各种投入，表现了这样一种平衡关系：

中间投入＋初始投入＝总投入

按列建立模型的数学表达式是：

$$\begin{cases} x_{11} + x_{21} + \cdots + x_{n1} + D_1 + V_1 + M_1 = X_1 \\ x_{12} + x_{22} + \cdots + x_{n2} + D_2 + V_2 + M_2 = X_2 \\ \qquad\qquad \cdots \\ x_{1n} + x_{2n} + \cdots + x_{nn} + D_n + V_n + M_n = X_n \end{cases}$$

或写成：

$$\begin{cases} \sum_{i=1}^{n} x_{i1} + N_1 = X_1 \\ \sum_{i=1}^{n} x_{2j} + N_2 = X_2 \\ \qquad\quad \cdots \\ \sum_{i=1}^{n} x_{nj} + N_n = X_n \end{cases}$$

式中　　　　　　　$N_j = D_j + V_j + M_j \, (j = 1, 2, \cdots, n)$

一般表达式为：

$$\sum_{i=1}^{n} x_{ij} + N_j = X_j \, (j = 1, 2, \cdots, n)$$

同样，引进直接消耗系数，则其一般表达式可以表示为：

$$\sum_{i=1}^{n} a_{ij} X_j + D_j + V_j + M_j = X_j (j = 1, 2, \cdots, n)$$

以 $\hat{C}$ 表示如下的对角矩阵：

$$\hat{C} = \begin{bmatrix} \sum_{i=1}^{n} a_{i1} & & & \\ & \sum_{i=1}^{n} a_{i2} & & \\ & & \ddots & \\ & & & \sum_{i=1}^{n} a_{in} \end{bmatrix} = \begin{bmatrix} c_1 & & & \\ & c_2 & & \\ & & \ddots & \\ & & & c_n \end{bmatrix}$$

矩阵 $\hat{C}$ 主对角线上的元素 $\sum_{i=1}^{n} a_{ij} (j = 1, 2, \cdots, n)$ 是直接消耗矩阵第 j 列元素的总和，其含义是第 j 部门生产单位产值对所有物质产品的消耗量。

再分别令 D, V, M 和 N 表示如下：

$$D = \begin{bmatrix} D_1 \\ D_2 \\ \vdots \\ D_n \end{bmatrix}, V = \begin{bmatrix} V_1 \\ V_2 \\ \vdots \\ V_n \end{bmatrix}, M = \begin{bmatrix} M_1 \\ M_2 \\ \vdots \\ M_n \end{bmatrix}, N = \begin{bmatrix} D_1 + V_1 + M_1 \\ D_2 + V_2 + M_2 \\ \vdots \\ D_n + V_n + M_n \end{bmatrix}$$

则表达式可以表示为：

$$\hat{C} X + D + V + M = X$$

或

$$\hat{C} X + N = X$$

移项并整理，可得：

$$N = (I - \hat{C}) X$$
$$X = (I - \hat{C})^{-1} N$$

其反映了总投入与增加值之间的联系。$(I - \hat{C})$ 矩阵中各元素是 $(1 - c_j)(j = 1, 2, \cdots, n)$，$c_j$ 是 j 部门的中间投入率，$1 - c_j$ 就是 j 部门单位产品价值中增加值所占的比重，即增加值率。该表达式表明各部门创造的增加值等于增加值率与总产值的乘积。

4.2.3　投入产出模型的计算步骤

在利用投入产出法分析的时候，一般应遵循以下步骤：

1. 针对所要研究的经济系统，按照投入与产出的分析，对应投入产出表的一般表达式作出投入产出表。

2. 行向模型的计算

根据投入产出表计算直接消耗系数，并得出直接消耗系数矩阵，从而得出最终产品系数矩阵。

3. 列向模型的计算

根据投入产出表计算直接消耗系数向量矩阵,从而计算最终产品系数矩阵,得出列向模型。

4. 利用得出的行向和列向模型对经济系统进行分析。

4.2.4 应用举例[①]

下面以一个简化的价值型投入产出表(表4.4)为例建立数学模型,该表是一张包括5个物质生产部门的价值型投入产出表。利用该表可以直接进行经济比例、经济结构、经济效益等方面的分析,从而将国民经济作为一个整体系统加以考察。同时,还可利用它建立数学模型,计算各种经济参数。使这些分析更加深入。

1. 建立行向模型

首先,计算直接消耗系数矩阵:

$$A=\begin{bmatrix} 0.1472 & 0.0988 & 0.0049 & 0.0001 & 0.0689 \\ 0.1314 & 0.4720 & 0.6404 & 0.2777 & 0.2395 \\ 0 & 0 & 0 & 0 & 0 \\ 0.0099 & 0.0184 & 0.0242 & 0.0089 & 0.0090 \\ 0.0092 & 0.0444 & 0.0377 & 0.0203 & 0.0319 \end{bmatrix}$$

进而计算最终产品系数矩阵:

$$(I-A)^{-1}=\begin{bmatrix} 1.2123 & 0.2417 & 0.1679 & 0.0708 & 0.1467 \\ 0.3235 & 2.0188 & 1.3282 & 0.5765 & 0.5279 \\ 0 & 0 & 1 & 0 & 0 \\ 0.0183 & 0.0407 & 0.0517 & 1.0209 & 0.0209 \\ 0.0267 & 0.0956 & 0.1025 & 0.0484 & 1.0589 \end{bmatrix}$$

由此建立行向模型

$$Y=(I-A)X$$

$$\begin{bmatrix} Y_1 \\ Y_2 \\ Y_3 \\ Y_4 \\ Y_5 \end{bmatrix}=\begin{bmatrix} 0.8528 & -0.0988 & -0.0049 & -0.0001 & -0.0689 \\ -0.1314 & 0.5280 & -0.6404 & -0.2777 & -0.2395 \\ 0 & 0 & 1 & 0 & 0 \\ -0.0099 & -0.0184 & -0.0242 & 0.9911 & -0.0090 \\ -0.0092 & -0.0444 & -0.0377 & -0.0203 & -0.9681 \end{bmatrix}\begin{bmatrix} X_1 \\ X_2 \\ X_3 \\ X_4 \\ X_5 \end{bmatrix} \tag{4.2}$$

[①] 相关资料来源:王小波,《投入产出分析》,中国统计出版社,1996

$$X = (I-A)^{-1}Y$$

$$\begin{bmatrix} X_1 \\ X_2 \\ X_3 \\ X_4 \\ X_5 \end{bmatrix} = \begin{bmatrix} 1.2123 & 0.2417 & 0.1679 & 0.0708 & 0.1467 \\ 0.3235 & 2.0188 & 1.3282 & 0.5765 & 0.5269 \\ 0 & 0 & 1 & 0 & 0 \\ 0.0183 & 0.0407 & 0.0517 & 1.0209 & 0.0209 \\ 0.0267 & 0.0956 & 0.1025 & 0.0484 & 1.0589 \end{bmatrix} \begin{bmatrix} Y_1 \\ Y_2 \\ Y_3 \\ Y_4 \\ Y_5 \end{bmatrix} \qquad (4.3)$$

(4.2)与(4.3)式表示最终产品向量 Y 与总产出向量 X 之间的关系。

2. 建立列向模型

通过式(4.3),我们还可以建立完全消耗系数矩阵 $\hat{C} = (I-A)^{-1} - I$:

$$\hat{C} = \begin{bmatrix} 0.2977 & & \cdots & & 0 \\ & 0.6336 & & & \\ \vdots & & 0.7072 & & \vdots \\ & & & 0.3070 & \\ 0 & & \cdots & & 0.3493 \end{bmatrix}$$

其中元素表示单位价值产品的生产所消耗的产品的价值。

然后计算 $(I-\hat{C})$

$$I-\hat{C} = \begin{bmatrix} 0.7023 & & \cdots & & 0 \\ & 0.3664 & & & \\ \vdots & & 0.2928 & & \vdots \\ & & & 0.6930 & \\ 0 & & \cdots & & 0.6507 \end{bmatrix}$$

$(I-\hat{C})$ 中对角线元素表示 5 个部门的产品的中间投入消耗系数。

再计算 $(I-\hat{C})^{-1}$

$$(I-\hat{C})^{-1} = \begin{bmatrix} 1.4293 & & \cdots & & 0 \\ & 2.7293 & & & \\ \vdots & & 3.4153 & & \vdots \\ & & & 1.4430 & \\ 0 & & \cdots & & 1.5368 \end{bmatrix}$$

从而总产出列向量 X 可以表示为最初投入列向量 N 的函数,得列向模型:

$$X = (I-\hat{C})^{-1}N$$

$$\begin{bmatrix} X_1 \\ X_2 \\ X_3 \\ X_4 \\ X_5 \end{bmatrix} = \begin{bmatrix} 1.4293 & & \cdots & & 0 \\ & 2.7293 & & & \\ \vdots & & 3.4153 & & \vdots \\ & & & 1.4430 & \\ 0 & & \cdots & & 1.5368 \end{bmatrix} \begin{bmatrix} N_1 \\ N_2 \\ N_3 \\ N_4 \\ N_5 \end{bmatrix}$$

表 4.4　5 部门价值型投入产出表（中国 1987 年价值型投入产出表，单位：亿元）

投入　产出	中间产品						最终产品				总产品
	农业	工业	建筑业	货运邮政业	商业	小计	固定资产大修更新改造	投资	消费	小计	
中间投入　农业	688	1365	12	0	91	2156	0	216	2304	2520	4676
工业	615	6520	1556	189	314	9194	569	1023	3027	4619	13813
建筑业	0	0	0	0	0	0	636	1794	0	2430	2430
货运邮递	46	254	59	6	12	377	10	28	267	305	682
商业	43	612	92	14	42	803	21	74	417	512	1315
小计	1392	8752	1719	209	459	12530	1236	3135	6015	10386	22916
初始投入　折旧 D	101	632	51	105	60	949					
劳酬 V	2622	1035	473	127	427	4686					
纯收入 M	561	3395	187	241	369	4753					
小计	3284	5062	711	473	856	10386					
总投入	4676	13813	2430	682	1315	22916					

4.3　优化理论与应用

最优化理论与算法是一个重要的数学分支，它所研究的问题是讨论在众多的方案中什么方案最优以及怎样找出最优方案。它包括线性规划、整数规划、非线性规划、几何规划、动态规划、随机规划、组合最优化、网络流等许多分支，在实际应用中发挥着越来越大的作用，例如在最优气象资源配置、气象灾害应急物资运输规划与物资调度等都有应用。下面简单论述最优化理论的概念、理论发展历程以及最优化问题的模型与分类，在此基础上主要介绍其中的线性规划问题及其在灾害应急管理中的应用。

4.3.1　最优化问题的模型与分类

最优化问题的数学模型的一般形式为

$$\left.\begin{array}{l} \min f(x) \\ s.t. \quad g_i(x) \leqslant 0, i \in I \triangleq \{1,2,\cdots,m\} \\ \quad\quad h_j(x) = 0, j \in E \triangleq \{1,2,\cdots,l\} \end{array}\right\} \tag{4.4}$$

其中,$x = (x_1, x_2, \cdots, x_n)^T \in R^n$ 称为优化向量或决策变量;$f: R^n \to R$ 称为目标函数;$g_i: R^n \to R(i \in I)$,$h_j: R^n \to R(j \in E)$ 称为约束函数,相应地,$g_i(x) \leqslant 0(i \in I)$ 与 $h_j(x) = 0(j \in E)$ 分别称为不等式约束与等式约束,等式约束与不等式约束统称为约束条件,令

$$D = \{x \in R^n \mid g_i(x) \leqslant 0, i \in I, h_j(x) = 0, j \in E\}$$

称 D 为问题(4.4)的约束集合(约束区域)或可行域。若 $x \in D$,则称 x 为可行点或可行解。设 $x^* \in D$。

(1)若对任意的 $x \in D$,都有 $f(x) \geqslant f(x^*)$,则称 x^* 为优化问题(4.4)的全局最优解(极小点)。

(2)若存在 x^* 的一个 $\delta(> 0)$ 邻域

$$N(x^*, \delta) = \{x \mid \| x - x^* \| \leqslant \delta\}$$

当 $x \in D \bigcap N(x^*, \delta)$ 时,有 $f(x) \geqslant f(x^*)$,则称 x^* 为问题(P)的局部最优解(极小点)。若对任意的 $x \in D \bigcap N(x^*, \delta)$,有 $f(x) > f(x^*)$,则称 x^* 是严格局部最优解。

1. 问题的分类

(1)无约束优化问题

当 $E = I = \varnothing$(空集)时,称问题(P)为无约束优化问题:

$$\min f(x), x \in R^n \tag{4.5}$$

无约束优化问题是在空间 R^n 上寻求使目标函数 $f(x)$ 达到极小或最小的点(解)x^*。

(2)约束优化问题

若指标集 I 与 E 中至少有一个非空,则称问题(4.4)为约束优化问题。约束优化问题是在约束集 D 上寻求使目标函数 $f(x)$ 达到极小或最小的点(解)x^*。

若 $I = \varnothing, E \neq \varnothing$,即问题(4.4)只含等式约束,此时称问题(4.4)为等式约束优化问题;若 $I = \varnothing, E \neq \varnothing$,即问题(4.4)只含不等式约束,此时称问题(4.4)为不等式约束优化问题。否则称问题(4.4)为混合约束优化问题。

如果目标函数和约束函数都是线性函数,则称问题(4.4)为线性规划,线性规划常记为 LP。如果目标函数和约束函数中至少有一个是非线性函数,则称问题(4.4)为非线性规划,非线性规划常记为(NP)或简记为 NP。在非线性规划问题中,如果约束函数均是线性函数,则称问题(4.4)是线性约束非线性规划问题,这类规划问题常记为 NLP。特别地,目标函数 $f(x)$ 为二次函数的线性约束问题称为二次规划问题,常记为 QP。

由于 $\max f(x)$ 等价于 $-\min(-f(x))$，因此，我们只讨论在 D 上的极小化问题。

2. 解法与算法

对于无约束的优化问题，如果函数是二次可微的话，可以通过寻找使得目标函数梯度为 0（也就是鞍点）的那些点来解决优化问题，用黑塞矩阵（Hessian matrix 或 Hessian）来确定此点的类型。若黑塞矩阵正定，该点是一个局部最小解，若负定，该点是一个局部最大解，若黑塞矩阵不定，该点是某种鞍点。如果目标函数在我们所关心的区域中是凸函数的话，那么任何局部最小解也是全局最优解。现在已经有稳定、快速的数值计算方法来求二次可微的凸函数的最小值。约束问题常常可以通过拉格朗日乘数转化为非约束问题。

现代的计算机科学技术和人工智能科学把最优化作为一个重要的领域来研究。人工智能算法模拟人们寻求实际问题最优解的过程。智能方法方法主要包括模拟退火算法、神经网络算法、演化策略、微粒群算法、遗传算法以及禁忌搜索算法等。一般说来，各优化分支有其相应的应用领域（但不是绝对的）。线性规划、网络规划、动态规划更多地用于管理与决策科学；非线性规划更多地用于工程优化设计；最优控制常用于控制工程。本节将主要介绍线性规划以及线性规划在管理中的应用。

4.3.2 线性规划

在数学中，线性规划（Linear Programming，简称 LP）问题是目标函数和约束条件都是线性的最优化问题。在微观经济学和商业管理领域，线性规划被大量应用于解决收入极大化或生产过程的成本极小化之类的问题。乔治·丹齐格（George Bernard Dantzig）被认为是线性规划之父。线性规划问题主要研究如下两个方面的内容：一类是指一定资源的条件下，如何产量最高、利润最大；一类是任务量一定，如何消耗最小，如最低成本问题、最小投资、最短时间、最短距离等问题。前者是求极大值问题，后者是求极小值问题。

1. 线性规划模型特点与结构

线性规划问题的数学模型包含如下特点：(1)决策变量。它是通过模型计算来确定的决策因素。(2)目标函数，即经济目标的数学表达式。目标函数是使得变量的线性函数的极大值和极小值这样一个极值问题。(3)约束条件，实现经济目标的制约因素。它包括：资源、数量、质量、技术等限制和非负条件约束。

线性规划模型的基本结构包括目标函数与约束条件，如下例所示。

目标函数： $\qquad \text{Max } Z = 10x_1 + 20x_2$

约束条件：

$$\begin{cases} 3x_1 + x_2 \leqslant 32 \\ x_1 + 6x_2 \leqslant 17 \\ x_1 \geqslant 0, x_2 \geqslant 0 \end{cases}$$

线性规划模型的一般形式：

$$\text{Max } Z = c_1 x_1 + c_2 x_2 + c_3 x_3 + \cdots + c_n x_n$$

$$s.t. \begin{cases} a_{11} x_1 + a_{12} x_2 + \cdots + a_{1n} x_n \leqslant b_1 \\ a_{21} x_1 + a_{22} x_2 + \cdots + a_{2n} x_n \leqslant b_2 \\ \vdots \\ a_{m1} x_1 + a_{m2} x_2 + \cdots + a_{mn} x_n \leqslant b_m \\ x_1, x_2, \cdots, x_n \geqslant 0 \end{cases}$$

线性规划模型的标准形式：

$$\text{Max } Z = c_1 x_1 + c_2 x_2 + c_3 x_3 + \cdots + c_n x_n$$

$$s.t. \begin{cases} a_{11} x_1 + a_{12} x_2 + \cdots + a_{1n} x_n = b_1 \\ a_{21} x_1 + a_{22} x_2 + \cdots + a_{2n} x_n = b_2 \\ \vdots \\ a_{m1} x_1 + a_{m2} x_2 + \cdots + a_{mn} x_n = b_m \\ x_1, x_2, \cdots, x_n \geqslant 0 \end{cases}$$

2. 线性规划建模步骤与求解

(1)确定决策变量；

(2)建立目标函数；

(3)建立约束条件；

(4)将线性规划模型转化为标准形式；

(5)用单纯型方法求解(单纯型方法在所有的运筹学书籍中都有详细描述,本书略去。)。

4.3.3　最优化理论应用——应急资源调度

在各项资源受约束的情况下使气象工程系统目标实现最优化,是气象工程管理的目标,在气象应急管理中,应急资源的调度十分关键,调度管理的效率直接关系着应急管理水平的高低,因此需要对应急资源的调度进行优化。下面列举了最优化方法在应急资源调度中的一次简单运用。

假设应急调度中某种物资有 m 个服务点(供应点),$A_1, A_2, \cdots, A_m$ 供应 n 个灾害点 $B_1, B_2, \cdots, B_n$,各服务点物资拥有数量、各灾害点物资需求数量、各服务点至各灾害点的运输时间已知,见表 4.5,试问怎样调度物资才能使总的运输时间最短？

表 4.5　资源调运时间系数表

	B_1	B_2	…	B_n	产量
A_1	C_{11}	C_{12}	…	C_{1n}	a_1
A_2	C_{12}	C_{22}	…	C_{2n}	a_2
…	…	…	…	…	…
A_m	C_{m1}	C_{m2}	…	C_{mn}	a_m
销量	b_1	b_2	…	b_n	

设 X_{ij} 表示由产地 A_i 供应给销地 B_j 的物资数量,则运输调度问题可分为三种情况:

(1)供需平衡。即 $\sum\limits_{i=1}^{m}a_i = \sum\limits_{j=1}^{n}b_j$ 的情况下,求

$$\min S = \sum_{j=1}^{n}\sum_{i=1}^{m}C_{ij}X_{ij}（总时间最短）\tag{4.6}$$

约束条件:

$$\begin{cases} \sum\limits_{i=1}^{m}X_{ij} = b_j(j=1,2,\cdots,n)（满足各灾害点需求量） \\ \sum\limits_{j=1}^{m}X_{ij} = a_i(i=1,2,\cdots,m)（各服务点输出量等于需求量） \\ X_{ij} \geqslant 0(i=1,2,\cdots,m;j=1,2,\cdots,n)（调运量非负） \end{cases}\tag{4.7}$$

(2)供应大于需求。即 $\sum\limits_{i=1}^{m}a_i > \sum\limits_{j=1}^{n}b_j$ 的情况下,求 $\min S = \sum\limits_{j=1}^{n}\sum\limits_{i=1}^{m}C_{ij}X_{ij}$（总时间最短）

$$\begin{cases} \sum\limits_{i=1}^{m}X_{ij} = b_j(j=1,2,\cdots,n)（满足各灾害点需求量） \\ \sum\limits_{j=1}^{n}X_{ij} \leqslant a_i(i=1,2,\cdots,m)（各服务点输出量小于或等于需求量） \\ X_{ij} \geqslant 0(i=1,2,\cdots,m;j=1,2,\cdots,n)（调运量非负） \end{cases}\tag{4.8}$$

(3)需求大于供应。即 $\sum\limits_{i=1}^{m}a_i < \sum\limits_{j=1}^{n}b_j$ 的情况下,求 $\min S = \sum\limits_{j=1}^{n}\sum\limits_{i=1}^{m}C_{ij}X_{ij}$（总时间最短）

约束条件:

$$\begin{cases} \sum\limits_{i=1}^{m}X_{ij} \leqslant b_j(j=1,2,\cdots,n)（满足各灾害点需求量） \\ \sum\limits_{j=1}^{n}X_{ij} = a_i(i=1,2,\cdots,m)（各服务点输出量小于或等于需求量） \\ X_{ij} \geqslant 0(i=1,2,\cdots,m;j=1,2,\cdots,n)（调运量非负） \end{cases}\tag{4.9}$$

上述应急资源的调度运输问题可采用常规的表上作业法或图上作业法求出最佳调运方案。上述问题如果再考虑调度的费用及受灾点与需求量的动态变化情况,建模及求解会变的更加复杂,可以通过算法设计寻求"次优解"或"满意"解。

4.4　模糊理论及应用

模糊集合是对模糊现象或模糊概念的刻画。模糊理论是由美国控制论专家 L. A. Zadeh 于 1965 提出的。Zadeh 指出:"在人们知识领域里,非模糊概念起主要作用的唯一部门是古典数学,一方面,这使数学具有其他学科所无法比拟的力量,一种美和广泛性;而另一方面,却也限制了它在模糊性起显著作用的领域里的应用,特别是人文系统,这是人们的判断,感觉和情绪起重要作用的领域。""如果深入研究人们的认识过程,我们将发现人们能利用模糊概念是一种巨大的财富而不是负担,这一点是理解人们智能同机器智能之间深奥区别的关键。"模糊理论不仅在数学领域取得了长足的发展,在更多的实用领域包括农业、林业、气象、环境、地质勘探、医学、军事等等,都有模糊数学广泛而又成功的应用。

模糊综合评判与模糊聚类是模糊理论中较常用的两种技术,本节主要介绍模糊综合评价理论、模糊聚类技术,模糊聚类技术的应用将作为本章的案例进行描述。

4.4.1 模糊数学基本概念

1. 模糊集与隶属函数

所谓模糊集合 A 就是 A 中每一元素 x,用一个称为"隶属度" $\mu_A(x)$ 的概念来刻画。当 $\mu_A(x)$ 仅取值 0~1 之间的小数时, A 便称为模糊集合,意思是" x 以 $\mu_A(x)$ 的程度隶属于 A "或"隶属于集合 A 的程度为 $\mu_A(x)$ "。其数学定义为:

定义 1:给定论域 X,由映射

$$\mu_A : X \to [0,1]$$
$$x \to \mu_A(x)$$

所刻画的集合成为 X 上的一个模糊子集 A,其中 $\mu_A(x)$ 称为定义在 X 上的隶属函数,对于给定的 $x \in X$, $\mu_A(x)$ 的取值称为 x 对模糊集 A 的隶属度。

模糊集有下列几种记法:

若论域 X 有限, $X = \{x_1, x_2, \cdots, x_n\}$,则有:

Zadeh 记法　　　$A = \dfrac{\mu_A(x_1)}{x_1} + \dfrac{\mu_A(x_2)}{x_2} + \cdots + \dfrac{\mu_A(x_n)}{x_n}$

向量记法　　　$A = (\mu_A(x_1), \mu_A(x_2), \cdots, \mu_A(x_n))$

2. 模糊集合与普通集合——截集

模糊子集是通过隶属函数来定义的,在实际解决问题时,必须把模糊集合转化为普通集合,于是必须对隶属度取一定的阈值(或置信水平),从而引入截集概念。所谓模糊集合 A 的 λ 截集是指在论域 X 中对 A 的隶属大于或等于 λ 的一切元素组成的普通集合。数学定义为:

定义 2:论域 X 上的模糊集合 A 的 λ 截集记作 A_λ,为

$$A_\lambda = \{x \mid x \in X, \mu_A(x) \geqslant \lambda\}$$

其中 λ 称为阈值或置信水平,$0 \leqslant \lambda \leqslant 1$。

由于模糊集合 A 是一个没有确定边界的集合,我们利用 λ 截集可以得到下面的结果,如果 $x \in A_\lambda$,我们就认为在 λ 水平下,x 属于 A;如果 $x \notin A_\lambda$,我们就认为在 λ 水平下,x 不属于 A。

3. 模糊关系及其运算

定义 3:设 X、Y 是两个非空集合,$X \times Y$ 的一个模糊子集称为 X 到 Y 的一个模糊关系,用 $F(X \times Y)$ 表示 X 到 Y 的模糊关系全体。

设 $R \in F(X \times Y)$,R 可以用隶属函数

$$X \times Y \rightarrow [0,1]$$

刻画,对于任意的 $(x, y) \in X \times Y$,表示 $\mu_R(x, y)$ 具有关系 R 的程度。

例 1　设评价青少年身体生长指标因素论域为 $X = \{x_1, x_2, x_3, x_4\}$,其中 x_1, x_2, x_3, x_4 分别表示身高、体重、肺活量、胸围;Y 表示定性评价的评论论域,$Y = \{y_1, y_2, y_3, y_4\}$,其中 y_1, y_2, y_3, y_4 表示很好、较好、一般、不好。通过管理者对顾客的随机调查和各组评比,给 $X \times Y$ 上的每个有序对( )指定隶属度,这可确定一个从 X 到 Y 的模糊关系 R。这个模糊关系的隶属函数是一个 4×4 阶的矩阵,简记作:

$$R = \begin{pmatrix} 0.4 & 0.2 & 0.5 & 0.8 \\ 0.8 & 0.7 & 0.2 & 0.1 \\ 0.9 & 0.7 & 0.2 & 0.5 \\ 0.3 & 0.1 & 0.2 & 0.7 \end{pmatrix}$$

$R = (r_{ij})_{m \times n}$,$0 \leqslant r_{ij} \leqslant 1$ 称为模糊关系矩阵,简称模糊矩阵。

4. 模糊矩阵之间的关系

对于两个 $n \times m$ 的阶模糊矩阵 $A = (a_{ij})_{n \times m}$ 和 $B = (b_{ij})_{n \times m}$:

(1)相等:模糊矩阵 A 与 B 相等,当且仅当它们的对应元素两两相等。即 $A = B \Leftrightarrow a_{ij} = b_{ij}$。

(2)包含:模糊矩阵 A 包含 B 于中,当且仅当 A 的每个元素小于或等于 B 的对应元素,即

$$A \subseteq B \Leftrightarrow a_{ij} \leqslant b_{ij}$$

（3）并：模糊矩阵 A 和 B 的并仍然是模糊矩阵，记作 $A \cup B$。令 $A \cup B = C = (c_{ij})_{n \times m}$，则 $c_{ij} = a_{ij} \vee b_{ij}$，即 c_{ij} 取 a_{ij} 和 b_{ij} 中最大者。

（4）交：模糊矩阵 A 和 B 的交仍是模糊矩阵，记作 $A \cap B$。令 $A \cap B = D = (d_{ij})_{n \times m}$，则 $d_{ij} = a_{ij} \wedge b_{ij}$，即 d_{ij} 取 a_{ij} 和 b_{ij} 中最小者。

（5）补：模糊矩阵 A 的补仍是模糊矩阵，记作 $A^C = (\bar{a}_{ij})_{n \times m}$，即 $\bar{a}_{ij} = 1 - a_{ij}$。

（6）转置：模糊矩阵 A 的转置矩阵仍是模糊矩阵，记作 $A^T = (A'_{ij})_{n \times m}$，其中 $a'_{ij} = a_{ji}$。

（7）对称模糊矩阵：若模糊矩阵 A 与其转置矩阵 A^T 相等，即 $A = A^T$，则称模糊矩阵 A 为对称模糊矩阵。

5. 模糊关系的合成

定义4：设 X, Y, Z 是论域，$Q \in F(X \times Y)$，$R \in F(Y \times Z)$ 模糊关系 Q 和 R 的合成 $Q \circ R$ 定义为 X 到 Z 的模糊关系，它的隶属函数为

$$Q \circ R(x, z) = \bigvee_{y \in Y} (Q(x, y) \wedge R(y, z))$$

其中，"$\vee$"和"$\wedge$"是取大和取小运算。特别，$R \in F(X \times Y)$，$R \circ R$ 记为 R^2，R^n 表示 $R^{n-1} \circ R$。如 X, Y, Z 都是有限论域，Q, R, S 均为模糊矩阵，则它们的合成可以表示为矩阵运算。其中模糊矩阵乘积只要把矩阵乘法"$\times$"和"$+$"分别改为"$\wedge$"和"$\vee$"即可。

例2：设 $Q = \begin{bmatrix} 0.2 & 0.5 & 0.3 \\ 0.8 & 0.7 & 0.1 \\ 0.6 & 0.3 & 0.4 \end{bmatrix}$，$R = \begin{bmatrix} 0.3 & 0.7 \\ 0.5 & 0.9 \\ 0.6 & 0.2 \end{bmatrix}$，

则 $Q \circ R = \begin{bmatrix} 0.2 & 0.5 & 0.3 \\ 0.8 & 0.7 & 0.1 \\ 0.6 & 0.3 & 0.4 \end{bmatrix} \begin{bmatrix} 0.3 & 0.7 \\ 0.5 & 0.9 \\ 0.6 & 0.2 \end{bmatrix}$

$$= \begin{bmatrix} (0.2 \wedge 0.3) \vee (0.5 \wedge 0.5) \vee (0.3 \wedge 0.6) & (0.2 \wedge 0.7) \vee (0.5 \wedge 0.9) \vee (0.3 \wedge 0.2) \\ (0.8 \wedge 0.3) \vee (0.7 \wedge 0.5) \vee (0.1 \wedge 0.6) & (0.8 \wedge 0.7) \vee (0.7 \wedge 0.9) \vee (0.1 \wedge 0.2) \\ (0.6 \wedge 0.3) \vee (0.3 \wedge 0.5) \vee (0.4 \wedge 0.6) & (0.6 \wedge 0.7) \vee (0.3 \wedge 0.9) \vee (0.4 \wedge 0.2) \end{bmatrix}$$

$$= \begin{bmatrix} 0.5 & 0.5 \\ 0.5 & 0.7 \\ 0.4 & 0.6 \end{bmatrix}。$$

4.4.2　模糊综合决策建模与应用

1. 模糊综合决策建模

对农作物的长势作出一个能合理地综合各种因素的总体评价十分重要。影响农作物长势的气象因素包括降水、气温、日照、湿度、雨日五个气象因子，每个气象因子又分为播种期、苗期、成长期、成熟期和收割期五个时段，评价等级为｛很差，差，较差，

一般,较好,好,很好}七个等级,分别表示对农作物生长的有利程度。模糊评价法是进行农作物长势综合评价是一条有效的途径。海上突发事件的应急响应目前是世界上愈来愈多的国家危急处理的重要组成部分。影响评价海上应急救援能力的因素主要包括应急自救、应急救援、应急支援、应急保障等,评价术语集为{很高,高,一般,低,较低}。模糊综合评价法也适应于海上应急救援能力综合评估。下面介绍模糊综合决策的建模步骤。

(1)确定模糊综合评判因素集 U

因素集是以影响评判对象的各种因素为元素所组成的一个普通集合。通常用大写字母 U 表示,即 $U=\{u_1,u_2,\cdots,u_m\}$,其中各元素 $u_i(i=1,2,\cdots,m)$ 代表影响评价对象的各种因素。对这些因素的评价,通常都具有不同程度的模糊性。

(2)建立综合评判的评价集(备择集)

评价集是评判者对评判对象可能做出的各种总的评判结果所组成的集合。通常用大写字母 V 表示,即 $V=\{v_1,v_2,\cdots,v_n\}$,其中各元素 $v_i(i=1,2,\cdots,n)$ 代表各种可能的总评判结果。模糊综合评判的目的,就是在综合考虑所有影响因素的基础上,从评价集中得出一个最佳的评判结果。评价集也是一个普通集合。

(3)进行单因素模糊评判求得评判矩阵 R

单独从一个因素出发进行评判,以确定评判对象对评价集各元素的隶属程度,称为单因素模糊评判。设评判对象按因素集 U 中第 i 个因素 u_i 进行评判,它对评价集 V 中第 j 个元素 v_i 的隶属程度为 r_{ij},则按第 i 个因素 u_i 评判的结果,可用下面模糊集合表示:

$$R_i=\frac{r_{i1}}{v_1}+\frac{r_{i2}}{v_2}+\cdots+\frac{r_{in}}{v_n}$$

这里 R_i 称为单因素评判集。显然它应是评价集 V 上的一个模糊子集,也可简单表示为

$$R_i=(r_{i1},r_{i2},\cdots,r_{in})$$

于是可得相应于每个因素的单因素评判集如下:

$$R_1=(r_{11},r_{12},\cdots,r_{1n})$$
$$R_2=(r_{21},r_{22},\cdots,r_{2n})$$
$$\vdots$$
$$R_m=(r_{m1},r_{m2},\cdots,r_{mn})$$

以上各单因素评判集的隶属度为行组成矩阵:

$$R=\begin{bmatrix} r_{11} & r_{12} & \cdots & r_{1n} \\ r_{21} & r_{22} & \cdots & r_{2n} \\ \vdots & \vdots & & \vdots \\ r_{m1} & r_{m2} & \cdots & r_{mn} \end{bmatrix}$$

称为单因素评判矩阵,其中各元素可用专家评分法、隶属函数法或其他管理数学方法获得。

(4)建立评判模型进行综合评判

单因素模糊评判只能反映一个因素对评判对象的影响,为了导出所有因素对评判对象的综合结果,需进行综合。

从上述单因素矩阵 R 可以看出:R 的第 i 行所反映的是第 i 个因素 u_i 对评判对象的影响取各个评价集元素的程度;而 R 的第 j 列所反映的是所有影响评价对象取第 j 个评价集元素的程度。因此,可用每列元素之和

$$R_j = \sum_{i=1}^{m} r_{ij} (i = j = 1, 2, \cdots, n)$$

来反映所有元素的综合影响。考虑到各因素对综合评判的重要程度,我们给各因素以不同的权数 $a(i=1,2,\cdots,n)$,其中 a_i 表示第 i 个因素在综合评判中的重要程度。于是建立综合评判模型:

$$B = A \circ R$$

其中,$A = (a_1, a_2, \cdots, a_m)$ 为一模糊向量,即有

$$B = (a_1, a_2, \cdots, a_n) \circ \begin{bmatrix} r_{11} & r_{12} & \cdots & r_{1n} \\ r_{21} & r_{22} & \cdots & r_{2n} \\ \vdots & \vdots & & \vdots \\ r_{m1} & r_{m2} & \cdots & r_{mn} \end{bmatrix}$$

B 称为模糊综合评判结果集;$b_i(i=1,2,\cdots,n)$ 称为模糊综合评判指标,简称评判指标,其含义为综合考虑所有因素的影响时,评判对象对评价集中第 j 个元素的隶属度。显然,模糊综合评判结果集 B 也是评价集 V 上的一个模糊子集。

2. 应用举例

例 3　对华南某地区种植橡胶的适宜程度综合评判。

(1)确定模糊综合评判因素集

影响香蕉种植的气象因素包括年平均气温,年极端最低气温,年平均风速。故因素集为 $U=\{$平均气温,年极端最低气温,年平均风速$\}$。

(2)建立综合评判的评价集

以橡胶种植是否适宜为指标,评价集包括 $V=\{$很适宜,较适宜,适宜,不适宜$\}$。

(3)进行单因素模糊评判,求得评判矩阵 R

该地区的年平均气温 $R_1 = (0.1, 0.5, 0.4, 0)$

该地区的年极端最低气温 $R_2 = (0.0, 0.4, 0.6, 0.0)$

该地区年平均风速 $R_3 = (0, 0.3, 0.7, 0.0)$

由此得单因素评判矩阵为

$$R = \begin{pmatrix} 0.1 & 0.5 & 0.4 & 0 \\ 0 & 0.4 & 0.6 & 0 \\ 0 & 0.3 & 0.7 & 0 \end{pmatrix}$$

(4)建立评判模型,进行综合评判

根据调查研究,影响香蕉种植的气象因素权重为

$$A = (0.1, 0.80, 0.10)$$

于是评判模型为

$$B = A \circ R$$

$$= (0.10, 0.80, 0.10) \circ \begin{pmatrix} 0.1 & 0.5 & 0.4 & 0 \\ 0 & 0.4 & 0.6 & 0 \\ 0 & 0.3 & 0.7 & 0 \end{pmatrix}$$

$$= (0.1, 0.40, 0.60, 0.0)$$

(5)综合评价

该地区种植橡胶很适宜的隶属度为 0.1,较适宜的隶属度为 0.4,适宜的隶属度为 0.6。

4.4.3　模糊聚类

1. 模糊等价关系

首先介绍模糊等价关系。

若模糊关系 R 是 X 上各元素之间的模糊关系,且满足:

(1)自反性:$R(x, x) = 1$;

(2)对称性:$R(x, y) = R(y, x)$;

(3)传递性:$R^2 \subseteq R$,

则称模糊关系 R 是 X 上的一个模糊等价关系。

若 X 是有限论域,则 X 上的模糊等价关系 R 可表示为模糊等价矩阵 $R = (r_{ij})_{n \times n}$,如果满足

(1)自反性 $r_{ii} = 1$;

(2)对称性 $r_{ij} = r_{ji}$;

(3)传递性 $r_{ij} \geqslant \bigvee_{k=1}^{n} (r_{ik} \wedge r_{kj})$。

举例:

模糊自反矩阵 $R = (r_{ij})_{n \times n}$,其中 $r_{ii} = 1, i = 1, 2 \cdots, n$。例如,$R = \begin{pmatrix} 1 & 0.8 \\ 0.2 & 1 \end{pmatrix} \supseteq \begin{pmatrix} 1 & 0 \\ 0 & 1 \end{pmatrix}$。

模糊对称矩阵 $R=(r_{ij})_{n\times n}=(r_{ji})_{n\times n}=R^T$。例如,$R=\begin{bmatrix}1 & 0.3 & 0.4\\ 0.3 & 1 & 0.7\\ 0.4 & 0.7 & 1\end{bmatrix}$。

模糊传递矩阵 $R=(r_{ij})_{n\times n}$,满足 $r_{ij}\geqslant\bigvee_{k=1}^{n}(r_{ik}\wedge r_{kj})$。例如 $R=\begin{bmatrix}0.1 & 0.2 & 0.3\\ 0 & 0.1 & 0.2\\ 0 & 0 & 0.1\end{bmatrix}$,

则 $R^2=\begin{bmatrix}0.1 & 0.1 & 0.2\\ 0 & 0.1 & 0.1\\ 0 & 0 & 0.1\end{bmatrix}\subseteq R$。

模糊等价矩阵分类举例

设论域 $U=\{u_1,u_2,u_3,u_4,u_5\}$ 上的模糊矩阵为

$$R=\begin{bmatrix}1 & 0.4 & 0.8 & 0.5 & 0.5\\ 0.4 & 1 & 0.4 & 0.4 & 0.4\\ 0.8 & 0.4 & 1 & 0.5 & 0.5\\ 0.5 & 0.4 & 0.5 & 1 & 0.6\\ 0.5 & 0.4 & 0.5 & 0.6 & 1\end{bmatrix}$$,求当阈值为 $\lambda=0.8,0.5$ 时的聚类结果。

$$R_{0.8}=\begin{bmatrix}1 & 0 & 1 & 0 & 0\\ 0 & 1 & 0 & 0 & 0\\ 1 & 0 & 1 & 0 & 0\\ 0 & 0 & 0 & 1 & 0\\ 0 & 0 & 0 & 0 & 1\end{bmatrix};R_{0.5}=\begin{bmatrix}1 & 0 & 1 & 1 & 1\\ 0 & 1 & 0 & 0 & 0\\ 1 & 0 & 1 & 1 & 1\\ 1 & 0 & 1 & 1 & 1\\ 1 & 0 & 1 & 1 & 1\end{bmatrix}$$

阈值为 0.8 时,分类结果为 $\{u_1,u_3\},\{u_2\},\{u_4\},\{u_5\}$。

阈值为 0.5 时,分类结果为 $\{u_2\},\{u_1,u_3,u_4,u_5\}$。

2. 模糊相似关系

若模糊关系 R 是 X 上各元素之间的模糊关系,且满足:

(1)自反性:$R(x,x)=1$;

(2)对称性:$R(x,y)=R(y,x)$;

则称模糊关系 R 是 X 上的一个模糊相似关系。

当论域 $X=\{x_1,x_2,\cdots,x_n\}$ 为有限时,X 上的一个模糊相似关系 R 就是模糊相似矩阵,即 R 满足:

①自反性 $r_{ii}=1$;

②对称性:$r_{ij}=r_{ji}$。

3. 研究模糊相似关系的原因

实际应用中,通常只能得到自反和对称矩阵(相似矩阵),模糊等价矩阵较为少

见。我们经常面临的问题是,(1)对具有相似关系的元素如何分类? (2)相似矩阵可否改造为等价矩阵?

模糊传递矩阵:设 R 是 $n \times n$ 阶的模糊矩阵,如果满足:

$$R \circ R = R^2 \subseteq R (或 \bigvee_{k=1}^{n} (r_{ik} \wedge r_{kj}) \leqslant r_{ij}; i,j=1,2,\cdots,n)$$

则称 R 为模糊传递矩阵。称包含 R 的最小的模糊传递矩阵为传递闭包,记为 $t(R)$。

定理 1　若 R 是模糊相似矩阵,则对任意的自然数 k,R^k 也是模糊相似矩阵。

定理 2　若 R 是 n 阶模糊相似矩阵,则存在一个最小自然数 $k(k \leqslant n)$,对于一切大于 k 的自然数 l,恒有 $R^l = R^k$,即 R^k 是模糊等价矩阵($R^{2k}=R^k$)。此时称 R^k 为 R 的传递闭包,记作 $t(R)=R^k$。

上述定理表明,任一个模糊相似矩阵可诱导出一个模糊等价矩阵。

平方法求传递闭包

$$R \to R^2 \to R^4 \to \cdots \to R^{2^i} \to \cdots$$

当第一次出现 $R^{2k}=R^k$ 时,R^k 就是所求的传递闭包 $t(R)$。

设 $R = \begin{bmatrix} 1 & 0.1 & 0.2 \\ 0.1 & 1 & 0.3 \\ 0.2 & 0.3 & 1 \end{bmatrix}$,显然有 $R^2=R^4$。从而可得 $t(R)=R^2$。

4. 模糊聚类分析步骤

(1)设定论域,构造评价矩阵,标准化评价矩阵

设论域 $X=\{x_1,x_2,\cdots,x_n\}$ 为被分类对象,每个对象又由 m 个指标表示其形状:$x_i=\{x_{i1},x_{i2},\cdots,x_{im}\},i=1,2,\cdots n$。

于是,得到原始数据评价矩阵为 $\begin{bmatrix} x_{11} & x_{12} & \cdots & x_{1m} \\ x_{21} & x_{22} & \cdots & x_{2m} \\ \cdots & \cdots & \cdots & \cdots \\ x_{n1} & x_{n2} & \cdots & x_{nm} \end{bmatrix}$。

原始矩阵的标准化方法如下:

①标准差变换方法:

$$x'_{ij} = \frac{x_{ij} - \bar{x}_j}{s_j} (i=1,2,\cdots,n,j=1,2,\cdots,m)$$

其中,$\bar{x}_j = \frac{1}{n}\sum_{i=1}^{n} x_{ij}, s_j = \sqrt{\frac{1}{n}\sum_{i=1}^{n}(x_{ij}-\bar{x}_j)^2}$。

②极差变换方法:

$$x'_{ij} = \frac{x_{ij} - \min\{x_{ij} | 1 \leqslant i \leqslant n\}}{\max\{x_{ij} | 1 \leqslant i \leqslant n\} - \min\{x_{ij} | 1 \leqslant i \leqslant n\}}$$

（2）确定模糊关系矩阵：求相似关系矩阵

模糊相似矩阵 $R=(r_{ij})_{n \times n}$ 建立方法如下：

①相似系数法——夹角余弦法

$$r_{ij} = \frac{\sum_{k=1}^{m} x_{ik} x_{jk}}{\sqrt{\sum_{k=1}^{m} x_{ik}^2} \sqrt{\sum_{k=1}^{m} x_{jk}^2}}$$

②相似系数法——相关系数法

$$r_{ij} = \frac{\sum_{k=1}^{m} | x_{ik} - \bar{x}_i | | x_{jk} - \bar{x}_j |}{\sqrt{\sum_{k=1}^{m} (x_{ik} - \bar{x}_i)^2} \sqrt{\sum_{k=1}^{m} (x_{jk} - \bar{x}_j)^2}}$$

其中 $\bar{x}_i = \frac{1}{m} \sum_{k=1}^{m} x_{ik}, \bar{x}_j = \frac{1}{m} \sum_{k=1}^{m} x_{jk}$

③最大最小值法

$$r_{ij} = \frac{\sum_{k=1}^{m} \min\{x_{ik}, x_{jk}\}}{\sum_{k=1}^{m} \max\{x_{ik}, x_{jk}\}}, i, j = 1, 2, \cdots, n$$

④算术平均与最小值法

$$r_{ij} = \frac{\sum_{k=1}^{m} \min\{x_{ik}, x_{jk}\}}{\frac{1}{2} \sum_{k=1}^{m} (x_{ik} + x_{jk})}, i, j = 1, 2, \cdots, n$$

⑤几何平均与最小值法

$$r_{ij} = \frac{\sum_{k=1}^{m} \min\{x_{ik}, x_{jk}\}}{\sum_{k=1}^{m} \sqrt{x_{ik} x_{jk}}}, i, j = 1, 2, \cdots, n$$

⑥距离补公式

$r_{ij} = 1 - cd(x_i, x_j)$，其中 c 为适当选取的参数。

海明距离：$d(x_i, x_j) = \sum_{k=1}^{m} | x_{ik} - x_{jk} |$

欧氏距离：$d(x_i, x_j) = \sqrt{\sum_{k=1}^{m} (x_{ik} - x_{jk})^2}$

切比雪夫距离：$d(x_i, x_j) = \bigvee \{| x_{ik} - x_{jk} |, 1 \leqslant k \leqslant m\}$

（3）构建模糊等价关系矩阵：平方法求传递闭包 $t(R)$

利用传递闭包法将模糊相似关系 R 改造成 $t(R)$，即将 R 改造成了模糊等价关系。设 $t(R)=(r'_{ij})_{n \times n}$。

（4）求 $r(R)_\lambda$，并进行聚类，$0 \leqslant \lambda \leqslant 1$

对模糊等价关系进行聚类处理，给定不同的置信水平的 $\lambda \in [0,1]$，求矩阵 $t(R)_\lambda$，得到普通分类关系。聚类原则为：x_i 与 x_j 在 λ 水平上属于同类，当 $r'_{ij} \geqslant \lambda$ 时，x_i 与 x_j 归为一类。

（5）聚类分析。

4.5　统计分析方法

在气象工程管理领域会用到很多统计分析方法，本书主要简单介绍几种常用的统计分析方法，如相关性分析方法、主成分分析方法、回归分析方法、贝叶斯方法等。本节重点介绍其概念及用途，具体的使用方法在此不作详述（贝叶斯方法的基本原理与应用将在案例分析中详细介绍，本节不再给出）。这几种统计分析方法都可以借助 SAS、SPSS 和 MINITABD 等统计软件实现，读者如果想对这些方法有更详细的了解，可以参考书末参考文献中的书目。

4.5.1　相关分析

我们知道，客观事物之间是相互联系、相互影响和相互制约的，事物之间的这种相互联系反映到数量上，说明相关的变量之间存在着一定的关系，相关分析就是对这一关系进行分析的统计方法。

1. 相关分析的概念

一般来说，变量之间的关系可以分为两类，一类是确定性关系，即通常的函数关系，例如圆面积 S 与半径 r 的关系：$S=\pi r^2$。另一类是非确定性关系，即相关关系，当一个或几个相互联系的变量取一定数值时，与之相对应的另一变量的值虽然不确定，但它仍按某种规律在一定的范围内变化。例如粮食亩产量与施肥量、降雨量、温度之间的关系；父亲身高与子女身高之间的关系。

2. 相关分析的分类

现象之间的相关关系从不同的角度可以区分为不同类型。

（1）按相关关系涉及变量（或因素）不同，可分为单相关和复相关

单相关又称一元相关，是指两个变量之间的相关关系。单相关是一种简单的相关形式，是相关和回归分析的基础。在社会经济现象中，单相关是很少存在的，一个现象与其他许多现象存在着相关关系。当所研究的是一个变量对两个或两个以上其他

变量的相关关系时,称为复相关。相关是社会经济现象中普遍存在的一种关系形式。

(2)按相关关系形式不同,可分为线性相关和非线性相关

线性相关又称直线相关,是指当一个变量变动时,因变量大致地围绕一条直线发生变动,从图形上看,其观察点的分布近似地表现为一条直线(如图 4.3,4.4 所示)。非线性相关又称曲线相关,是指一个变量变动时,另一变量也随之发生变动,但这种变动不是均等的,从图形上看,其观察点的分布近似地表现为一条曲线,如抛物线、指数曲线等(如图 4.5,4.6 所示)。

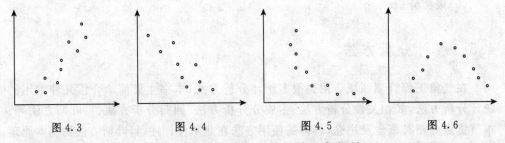

　　图 4.3　　　　　　　图 4.4　　　　　　　图 4.5　　　　　　　图 4.6

(3)按相关关系变化的方向不同,可分为正相关和负相关

正相关是指当一个变量的值增加或减少时,另一个变量的值也随之增加或减少。例如,温度与空调购买量之间的关系。负相关是指当一个变量的值增加或减少时,另一个变量的值反而减少或增加。例如,物价与消费之间的关系。

(4)按相关关系程度不同,可分为完全相关、不完全相关和不相关

完全相关是指当一个变量的数量完全由另一个变量的数量变化所确定时,两者之间即为完全相关。函数关系是相关关系的一个特例。不完全相关是指两个变量的关系介于完全相关和不相关之间。由于完全相关和不相关的数量关系是确定的或相互独立的,因此,统计学中相关分析的主要研究对象是不完全相关。不相关又称零相关,当变量之间彼此互不影响,其数量变化各自独立时,则变量之间为不相关。例如,股票价格的高低与气温的高低或者降水量的大小在一般情况下是不相关的。

4.5.2　回归分析

回归分析是最常用的统计方法之一,是研究一个随机变量与一个(或几个)可控变量之间的相关关系的统计方法。其主要内容是提供建立有相关关系的变量之间的数学关系式(称为经验公式);判别所建立的经验公式是否有效,并从影响随机变量的诸变量中判别哪些变量的影响是显著的,哪些是不显著的;利用所得到的经验公式进行预测和控制。

1. 回归分析的分类

回归有不同种类,按照自变量的个数分,有一元回归和多元回归。只有一个自变

量的叫一元回归,有两个或两个以上自变量的叫多元回归;按照回归曲线的形态分,有线性(直线)回归和非线性(曲线)回归。

2. 主要的回归模型

(1)一元回归模型

一元线性回归模型,其表达形式为:$y=a+bx$

其中:

y——因变量的估计值(回归理论值),

a——待定参数,是回归直线的起始值(截距),

b——待定参数,是回归系数(直线的斜率),表示自变量 x 每变动 1 个单位时,因变量 y 平均变动 b 个单位。

一元线性回归方程中的待定参数是根据数据资料求出的。其计算公式如下:

$$\begin{cases} b = \dfrac{n\sum xy - \sum x \sum y}{n\sum x^2 - (\sum x)^2} \\ a = \bar{y} - b\bar{x} \end{cases}$$

当 a、b 求出后,一元线性回归方程 $y=a+bx$ 便可确定了。

(2)多元线性回归

客观环境是复杂的,某个现象的变化往往受到许多因素的影响,即一个因变量可能受到多个自变量的影响。多元回归是一个因变量与两个及两个以上自变量之间的回归。描述因变量如何依赖于多个自变量和误差项的方程称为多元线性回归模型。

多元线性回归模型为:

$$y = a + b_1 x_1 + b_2 x_2 + \cdots + b_n x_n$$

式中:

a——多元回归曲线的起始值,

x_i——自变量$(i=1,2,\cdots,n)$,

b_i——回归参数$(i=1,2,\cdots,n)$。

(3)非线性回归

在实际工作中,有时变量之间相关并非存在线性相关,而是呈诸如指数曲线、双曲线等各种各样的非线性相关关系,需要应用适当的曲线回归方程来描述它们之间的关系。这种为观察数据拟合曲线回归方程所进行的分析称为非线性回归分析。有关非线性模型本节不再详述,有兴趣的读者可参阅书末的参考文献。

4.5.3　主成分分析

在用统计分析方法研究这个多变量的问题时,变量个数太多就会增加课题的复杂性。人们自然希望变量个数较少而得到的信息较多。在很多情形中,变量之间是有一定的相关关系的,当两个变量之间有一定相关关系时,可以解释为这两个变量反映此问题的信息有一定的重叠。主成分分析是对于原先提出的所有变量,建立尽可能少的新变量,使得这些新变量是两两不相关的,而且这些新变量在反映问题的信息方面尽可能保持原有的信息。其原理是设法将原来变量重新组合成一组新的互相无关的几个综合变量,同时根据实际需要从中可以取出几个较少的综合变量尽可能多地反映原来变量的信息,主成分分析也是数学上处理降维的一种方法。

1. 主成分分析的数学模型

设 p 个指标 $X = (X_1, \cdots, X_p)$ 是 p 维随机向量,并假定二阶距存在,均值 $E(X) = \mu$,协方差矩阵 $D(X) = \sum = (\sigma_{ij})$。考虑如下的线性变换:

$$\begin{cases} Z_1 = a_{11}X_1 + \cdots + a_{p1}X_p = a'_1 X \\ \qquad\qquad\vdots \\ Z_p = a_{1p}X_1 + \cdots + a_{pp}X_p = a_p X \end{cases}$$

易见:

$$\mathrm{Var}(Z_i) = A'_I \sum a_i, i = 1, \cdots, p$$
$$\mathrm{Cov}(Z_i, Z_j) = a'_i \sum a_i, i, j = 1, \cdots, p$$

假设 Z_1 是 $X_1 \cdots, X_p$ 的一切线性函数中方差最大的,$\mathrm{Var}(Z_1)$ 越大,表示 Z_1 包含的信息越多。但由于对任意的常数 k,有 $\mathrm{Var}(ka'_1 X) = k^2 \mathrm{Var}(a'_1 X)$,所以如果不对 a_1 加以限制,就会使问题变得没有意义。于是限制 a_1 为单位向量,即 $a'_1 a_1 = 1$,在此约束条件下寻求向量 a_1,使得 $\mathrm{Var}(Z_1)$ 达到最大,Z_1 就称为第一主成分。如果第一主成分不足以代表原来 p 个变量的绝大部分信息,就要考虑 X 的第二个线性组合 Z_2。为了有效地代表原始变量的信息,Z_1 已体现的信息不希望在 Z_2 中出现,就是要求:

$$\mathrm{Cov}(Z_2, Z_1) = a'_2 \sum a_1 = 0$$

于是求 Z_2,就是在约束 $a'_1 a_1 = 1$ 和 $\mathrm{Cov}(Z_2, Z_1) = 0$ 下,求 a_2 使 $\mathrm{Var}(Z_2)$ 达到最大。所以求的 Z_2 称为第二主成分,类似地可以求得第三主成分、第四主成分等。

2. 主成分得分

对于每次观测,主成分的值有多大? 这很有意义。所以计算出各样本主成分的表达式以后,需要将样本中个体的观测值代入主成分表达式中,计算出每个个体在每一个主成分上的数值,它称为主成分得分。这对于解释和理解样本结构都很有意义,甚至可以说,主成分分析的最重要结果就是得到这些得分,这样才可以更好地解释各种数据的意义。

案例：基于贝叶斯方法的渔船出海风险决策[①]

气象预报结果的发生往往是一个概率事件。对于气象敏感性行业从业者而言，只能根据气象预报信息以及自身的经验着手从事经济活动，这种经济活动实际上是一种风险决策。例如，渔船公司要充分考虑天气预报信息以及航海经验，其决策存在一定的风险。本节将介绍一种基于贝叶斯方法的渔船出海风险决策方法。

风险型决策的主要特点是具有状态发生的不确定性。管理者面临着几种可能的状态和相应的后果，且对这些状态和后果，得不到充分可靠的有关未来环境的信息，只能依据"过去的信息或经验"去预测每种状态和后果可能出现的概率。在这种情况下，管理者根据确定的决策函数计算出项目在不同状态下的函数值，然后再结合概率求出相应的期望值，此值就是对未来可能出现的平均状况的估计，管理者可以依此期望值的大小做出决策行为。贝叶斯决策法是最常见的以期望为标准的分析方法，它是在不完全情报下，对部分未知的状态用主观概率估计，然后用贝叶斯公式对发生概率进行修正，最后再利用期望值和修正概率做出最优决策。

1. 后验分析和贝叶斯决策基本原理

一般说来，设风险型决策问题的状态参数为 θ，所谓补充情报，就是新增添了这样的一个情报：它指出某一随机事件 H 已经发生（或某一随机变量 r 已经取值）。这里的 H（或 r）称为情报值。这一情报的可靠程度，可用在状态参数 θ 固定时情报值的条件分布 $p(H|\theta)$（或 r 的条件密度函数 $\pi(r|\theta)$）来描述。这个条件分布称为似然分布。在 θ 为只取 $\theta_1, \theta_2, \cdots, \theta_m$ 这 m 个值的离散型随机变量，情报 H 只取 $H_1, H_2, \cdots, H_k$ 这 k 个值的情形下，称矩阵

$$\begin{pmatrix} p(\theta_1|H_1) & p(\theta_2|H_1) & \cdots & p(\theta_k|H_1) \\ p(\theta_1|H_2) & p(\theta_2|H_2) & \cdots & p(\theta_k|H_2) \\ \cdots & \cdots & \cdots & \cdots \\ p(\theta_1|H_m) & p(\theta_2|H_m) & \cdots & p(\theta_k|H_m) \end{pmatrix}$$

为似然分布矩阵。它完整地描述了情报 H 与状态参数 θ 之间的关系。用补充情报改善状态参数原来的分布，就需要求出在情报值 H（或 r）发生的条件下 θ 的条件分布 $p(H|\theta)$（或条件密度函数 $K(\theta|r)$），称这个条件分布为状态参数 θ 的后验分布。为区别起见，把状态参数 θ 原来的分布 $p(\theta)$ 叫做先验分布。

利用补充情报进行决策的关键，就是由先验分布及似然分布产生后验分布。这一过程叫作后验分析。在作后验分析时，要用到概率论中著名的全概率公式和逆概

---

① 　相关资料来源：徐南荣．科学决策理论与方法．南京：东南大学出版社，1995.

率公式。下面把这两个公式简略叙述如下：

设离散事件组 $\{\theta_i\}$ $(i=1,2,\cdots)$ 满足：

$$\theta_i \bigcap \theta_j = \Phi(i \neq j), \bigcup \theta_i = \Omega$$

Ω 表示必然事件。则对任一随机事件 H，都有

$$p(H) = \sum_i p(H \mid \theta_i) p(\theta_i) \tag{4.10}$$

$$p(\theta_i \mid H) = \frac{p(H \mid \theta_i) \cdot p(\theta_i)}{p(H)} \tag{4.11}$$

求出 θ 的后验分布后，只要用后验分布代替原来的先验分布，便可进行决策分析了。由于该决策方法中必须用到贝叶斯公式(4.11)，所以称为贝叶斯决策法。

2. 贝叶斯决策的步骤

(1)进行预后验分析，决定是否值得搜集补充资料以及从补充资料可能得到的结果和如何决定最优对策。

(2)搜集补充资料，取得条件概率，包括历史概率和逻辑概率，对历史概率要加以检验，辨明其是否适合计算后验概率。

(3)用概率的乘法定理计算联合概率，用概率的加法定理计算边际概率，用贝叶斯定理计算后验概率。

(4)用后验概率进行决策分析。

3. 应用举例

某海域大气变化无常，该地区有一渔业公司，每天清早决定是否派渔船出海。如派渔船出海，遇晴天可获利 15000 元；若遇阴雨天，亏损 5000 元。据气象资料：该海域在当前季节晴天的概率为 0.8，阴雨的概率为 0.2。为了更好地掌握天气情况，公司成立一个气象站，专门对该海域天气进行预测。对(实际上)晴天，预报的准确率为 0.95；对(实际上)阴雨天，预报准确率为 0.90。某天，该气象站预报说晴，那么是否应派渔船出海，如果气象站预报为阴雨，又是否应派渔船出海？

用 a_1，a_2 分别表示渔业公司派渔船出海和不派渔船出海这两个行动，用 θ_1，θ_2 分别表示该天为晴或为阴雨这两个状态。若不利用气象站的预报，θ 分布为

$$p(\theta_1) = 0.8, \quad p(\theta_2) = 0.2$$

这是 θ 的先验分布。再假定管理者对风险的态度是中立的，则决策矩阵用表 4.6 表示。

表 4.6 出海问题的决策矩阵

后果值 \\ 行动方案 ╲ 自然状态及其发生概率	θ_1(晴)	θ_2(阴雨)
	0.8	0.2
a_1(出海)	15000	-5000
a_2(不出海)	0	0

由于 $V(a_1)=15000\times0.8-5000\times0.2=11000$
$$V(a_2)=0$$
故由先验信息得其最优行动为 a_1，即派渔船出海。

用 H_1,H_2 分别表示该气象站预报为晴天和预报为阴雨天这两个情报值。根据问题所给的条件，似然分布矩阵如表 4.7 所示。

表 4.7　某气象站天气预报的似然分布矩阵

θ	$p(\theta)$	$p(H_1\mid\theta)$	$p(H_2\mid\theta)$
θ_1	0.8	0.95	0.05
θ_2	0.2	0.10	0.90

当 H_1 发生，即预报为晴天时，利用公式(4.10)和公式(4.11)，有
$$p(H_1)=0.95\times0.8+0.10\times0.2=0.76+0.02=0.78$$
$$p(\theta_1\mid H_1)=\frac{0.76}{0.78}=0.9744$$
$$p(\theta_2\mid H_1)=\frac{0.02}{0.78}=0.0256$$

当 H_2 发生，即预报为阴雨时，同样求出
$$p(H_2)=0.05\times0.8+0.90\times0.2=0.04+0.18=0.22$$
$$p(\theta_1\mid H_2)=\frac{0.04}{0.22}=0.1818$$
$$p(\theta_2\mid H_2)=\frac{0.18}{0.22}=0.8182$$

于是得到后验分布矩阵(连同两个情报值的概率一同写出)如表 4.8 所示。

表 4.8　某海域天气的后验分布矩阵

H	$p(H)$	$p(\theta_1\mid H)$	$p(\theta_2\mid H)$
H_1	0.78	0.9744	0.0256
H_2	0.22	0.1818	0.8182

当 H_1 发生，即预报为晴天时，用 $p(\theta_1\mid H_1),p(\theta_2\mid H_1)$ 分别代替 $p(\theta_1),p(\theta_2)$ 计算 a_1,a_2 的后验收益期望：
$$V(a_1)=15000\times0.9744-5000\times0.0256=14487.2$$
$$V(a_2)=0$$
因此，这时最优行动为 a_1，即应派渔船出海。

当 H_2 发生，即预报为阴雨时，用 $p(\theta_1\mid H_2),p(\theta_2\mid H_2)$ 分别代替 $p(\theta_1),p(\theta_2)$ 计算 a_1,a_2 的后验收益期望：

$$V(a_1) = 15000 \times 0.1818 - 5000 \times 0.8182 = -1364$$

$$V(a_2) = 0$$

因此,这时最优行动为 a_2,即不应派渔船出海。

案例:风暴潮灾情等级识别的模糊聚分析方法[①]

风暴潮(storm surge)是一种灾害性的自然现象。由于剧烈的大气扰动,如强风和气压骤变(通常指台风和温带气旋等灾害性天气系统)导致海水异常升降,使受其影响的海区的潮位大大地超过平常潮位的现象,称为风暴潮。又可称"风暴增水"、"风暴海啸"、"气象海啸"或"风潮"。当风暴潮与天文潮叠加后的水位超过沿岸水位警戒线时,造成海水外溢,泛滥成灾,给工业、农业、海业、盐业、交通运输,港湾建筑和人民生命则产带来巨大损失。风暴潮灾害是发生频率最高,造成的经济损失最严重,危害最大的海洋自然灾害。在我国,几乎一年四季均有风暴潮灾发生,并遍及整个中国沿海,其影响时间之长,地域之广,危害之重均为西北太平洋沿岸国家之首。灾情发生后,对灾情进行快速评估,确定灾情等级,能为救灾和减灾工作提供有力的决策支持,尽可能降低各种损失。因此,风暴潮灾情的等级划分与识别方法的研究工作重要而急迫。

从根本上来说,风暴潮灾情等级评估实际是一个模式识别问题,而灾情等级的科学划分是进行灾害等级识别的前提,现有的风暴潮灾情等级划分方法多是采用"硬划分"或定性描述的方法,带有一定的主观经验性。表 4.9 和表 4.10 分别列出了两种不同的划分方法。

表 4.9　风暴潮灾害等级

灾害等级	特大潮灾	严重潮灾	较大潮灾	轻度潮灾
参考灾情	死亡千人以上或经济损失上亿元	死亡数百人或经济损失 0.2～1 亿元左右	死亡数十人以上或经济损失千万元左右	无死亡或死亡少量或经济损失数百万人以下
超警戒水位参考值	＞2 m	＞1 m	＞0.5 m	超过或接近

表 4.10　灾度等级

级别	名称	死亡人数(人)	淹没田地(667 m²)	倒塌房屋(万间)	经济损失(亿元)
1	轻量潮灾	100 以下	10 以下	0.1 以下	0.5 以下
2	一般潮灾	101～500	10～50	0.1～1	0.5～1
3	较大潮灾	501～1000	51～100	1～2	1～10
⋮					

---

① 相关资料来源:孙峥,庄丽,冯启民. 风暴潮灾情等级识别的模糊聚类分析方法研究. 自然灾害学报,2007,16(4):49-54.

本案例从风暴潮灾情历史数据出发,构建基于模糊等价关系的风暴潮灾情等级模糊聚类分析识别模型,即通过模糊聚类,将样本划归不同灾害等级,科学合理地建立起模糊模式,在此基础上利用模糊优先比相似选择法对待识别样本进行灾情等级识别。

1. 模糊聚类分析

(1)模糊优先比相似识别

采用模糊优先比相似选择法进行识别,即以成对样本与一个待识别固定样本相比较,以确定成对样本中哪一个样本与固定样本更相似,从而得到与固定样本相似程度较大的样本,方法简介如下:

设给定样本集合 $X,X = \{x_1, x_2, \cdots, x_n\}$,$x_k$ 为给定固定样本,任意 $x_i, x_j \in X (i, j = 1, 2, 3 \cdots, n)$(为方便说明,假定每个样本包含一个特征因素,其值亦用 x_i 表示)。

①计算海明距离 $D_i = |x_i - x_k|$,$D_j = |x_j - x_k|$。

②计算相似优先比 $v_{ij} \in [0, 1]$,构建模糊优先比矩阵 $V = (v_{ij})_{n \times n}$,其中 $v_{ij} = \dfrac{D_j}{(D_i + D_j)}$,且规定 $V_{ii} = 1$。

③利用不同置信水平的 $\lambda \in [0, 1]$ 截割 V,得到截矩阵 $V_\lambda = (V_{ij}^\lambda)$,其中

$$V_{ij}^\lambda = \begin{cases} 1 & V_{ij} \geqslant \lambda \\ 0 & V_{ij} < \lambda \end{cases}。$$

(2)聚类分析识别的基本步骤(详见 4.4 节)

2. 风暴潮灾情等级识别模糊聚类方法的应用实例

(1)选取样本,抽取因素数据

根据 1976—2002 年以来对湛江地区造成灾害的多场台风风暴潮的灾情统计资料,构成论域 U,选取死亡人数、受灾面积、直接经济损失 3 项指标作为特征因素,对风暴潮灾情按其严重程度进行等级划分。划分后每一个等级成为一个模式类,每一模式类都包含了一些灾度相同的风暴潮灾害个例,从而可将分属于各模式类的风暴潮灾害个例看成一个模式样本集。由于湛江地区经济发展较快、物价波动较大,不同年份之间的经济损失不具有可比性,以当年风暴潮灾害直接经济损失的数据难以准确反映灾害损失的增长趋势,因此,首先要对原始数据进行可比性处理,全部统一到 1975 年的物价水平。同时为了消除不同量纲之间的差异,还要对原始数据进行如下的归一化处理,将原始数据转换到 $[0, 1]$ 区间之内:$u_{ij} = \dfrac{(u_{ij}^0 - \min(u_j^0))}{(\max(u_j^0) - \min(u_j^0))}$。其中 u_{ij} 为归一化值,u_{ij}^0 表示第 i 个对象第 j 个指标的实际值,$\max(u_j^0)$,$\min(u_j^0)$ 分别表示第 j 个指标实际值最大值和最小值。处理后数据见表 4.11。

表 4.11　　1976—2002 年湛江地区风暴潮灾情统计表

序号	1	2	3	4	5	6	7	8	9	10	11	12	13	14	15
台风编号	7619	8083	85 未编号	8702	8805	8903	8908	9004	9506	9515	9516	9615	9710	9910	0214
死亡人数	0.219	0	0.301	0.004	0.012	0.023	0.004	0.004	0	0	0	1	0	0	0
受灾面积	0.617	0.079	0.393	0	0.021	0.059	0.084	0.344	0.012	0.646	0.476	1	0.035	0.051	0.142
直接经济损失	0.118	0.002	0.032	0	0	0.023	0.009	0.011	0.008	0.038	0.026	1	0.002	0.011	0.016

（2）建立模糊相似关系

将表 4.11 数据转换为

$$M = \begin{bmatrix} 0.219 & 0 & 0.301 & 0.004 & 0.012 & 0.023 & 0.004 & 0.004 & 0 & 0 & 0 & 1 & 0 & 0 & 0 \\ 0.617 & 0.079 & 0.393 & 0 & 0.021 & 0.059 & 0.084 & 0.344 & 0.012 & 0.646 & 0.476 & 1 & 0.035 & 0.051 & 0.142 \\ 0.118 & 0.002 & 0.032 & 0 & 0 & 0.023 & 0.009 & 0.011 & 0.008 & 0.038 & 0.026 & 1 & 0.002 & 0.011 & 0.016 \end{bmatrix}$$

选用平均绝对距离法，构造相似关系矩阵。如式 4.12 所示：

$$r_{ij} = 1 - \frac{1}{m} \sum_{k=1}^{m} |u_{ik} - u_{jk}| \qquad (4.12)$$

式中 $i=1,2,\cdots,n$; $j=1,2,\cdots,n$。n 为样本个数，m 为特征因素的个数，特征因素包括死亡人数，受灾面积和直接经济损失，故 $m=3$。

由式 4.12 式，利用标准矩阵计算模糊相似矩阵 R。

$$R = \begin{bmatrix} 1 \\ 0.709 \\ 0.869 & 0.7851 \\ 0.683 & 0.972 & 0.7591 \\ 0.693 & 0.976 & 0.769 & 0.9901 \\ 0.717 & 0.979 & 0.79 & 0.966 & 0.9761 \\ 0.714 & 0.995 & 0.790 & 0.969 & 0.973 & 0.9811 \\ 0.802 & 0.907 & 0.878 & 0.882 & 0.886 & 0.895 & 0.9131 \\ 0.689 & 0.976 & 0.765 & 0.992 & 0.991 & 0.974 & 0.974 & 0.8871 \\ 0.891 & 0.799 & 0.813 & 0.656 & 0.776 & 0.792 & 0.802 & 0.889 & 0.7791 \\ 0.849 & 0.866 & 0.870 & 0.831 & 0.838 & 0.852 & 0.862 & 0.950 & 0.864 & 0.9391 \\ 0.318 & 0.027 & 0.242 & 0.001 & 0.011 & 0.035 & 0.032 & 0.120 & 0.007 & 0.228 & 0.1671 \\ 0.694 & 0.985 & 0.770 & 0.986 & 0.991 & 0.977 & 0.980 & 0.893 & 0.990 & 0.784 & 0.862 & 0.0121 \\ 0.703 & 0.988 & 0.779 & 0.780 & 0.982 & 0.986 & 0.987 & 0.901 & 0.986 & 0.793 & 0.853 & 0.021 & 0.9921 \\ 0.735 & 0.974 & 0.811 & 0.946 & 0.950 & 0.963 & 0.977 & 0.930 & 0.954 & 0.825 & 0.885 & 0.051 & 0.960 & 0.9681 \end{bmatrix}$$

对　称

（3）改造模糊相似关系为模糊等价关系

我们利用平方法，获得 R 的传递闭包 $t(R)$，即建立了 R 的一个模糊等价关系

$$
t(R)=R^8\circ R^8=
\begin{bmatrix}
1 \\
0.8791 \\
0.879 & 0.8791 \\
0.879 & 0.988 & 0.8911 & & & & & & 对\quad称 \\
0.879 & 0.988 & 0.891 & 0.9911 \\
0.879 & 0.986 & 0.891 & 0.986 & 0.9861 \\
0.879 & 0.995 & 0.891 & 0.988 & 0.988 & 0.9861 \\
0.879 & 0.913 & 0.891 & 0.913 & 0.913 & 0.913 & 0.9131 \\
0.879 & 0.988 & 0.891 & 0.992 & 0.991 & 0.986 & 0.988 & 0.9131 \\
0.879 & 0.913 & 0.891 & 0.913 & 0.913 & 0.913 & 0.913 & 0.939 & 0.9131 \\
0.879 & 0.913 & 0.891 & 0.913 & 0.913 & 0.913 & 0.913 & 0.950 & 0.913 & 0.9391 \\
0.318 & 0.318 & 0.318 & 0.318 & 0.318 & 0.318 & 0.318 & 0.318 & 0.318 & 0.318 & 0.3181 \\
0.879 & 0.988 & 0.891 & 0.991 & 0.991 & 0.986 & 0.988 & 0.913 & 0.991 & 0.913 & 0.\,913 & 0.3181 \\
0.879 & 0.988 & 0.891 & 0.991 & 0.991 & 0.986 & 0.988 & 0.939 & 0.991 & 0.913 & 0.913 & 0.318 & 0.9921 \\
0.879 & 0.977 & 0.891 & 0.977 & 0.977 & 0.977 & 0.977 & 0.913 & 0.977 & 0.913 & 0.913 & 0.318 & 0.977 & 0.9771
\end{bmatrix}
$$

（4）模糊聚类

给定不同的置信水平的 $a\in[0,1]$，求矩阵 $t(R)_a$：

当 $a=1$ 时，

$$
t(R)_1=
\begin{bmatrix}
1 \\
0 & 1 \\
0 & 0 & 1 \\
0 & 0 & 0 & 1 & & & & & 对\quad称 \\
0 & 0 & 0 & 0 & 1 \\
0 & 0 & 0 & 0 & 0 & 1 \\
0 & 0 & 0 & 0 & 0 & 0 & 1 \\
0 & 0 & 0 & 0 & 0 & 0 & 0 & 1 \\
0 & 0 & 0 & 0 & 0 & 0 & 0 & 0 & 1 \\
0 & 0 & 0 & 0 & 0 & 0 & 0 & 0 & 0 & 1 \\
0 & 0 & 0 & 0 & 0 & 0 & 0 & 0 & 0 & 0 & 1 \\
0 & 0 & 0 & 0 & 0 & 0 & 0 & 0 & 0 & 0 & 0 & 1 \\
0 & 0 & 0 & 0 & 0 & 0 & 0 & 0 & 0 & 0 & 0 & 0 & 1 \\
0 & 0 & 0 & 0 & 0 & 0 & 0 & 0 & 0 & 0 & 0 & 0 & 0 & 1 \\
0 & 0 & 0 & 0 & 0 & 0 & 0 & 0 & 0 & 0 & 0 & 0 & 0 & 0 & 1
\end{bmatrix}
$$

可见所有的样本各为一类。

当 $a=0.995$ 时,

$$t(R)_{0.995}=\begin{bmatrix}1&&&&&&&&&&&&&&\\0&1&&&&&&&&&&&&&\\0&0&1&&&&&&&&&&&&\\0&0&0&1&&&&对\quad称&&&&&&\\0&0&0&0&1&&&&&&&&&&\\0&0&0&0&0&1&&&&&&&&&\\0&0&0&0&0&0&1&&&&&&&&\\0&0&0&0&0&0&0&1&&&&&&&\\0&0&0&0&0&0&0&0&1&&&&&&\\0&0&0&0&0&0&0&0&0&1&&&&&\\0&0&0&0&0&0&0&0&0&0&1&&&&\\0&0&0&0&0&0&0&0&0&0&0&1&&&\\0&0&0&0&0&0&0&0&0&0&0&0&1&&\\0&0&0&0&0&0&0&0&0&0&0&0&0&1&\\0&0&0&0&0&0&0&0&0&0&0&0&0&0&1\end{bmatrix}$$

分类为 $\{2,7\},\{1\},\{3\},\{4\},\{5\},\{6\},\{7\},\{8\},\{9\},\{10\},\{11\},\{12\},\{13\},$
$\{14\},\{15\}$

当时 $a=0.991$,分类为 $\{2,7\},\{4,5,9,13,14\},\{1\},\{3\}\{6\},\{8\},\{10\},\{11\},$
$\{12\},\{15\}$;

当 $a=0.988$ 时,分类为 $\{2,4,5,7,9,13,14\},\{1\},\{3\},\{6\},\{8\},\{10\},\{11\},$
$\{12\},\{15\}$;

当 $a=0.986$ 时,分类为 $\{2,4,5,6,7,9,13,14\},\{1\},\{3\},\{8\},\{10\},\{11\},\{12\},$
$\{15\}$;

当 $a=0.977$ 时,分类为 $\{2,4,5,6,7,9,13,14,15\},\{1\},\{3\},\{8\},\{10\},\{11\},$
$\{12\}$;

当 $a=0.950$ 时,分类为 $\{2,4,5,6,7,8,9,11,13,14,15\},\{1\},\{3\},\{10\},\{12\}$;

当 $a=0.939$ 时,分为 4 类,即 $\{2,4,5,6,7,8,9,10,11,13,14,15\},\{1\},\{3\},$
$\{12\}$;

当 $a=0.891$ 时,分为 3 类,即 $\{2,3,4,5,6,7,8,9,10,11,13,14,15\},\{1\},\{12\}$;

当 $a=0.879$ 时,分为 2 类,即 $\{1,2,3,4,5,6,7,8,9,10,11,13,14,15\},\{12\}$;

当 $a=0.318$ 时,分为 1 类,即 $\{1,2,3,4,5,6,7,8,9,10,11,12,13,14,15\}$。

为确定样本的一个最优分类,应合理选定 α 值。选取 α 值的方法有多种,如专家经验法和F-统计量法。结合专家经验和当地实际情况,选取 $\alpha=0.891$。此时,样本被分为 3 类,即 $\{2,3,4,5,6,7,8,9,10,11,13,14,15\}$,$\{1\}$,$\{12\}$,我们分别定义其对应灾害等级为小灾、中灾和大灾。我们看到,经过这样分类,小灾次数 13 次,占样本的 86.7%,而中灾和大灾分别为 6.65%,即小灾频繁,间或有较大灾情出现,分类结果符合该地区实际灾情,说明 α 取值是合理的。

本篇小结

　　本章简单介绍了气象工程管理中用到的一些常用方法,主要包括:系统论方法、投入产出分析法、优化理论与算法、模糊理论及统计方法。本章首先对这些方法的基本原理及步骤做了概述,其次对方法的具体使用操作做了简单介绍,最后通过相关实例应用来加以补充说明,从而加深对方法的理解掌握。由于对主要方法只是简单性的介绍,若想进一步掌握这些方法,还需参考其他的相关文献资料。

复习思考题

　　1. 最优化问题的分类及其解法的分类有哪些?

　　2. 请述模糊集合、模糊关系以及模糊概念。

　　3. 请列出线性规划模型建立的步骤。

　　4. 相关分析可以分为哪几类?

　　5. 有哪些主要的回归模型?

　　6. 简述主成分分析方法。

气象工程管理应用篇

气象工程管理几乎涉及公共气象服务的方方面面。在气象工程管理中,公共气象服务平台发挥着极为重要的作用,因此,本篇第一部分简要介绍公共气象服务平台建设。公共气象服务的好坏需要通过有效的评估手段来测度,因此,本篇的第二部分主要讲述公共气象服务效益评估理论与方法,包括最近几年的国内外最新研究成果。气象工程管理研究的另外一个主要内容之一是气象灾害管理,也是我国开展公共气象服务的重要环节。因此,在本篇的第三、第四、第五部分,分别从气象灾害管理基本理论、行业气象灾害工程管理、区域气象灾害工程管理三个不同的方面进行阐述。

第 5 章　公共气象服务平台建设

公共气象服务平台建设是更好地为公众提供气象服务,进行气象工程管理的基础。公共气象服务平台建设主要包括三个方面:观测平台建设、业务平台建设和服务平台建设。本章主要对我国目前三个平台的建设的总体状况进行介绍。

5.1　观测平台建设

公共气象观测平台是公共气象服务与业务平台建设的基础,也是气象事业发展的基础。我国是倡导建立综合地球观测系统的国家之一,并为此做出了积极努力。目前,我国已经建立了完善的气象观测体系,主要包括天基观测系统、空基观测系统和地基观测系统。基于这些系统,气象、海洋、水利、环保、农业、林业、中科院等各个部门可以从各个角度各个方面对天气要素进行观测。本节主要介绍我国目前观测平台建设的基本情况,并对未来气象观测平台的发展和完善简要阐述。

5.1.1　观测平台建设现状

气象观测是指对地球大气圈及其密切相关的水圈、冰雪圈、岩石圈(陆面)、生物圈等的物理、化学、生物特征及其变化过程进行系统的、连续的观察和测定,并对获得的记录进行整理的过程。经过多年的建设,我国已初步建立了地基、空基、天基观测相结合的综合观测系统。到 2005 年底,我国气象部门共建有国家级地面气象观测站 2404 个,这些观测站在承担常规地面观测业务的基础上,还承担着生态与农业观测、酸雨、沙尘暴、雷电等的监测任务;已建成高空探测站 120 个,站距约 200～300 千米,并且具有世界先进水平的多普勒天气雷达网和沙尘暴监测网、自动气象站网、L 波段探空雷达、全球定位系统(GPS)探空站、飞机探测、风廓线仪和三维闪电定位仪等气象灾害监测网;已成功发射 4 颗“风云一号”和 1 颗“风云三号”极轨气象卫星以及 3 颗“风云二号”静止气象卫星,并建立起了集接收、数据处理、监测服务于一体的综合地面应用系统,除接收我国“风云”系列卫星外,还兼容接收处理美国的极轨(NO-AA,EOS)卫星数据和日本、欧洲的静止卫星数据。

5.1.2　观测平台的发展

虽然我国目前的观测平台建设已经相对较为完整,但是应有很多需要发展和完善的地方,《中国气象事业发展战略研究总论》从天基、空基、地基三个方面对我国气象观测平台的发展和完善提出了要求。

1. 天基观测系统

建立以极轨、静止两个系列气象卫星和气象小卫星为主的综合对地观测卫星系统,实现对地球进行全天候、多光谱、三维的定量探测;在风云一号极轨气象卫星基础上,发展我国第二代极轨气象卫星风云三号,建立由上午和下午两个轨道系统组成的极轨卫星星座,探索低倾角轨道卫星探测技术;在发展风云二号 02 批静止气象卫星的同时,发展第二代静止气象卫星风云四号,建立风云四号"光学星"系列和"微波星"系列;发展气象小卫星,使之成为大卫星的有效补充;不断提高卫星探测的时间分辨率、空间分辨率、光谱分辨率和辐射测量精度,不断提高卫星的使用寿命和可靠性,拓展卫星监测领域,提高卫星遥感应用水平和卫星资料的获取与共享能力,积极推进卫星遥感业务化工作。

2. 空基观测系统

建成基于全球定位系统(GPS)的气球探空系统。实现对大气水汽总量和垂直分布的监测;根据全球气候观测系统(GCOS)规范和常规高空观测规范要求,高空观测站网密度达到 200 千米左右;发展无人驾驶飞机探空等技术,形成续航时间长、升限高、系列化的遥控气象探测系统,并使之成为我国无人区高空气象观测的主要手段之一;加快国内商业航空器气象观测业务体系建设,开展航空器气象资料下传(AMDAR)的业务应用工作;在一些特大城市使用微型无人驾驶飞机探空系统,与风廓线仪相配合进行近地面层、边界层气象观测。

3. 地基观测系统

地基观测系统可分为地面常规观测系统、地基高空观测系统、地基特种观测系统、地基移动观测系统。

地面常规观测系统。建成测量准确度高、运行可靠的自动气象观测站;完善国家基本地面天气站网、中小尺度天气监测站网、城市天气监测站网、高速公路监测网及气象资料空白区(沙漠、高原、深山、海洋、滩涂等)的无人自动气象站网,使地面常规观测系统中的基本地面天气站网密度达到 50 千米;重点地区建成加密自动气象站网,站网密度达到 10～15 千米;建设包括双线偏振和相控阵在内的天气雷达网,并实现全国组网;调整站网布局,形成布局合理、观测要素齐全、观测准确度高、时效性强,能满足不同需求的地面常规气象观测系统。

地基高空观测系统。采用地基 GPS/MET 遥感技术,实现对大气水汽总量等的监测；在重点区域布设边界层、对流层和平流层风廓线仪，以获取水平风廓线、垂直风廓线、温度廓线、合成风资料、风切变状况等资料，提高高空探测的时空密度；布设覆盖全国的云地和云间闪电定位系统，建设国家级闪电资料处理系统，对全国闪电资料进行及时收集和综合处理，开展雷电防护及相关的应用服务；在京津冀、长江中下游、珠江三角洲等重要城市群和重点地区开展雷电监测。

地基特种观测系统。完善现有 1 个全球本底和 3 个区域本底监测站的业务功能，建设大气化学中心实验室；在西南、华中和西北新建区域本底站，在邻近海洋地区建立一个全球大气本底监测站；在珠江三角洲、青藏高原、东北平原等地区建立区域大气本底站；以大气本底站网为基础，建设臭氧探空、气溶胶、辐射、酸雨等监测站，形成能够覆盖全国的大气本底监测站网；发展地基风廓线雷达、地基 GPS 系统、激光雷达、观测中高层（60～100 千米的中间层和热层低层）的中频雷达，实现对温室气体、气溶胶、大气沉降、放射性物质、太阳辐射、电子密度和化学活性痕量气体进行长期监测。

地基移动观测系统。为满足应急响应服务需要，建设机动性强、全天候的移动观测系统，是对其他观测系统的有效补充。该系统主要包括车载移动气象卫星地面站、车载多要素自动气象站，车载式高空探空站，车载移动风廓线雷达、天气雷达和激光雷达等。建立移动观测系统可提高对突发事件的应急响应速度和救灾保障服务能力。

5.2　业务平台建设

我国公共气象业务平台的建设已取得了不少成就，建成了多种类型的业务平台，为公共气象服务业务工作的开展奠定了基础。《中国气象事业发展战略研究总论》和《2008 气象年鉴》对我国目前现有的气象业务平台建设的相关内容做了总结，根据业务的具体内容，将业务平台主要作了如下划分：

5.2.1　气象观测业务平台

气象观测业务平台的建设基于大范围的建立气象观测平台，关于观测平台的建设本章的第一节就这方面的内容已经做了相关的介绍，这里就不再详细说明了。

5.2.2　天气预报业务平台

天气预报业务平台是气象台站的核心预报工作平台，是一个人机交互的计算机系统，它可将气象及与气象相关的数据整合至计算机数据库中，供预报员查看、分析等操作大量的图形与文字的天气资料，以保证预报员能够充分有效地分析、预报及及时发布准确的天气预报和气象灾害警示。

世界上很多国家都有自己的天气预报工作平台,例如美国的 AWIPS 系统,德国、加拿大等国联合开发的 NinJo 系统,法国的 Synergie 系统,英国的 HORACE 系统,等。我国也不例外,拥有自主研发的 MICAPS 系统。

MICPAS 即气象信息综合分析和处理系统。旨在为预报员提供一个分析显示气象信息的工作平台。气象预报和服务人员可以通过该平台检索各种气象数据,及气象数据的图形、图像,对各种气象图像进行编辑加工,进行中期、短期、短时(临近)天气预报。经过多年研发和应用,MICPAS 系统已经历经 3 个版本。从 1994—1996 年起 MICAPS1.0 首先完成工作站和微机,第一次完成集约化综合显示分析;2000—2002 年 MICAPS2.0 微机版完成商业化软件架构,满足个性化需求定义;2005—2008 年 MICAPS3.0 在前两个版本的基础上功能更加丰富和强大,满足更多个性化的需求。目前,MICAPS3.0 已经广泛应用于全国各级气象部门。

MICPAS3.0 系统采用开放式软件框架,实现多平台运行,系统框架管理功能模块化,各功能模块可以任意增加和删除。预报员可以根据本地的环境安装订制,为不同业务提供专业化版本,满足各种业务需求。MICPAS3.0 功能主要有:

(1)MICPAS 基本数据显示和检索功能,数据包含地面、高空观测数据、卫星数据、雷达数据、风廓线数据、数值模式产品数据等 17 类数据;

(2)气象数据的图形显示功能,包含各类气象数据的一维图形、二维图形的显示,台风路径和云图的动画显示,探空资料和模式资料的时空剖面图形显示,地面三线图等;

(3)气象数据统计分析功能,比如雨量累加功能,地面和离散点数据的统计功能,各类模式资料对比显示功能;

(4)地图及地理信息显示功能,除基础地理信息显示功能之外,系统还可以进行地图投影的切换,模式资料邮票图和切变图的显示,地球球面距离和球面近似面积的计算;

(5)天气预报分析制作功能,包含预报制作、等值线修改、天气图分析需要的交互功能,城市预报交互制作功能,精细化预报指导产品订正功能,会商支持功能;

(6)文件的编辑存储功能,包含文本文件编辑与传输功能、图形保存和动画 GIF 生成功能、打印功能等;

(7)系统管理功能,包含操作日志记录功能、基本预报流程管理功能、系统配置功能、系统二次开发接口提供扩展功能模块开发。

根据天气预报的不同性质和需要,天气预报业务平台的对象和预报内容有所区别,可具体分为不同子类的业务平台,主要包括以下几类:

1. 交通气象预报业务平台

我国每年都会因各种天气气候灾害造成大量交通事故。天气气候对交通影响的主要类型不尽相同。据统计,1980—1995 年,暴雨洪水引起全国铁路断道 2553 次,断道时间累计达 38799 小时,平均每年分别为 170 次和 2587 小时,经济损失达到 10 亿元。冻土可能成为高寒地区路基松动的隐患;雨、雪、雨淞和冰冻使路面及铁轨湿滑;雨、雪、雾还影响视程,容易造成严重交通事故。因此,加强重点地区主要路段、港口、海域的交通气象观测网建设,发展交通气象预测、预警和评估系统,对减少交通事故、降低交通维护费用,合理布局交通干线、减少突发灾害影响,提高交通质量和效益都十分重要。

2. 城市气象预报业务平台

我国近 20 年多来"城市化"发展迅速,不仅大中城市而且小城镇也快速发展。但城市化进程的加快产生了一系列环境问题,如城市热岛和浑浊岛效应、城市雾和城市大气污染等现象,这直接威胁到了居民的生活,影响到经济的发展。

城市气象预报业务主要针对居民生活和社会经济发展。主要业务内容包括空气质量预报、紫外线预报、暴雨雷电预报(警)等等。

3. 灾害性天气预报和短时临近预报业务平台

国家气象中心开始制作定量降水产品。建立了短时潜势预报系统及其流程。改进了中国区域中尺度降水数值预报。建立了灾害性天气系统个例数据库,完成强降水、强对流、寒潮、沙尘、雨淞五类灾害性天气个例入库标准及入库规范的制订,为持续进行灾害性天气数据库的建设提供基础。目前,灾害性天气落区预报和短时临近预报水平有了很大的提高,在今后的工作中还有待进一步提高,从而把灾害带来的损失降低到最小程度。

4. 地质灾害气象预报、预警业务平台

由于地质灾害会给人民带来巨大的灾难造成国家的不可估量的损失,因此,地质灾害气象预报预警业务是十分重要的。目前,基于各种充足的气象数据资料,我国能够对地质灾害做出比较及时准确的气象预报预警,把灾难和损失降至最低。据统计,2007 年全国各类地质灾害共造成 679 人死亡和失踪,直接经济损失 24.75 亿元,与 2006 年相比,死亡和失踪人数减少了 12%,直接经济损失减少了 43%。2007 年地质灾害气象预报避免了 3.7 万人的伤亡,比 2006 年提高了 84%。

5.2.3 气象信息网络业务平台

20 世纪 90 年代以来,以气象通信网络、高性能计算技术为代表的我国气象信息网络系统已取得长足进展,形成了一套完整的、业务化的实时气象信息网络系统。气象数据共享有了良好开端,已初步建成基本气象资料共享服务平台,即将建成由多种气象数据共享分系统组成、覆盖全国、联接世界的分布式气象科学数据共享网络体系。未来通信技术将向高速、灵活、融合和智能化方向发展；信息网络将在开放性、可扩展性、实时性、"健壮性"和可用性方面有重大突破。

我国加强气象宽带网建设，至 2007 年底全国气象宽带通信网络系统线路带宽得到了全面提升，实现了国家级到 7 个区域中心为 8Mbps、到 23 个省/直辖市全部为 6Mbps 的线路速率，为电视会商、数据传输和资料共享等气象业务应用的开展提供了较为充分的通信基础保障。气象信息网络业务平台包括雷达信息共享平台、网络及数据交换平台等等。目前，网络及数据交换平台可以满足目前 TIGGE 基本需求。截至 2007 年 11 月，收到数据总计约 50TB，发送数据总计约 3.6TB。

5.2.4　农业与生态气象业务平台

我国是农业大国，农业与生态气象业务平台主要是面向我国的农业需求，目的是为我国农业的发展提供便利条件。我国农业与生态气象业务平台大致包括以下三方面的内容：

1. 农业气象情报和产量预报业务平台

农业气象情报和产量预报是基础信息的提供，为农业各项工作的开展提供了指导。我国农业气象情报业务水平在不断提高，据统计，2007 年气象情报业务质量平均值为 8.9，各省（区、市）气象局达到业务质量（2.0 分），高于上年平均值 8.2。全国农业气象产量质量综合评分 98.8，各省（区、市）气象局均达到业务质量（85.0），高于 2006 年平均值 98.2。

2. 农业气象灾害预报业务平台

各省（区、市）气象局均开展了重大农业气象灾害预报，与农业部门联合开展了当地主要农业病虫害的监测预报。同时，国家气象中心还发布作物产量动态预报、国外主要作物产量预报、作物病虫害发生发展气象等级业务预报。

3. 省级生态气象监测评估业务平台

各省（区、市）气象局不断深化生态质量气象监测评估业务服务工作。按照中国气象局下发的生态质量气象评价规范，利用地面监测资料和卫星遥感资料以及外部门调查资料，开展生态质量气象监测评估工作，有些省（区、市）气象局还开展了产品真实性检验。

5.2.5　人工影响天气业务平台

我国人工影响天气工作主要包括人工增雨（开发利用空中云水资源）、防雹、消雾、消云、消雨等，其中最重要的是开发利用空中云水资源。

据统计，1995—2003 年，全国人工增雨影响面积超过 300 万平方千米；23 个省（区、市）开展了高炮火箭防雹作业，保护面积超过 41 万平方千米，累计减免雹灾损失超过 340 亿元。目前全国常年租用人工增雨飞机 30 架,30 个省(区、市)的 1862 个县(区、旗)开展了高炮、火箭增雨防雹作业,拥有专用高炮 6900 余门,各型火箭发射架 3800 余台,作业人员超过 3.5 万人。我国的人工影响作业规模已居世界首位。国家级人影业务系统初步建立,作业条件、预报指导产品业务运行稳定并得到改进,完成了全国 13590 个地基作业点信息的收集和整理工作,改进人工影响天气作业条件模式预报,在 GRAPES 和 MM5 模式中耦合了中国气象科学研究院人工影响天气研究所自行开发的复杂冰相微物理显式方案。

虽然我国人工影响天气工作取得了很大成绩,但人工影响天气的能力与经济社会发展的需求不相适应的矛盾仍然十分突出,人工影响天气工作的现代化水平还不够高,观测和作业技术装备的整体水平与国际先进水平仍存在差距,效果检验方法有待深入开展研究,作业的科技水平和效益有待进一步提高。

开展人工影响天气业务平台建设,提高我国人工影响天气工作的科技水平和效益,对于防灾减灾、缓解水资源短缺、生态建设和环境保护具有重要意义。

5.2.6　海洋气象业务平台

海洋占地球表面面积的 71%,海洋和大气是全球气候系统的重要组成部分,两者之间的相互作用,包括影响、响应和反馈在很大程度上决定了全球气候和环境变化。因此,做好海洋气象业务平台建设显得尤为重要。

海洋蕴藏着巨大的资源,开发利用海洋对于经济社会发展具有重要意义。由于台风、风暴潮、海浪、海雾、赤潮等灾害频繁,海上及海岸带的气象和气候保障任务越来越紧迫和加重。随着全球气候变暖,气候极端事件呈上升趋势,随之产生的一系列新的海洋环境问题将严重制约经济社会的可持续发展,并已经上升为国家安全和外交斗争的重要焦点之一。现代海洋气象的重点任务是:面向海洋经济需求,发展包括海洋油气、生物资源开发、海洋运输、海洋渔业、海盐和盐化工业等的海洋气象监测。发展海气耦合数值模式,开发和改进风暴潮、海浪、海雾等海洋灾害数值预报系统,建立海洋气象预测预警业务平台,提高海洋气象导航保障及预测预警系统的服务能力。推动海洋气候资源开发技术,重点是发展风能、太阳能、潮汐能等海洋气候资源中可再生能源的开发利用技术。科学规划海洋气候资源开发区。开展全球气候变化对海洋环境影响的评估和海洋环境变异对气候的反馈影响研究,发展海洋资源开发的气象保障服务、海洋气象资源可持续开发利用及综合评估技术。

5.3　服务平台建设

近二十几年是我国气象服务工作蓬勃发展的重要时期,坚持以公益性服务为主的情况下,根据国民经济和社会发展的需求,加强了气象服务平台的建设。根据气象服务的对象不同,我国的气象服务平台主要分为两大类:公共气象服务平台和专业气象服务平台。下面将主要对公共气象服务平台进行介绍。

现代气象公共服务体系旨在一方面确保该体系的服务系统能够获取任何时间、空间尺度的气象信息;通过应用新成果与新技术不断提高服务能力;开展全局性、关键性技术开发研究;另一方面促进气象与地学、人文科学等相互交叉融合成果在延伸服务领域和服务链等方面的应用。而现代气象公共服务体系是以基本业务系统为依托、以公共气象服务平台为基础的。

5.3.1　公共气象服务平台的职能

利用现代化公共服务平台,可以建立、健全公共服务体系,提供生动、丰富、科学、可视化和精细化的公共气象服务产品,实现连续滚动、灵活迅速、个性化、数字化、多媒体化的服务。公共服务体系提供的服务产品,已由最初单一的气象预报服务逐步发展为集多种服务于一体,多层次、全方位的综合性气象服务。

在公共气象服务体系的建设中要区分好公共服务平台与专业气象服务平台不同的职责,让它们各司其责,协调发展。

5.3.2　公共气象服务平台的建设及其目标

中国气象事业是科技型、基础性的社会公益事业,对维护国家安全、推进社会进步具有重要的基础性作用。随着经济社会的快速发展,全面建设小康社会的不断深入,公共气象服务的保障能力日渐凸显,人们对公共气象服务的需求就越来越大,对公共气象服务的要求也越来越高,作为气象服务核心内容的公共服务面临着巨大的挑战,加快公共气象服务平台的建设也迫在眉睫。现代化公共气象服务平台的主要建设内容有:

1. 建设信息加工处理系统

加强气象信息加工处理及网络系统的建设对加快公共气象事业发展至关重要,是公共气象事业能力建设的关键和重点。其主要是对规范化服务产品加工系统,气象服务产品综合集成和再加工系统,气象服务数据库系统等进行建设。

2. 建设气象预报发布系统

主要是天气预报电话咨询服务系统,电视、报纸、公共无线网络如手机短信等天气预报制作分发系统,重大灾害性天气预警网系统,公众气象服务互联网网站,现场跟踪播报服务系统等。

3. 建设农村气象服务系统

主要是以地理信息系统(GIS)、遥感系统(RS)和全球定位系统(GPS)技术为支撑，以模拟模型、数值天气预报、产品风险分析评估等技术为手段的农业气象信息综合服务系统，建设农村气象信息服务互联网网站，提高特色农业、精准农业、设施农业的气象科研与信息服务业务水平，为党中央和各级政府提供及时、可靠的决策依据，为农业生产、农民致富提供优质服务，增加我国农产品的国际竞争力，确保我国粮食安全。

4. 建设气象专业电视频道

主要是在国家和省级建立天气频道节目制作系统，实现连续 24 小时气象服务信息播放。在气象报道中应注重实用性及服务性，可增加一些生活提示、出行参考等各类生活及时信息及实用知识，在表述方式上力求增强吸引力。

为了满足公众多方面需求，充分发挥电视媒体的宣传优势，还可以借鉴国外的气象公司研制出的气象指数，如啤酒指数、空调指数、雨伞指数、泳装指数、睡眠指数、冰淇淋指数、食品霉变指数、食欲指数、紫外线指数、防晒指数、穿衣指数、洗晒指数、饮水指数等五花八门的气象指数进行天气信息预报，从整体上突出"以人为本"的人文情怀。

5. 建设公众气象服务质量评价机制

建立公开的反馈机制，让公众对各种气象预报产品的时效性、准确度等内容进行评价，增加公众参与程度。以公众需求为导向不断调整服务产品，提高气象服务效益。

在目前天气预报准确率有待提高的现状下，"预报不足服务补"的理念应值得重视。如海尔集团靠"质量不足服务补"的 365 天环闭式服务赢得了用户。在公众气象服务中也可以采用"预报不足服务补"的理念来提高公众的满意度。就目前而言，改进预报使用方法比提高预报准确率所花的代价要小得多。引导公众正确使用公共气象服务产品，这不仅能普及一些气象知识，还能提高气象服务效益。

气象部门在加强公共气象服务的同时，也在积极开展专业气象服务。专业气象服务是指除公共气象服务之外的，根据国民经济各行各业的不同生产过程对气象条件的特殊要求，充分利用有利气象条件，避免不利天气条件，提高工效，减少消耗和损失而开展的有针对性的气象服务。它不同于公共气象，它是针对不同需求的用户，尽最大限度地满足他们个性化的需求。目前，专业气象服务已涉及农业：林业、工矿、城建、能源、交通、水利、环保、保险、旅游、储运、文化、体育等多种行业。

显然各种专业气象服务的开展，都离不开各自的平台。由于专业气象服务涉及的行业众多，对应的服务平台也各不相同，各有特色。但由于我国专业气象服务起步较晚，专业气象观测、业务、服务平台还不完整，许多还处于初期试运行阶段，所以存在着许多问题，如专业气象服务中产品针对性不强、服务手段比较落后、经营管理模式缺乏创新、研发机制不健全等，离专业气象服务"深、广、细、活"的目标还很遥远。

第6章　公共气象服务效益评估

气象服务与国民经济建设、社会发展和人民生活息息相关,合理地利用气象资源、有效地避免或降低自然灾害给人们带来的危害和损失,体现了气象服务的价值。从消费的角度看,公共气象服务具有公共物品的两个重要特征:非竞争性和非排他性。从供给的角度看,气象服务通常由政府部门提供并垄断经营,成本支出通常来自于政府税收。气象部门主要为各级政府提供决策气象服务以及通过报纸、电台和电视台等政府主办的新闻媒体向公众发布天气预报。因此,通过以上分析可以看出,我国目前的气象服务具有较强的公共物品属性,这也就造成了气象服务价格的缺失。然而,气象服务作为气象工作者的劳动成果,在商品经济条件下也需要核算其服务的效益,评价资源优化配置的程度。所以,本章按照服务对象的特征对公共气象服务进行评估。

6.1　公共气象服务内容、方式与渠道

公共气象服务根据目前的分类由公众气象服务、专业气象服务、决策气象服务和气象科技服务组成①。

公众气象服务通过大众传媒(电视台、广播电台、报刊、通信、互联网等)为载体,以天气预报、重大灾害性天气预警等公共气象信息为内容,为广大人民群众生产和生活活动提供服务。非排他性和非竞争性表明:要把公众气象服务产品接收和应用局限在部分人手里是非常困难的,除非设置电视或广播锁定关卡限制报纸发行范围和发行量,不让他人随意接收和阅读等等。这实际上代价很大,并且也不值得。因为就气象信息服务产品来说,增加一个人的消费量其边际成本为零,而要排除一个人的消费则既要花费庞大的财力又易引起公众的反感,成为众矢之的,与当今追求公共服务供给效率的世界潮流相悖显然很不值得。所以提供的方式为公益性质的服务。

专业气象服务包括行业气象服务和专项服务。行业气象服务是为各行各业提供

---

① 相关资料来源:骆月珍,吴利红.2008.关于公共气象服务的几点思考.浙江气象.29.(1):27-29

的针对行业需要的气象服务,是公共气象服务中的链条延伸部分。专项气象服务指为政府部门的专项工作、重点工程建设和国民经济专门建设项目以及重大社会政治活动等提供的气象保障服务。其中为各级党和政府举办的重大政治活动的气象服务属于公益性服务。由于专业气象服务面临行业需求不断增加和政府财力有限以及政府保障供给能力不断下降的矛盾,市场化的服务运作方式是解决矛盾的主要出路。参照公共服务市场化的几种主要形式有合同出租、公私合作、使用者付费制和凭单制度等。专业气象服务采用使用者付费制,是一种可以调动和激励一切社会力量共同提高公共服务的水平和效率的方式,符合专业气象服务的特定要求。

决策气象服务内容直接关系到国家的经济建设,指导防灾减灾,保护人民的生命和财产安全,其中如天气气候变化和气候资源的保护利用等方面的基础研究,对全社会具有重大意义,但直接经济效益不明显,具有纯公共产品性质,属于公益服务类别,国家对此不仅要全额拨款还要随着经济的发展加大支持力度保证其持续健康发展。

气象科技服务是利用气象高科技服务能力和产品所开展的非公益性,向使用者收取一定费用的气象服务。如防雷检测、防雷工程、部分专业专项气象服务等。目前手机气象短信、声讯 96121、影视气象及报刊、电台气象等既属于公众气象服务又属于气象科技服务,归口于气象科技服务中心。其中气象短信、声讯 96121 面向公众,除警报外,由公众选择使用,由使用者支付一定的补偿费用。影视气象报刊、电台气象也面向公众,但不直接向公众收取费用,而是通过广告收益等形式予以补偿。

6.2 公众气象服务效益评估

气象是一种自然的生产力,是一切生产资源中的基础资源,而气象事业是一项公益性科技服务事业,公众气象服务的信息以公益产品形式向社会提供。我们将公众气象服务效益定义为广大公众从各种途径中获得气象信息\合理安排日常生活所带来的收益和减少的损失。从评估的角度看,气象服务效益具有难以度量性、不确定性、多因素性和难以归属性。尽管气象服务效益评估的方法有很多种,具体包括层次分析法、神经网络法、灰色系统法、数据包络分析法(锥比率模型)、结构方程法、成本/效益分析法、蒙特卡罗等统计分析法、节省费用法、自愿付费法、影子价格法、损失矩阵法等。由于各种方法都有其局限性,所以本章将重点介绍传统的公众气象服务效益评估的三种模型,并对三种模型进行了优化改进。最后,提出了基于 SEM 的气象服务公众满意度测评模型进行公众气象服务效益评估的方法。

6.2.1 传统的公众气象服务效益评估方法与局限性

1990 年 3 月世界气象组织(WMO)在日内瓦召开了"气象和水文的经济和社会

效益"专题技术研讨会,来自 67 个国家的 125 位学者与会,会议围绕 4 个主题展开,其中之一便是:气象和水文服务的经济和社会效益评估方法。1994 年 9 月,WMO在日内瓦召开了第二次气象水文服务经济效益会议,这次会议得到了空前的重视,会议指出气象服务效益评估是一项重要的和有价值的工作,也是一个难度较大的课题。长期以来,各国专家和学者从不同角度对气象服务效益进行分析和评价,但是气象服务效益评估的复杂性决定我们不能严格按照效益的定义去进行气象服务的效益的评估,很多时候是按照气象服务所能给公众带来的收益或者是损失的减少进行效益评估,评估的方法也不唯一。传统的公众气象服务的效益评估方法主要有三种:自愿付费法、节省费用法和影子价格法。如前所述,公众气象服务的提供方式是公益性质的,公众在得到这项服务时并没有支付完全的服务费用,所以三种方法都是以调查问卷为基础进行相关的运算得到的效益评估。因此都有些局限性,本节在对上述三种方法介绍的同时阐述了各自的局限性。

1. 自愿付费法

顾名思义,即公众获取天气预报所愿意支付的费用,为了获取这些原始的基础数据,需要向公众发放调查问卷。有关调查问卷见附件。在调查问卷中设置如下问题:"公众天气预报是不收取费用的,现在为了了解其服务效益,假设需要缴费,您每年愿意缴纳多少?"通过对调查结果的统计,可以计算出"自愿付费法"下的公众气象服务效益。

自愿付费法的数学评估模型:

$$W = P \cdot \sum_{i=1}^{t} \frac{M_i}{N_i} \sum_{j=1}^{n} C_j \cdot B_{ij} \tag{6.1}$$

其中:

W:计算得出的公共气象服务效益;

P:为矫正系数;

M_i:为本地区第 i 类的公众总人数;

N_i:为实际收回调查表中第 i 类的公众总人数;

C_j:为第 j 个付费等级的中数;

B_{ij}:为第 i 类公众愿意支付第 j 等级标准的人数。

自愿付费法的局限性:自愿付费不是通过市场交易获得的定价,主观色彩较浓。支付意愿是设定的前提条件,不论设定的价格是多大,消费者都必须支付。另外,被调查者的家庭年收入、教育水平、家庭人口数和年龄,且收入和教育水平等对公众支付意愿有显著影响,对于不同的被调查者会有不同的结果。所以本方法实际的估算结果可能产生偏差,从而造成调查结果不够准确。

2. 节省费用法

节省费用法的基本思路是设计调查问卷,问卷中未涉及付费问题。由于考虑到人们在回答付费问题时往往会有所顾及,不能完全真实地反映个人支付意愿,所以在调查问卷中还设置了这样的问题:"在日常生活中,您认为天气预报每年可以为您和您的家人节省多少费用?"这样的方法,我们称为"节省费用法",从某种意义上讲这更能客观地反映公众气象服务的效益。

节省费用法的数学评估模型:

$$W = P \cdot \sum_{i=1}^{t} \frac{M_i}{N_i} \sum_{j=1}^{n} C_j \cdot B_{ij} \tag{6.2}$$

其中:W、P、M_i、N_i 与"自愿付费法"中定义相同。

C_j:第 j 个节省费用等级的中数;

B_{ij}:被调查者中第 j 个节省费用等级中的第 i 类公众的人数。

节省费用法的局限性:除了自愿付费中提到的缺点外,普通大众不知道气象服务到底给他们节约多少费用。

3. 影子价格法

经济学中的影子价格,是经济评价中的一个重要参数,是社会对货物真实价格的衡量。在气象效益评估中,通过对人们由电话、电视、手机短信、网络等途径获得天气预报的次数来反映公众的需求量,然后参照每拨打一次天气预报自动答询台的支付的费用,来计算公众气象服务效益,这就是"影子价格法"。我们在调查问卷中设置这样的问题:"假如只有拨打通过声讯电话(每次拨打不收取信息费,只收取电话费 0.1 元)才能获取天气预报,您每天收听或收看天气预报的次数有多少?"

影子价格法的数学评估模型:

$$W = P \cdot C \cdot T \cdot \sum_{i=1}^{t} M_i \cdot \frac{G_i}{N_i} \tag{6.3}$$

其中,W:计算得出的公共气象服务效益;

P:订正系数,通常定义为全国电视人口的覆盖率;

C:影子价格,取值为 0.1 元;

T:时间扩展系数,若以一年为单位,则取值为 365;

M_i:被调查地区 15 岁以上的第 i 类公众人数;

N_i:实际回收抽样调查表中 15 岁以上的第 i 类公众人数;

G_i:第 i 类公众收听收看天气预报的总次数。

影子价格的确定:中国气象局参照北京市 121 天气预报台电话每拨通一次付费 0.13 元的价格,除去邮电部门的成本和效益(因普通市内电话的收费价格是每次 0.1 元,所以假定邮电部门的成本和效益为 0.1 元。)确定每人每次获取天气预报的影子价格为 0.03 元。由此可计算每年公众气象服务效益。

影子价格法的局限性:影子价格法中 C 的选择影响结果准确性,不同的 C 会产生差别较大的结果,C 如何选择,没有准确方法。

6.2.2　气象服务效益评估方法与模型的改进

在吸取了国内外研究成果的基础上,根据公众气象服务效益的特点,应用"自愿付费法"、"节省费用法"和"影子价格法",采用 2006 年成立的气象效益评估研究组的抽样调查数据,对公众气象服务效益进行了定量评估。节省费用法、自愿付费法以及影子价格法是目前国内外比较公认的公众气象服务效益评估的方法。

本节根据经济学中费用—效益分析的有关理论,根据实际情况对"自愿付费法"、"节省费用法"和"影子价格法"做了适当的修正,定量评估分析了全国公众气象服务效益。

1. 对于传统评估模型的调整

(1)自愿付费法的数学评估模型:

$$W = P \cdot \sum_{i=1}^{t} \frac{M_i}{N_i} \sum_{j=1}^{n} C_j \cdot B_{ij} \tag{6.4}$$

其中:W:计算得出的公共气象服务效益;

P:订正系数,通常定义为全国电视人口的覆盖率;

M_i:被调查地区 15 岁以上的第 i 类公众人数;

N_i:实际回收抽样调查表中 15 岁以上的第 i 类公众人数;

C_j:第 j 个付费等级的中数;

B_{ij}:被调查者中第 i 类公众中愿意支付第 j 个付费等级的人数。

(2)节省费用法的数学评估模型:

$$W = P \cdot \sum_{i=1}^{t} \frac{M_i}{N_i} \sum_{j=1}^{n} C_j \cdot B_{ij} \tag{6.5}$$

其中:W、P、M_i、N_i 与"自愿付费法"中定义相同;

C_j:第 j 个节省费用等级的中数;

B_{ij}:被调查者中第 j 个节省费用等级中的第 i 类公众的人数。

(3)影子价格法的数学评估模型:

$$W = P \cdot C \cdot T \cdot \sum_{i=1}^{t} M_i \cdot \frac{G_i}{N_i} \tag{6.6}$$

其中:W:计算得出的公共气象服务效益;

P:订正系数,通常定义为全国电视人口的覆盖率;

C:影子价格,取值为 0.1 元;

T:时间扩展系数,若以一年为单位,则取值为 365;

M_i：被调查地区 156 岁以上的第 i 类公众人数；

N_i：实际回收抽样调查表中 15 岁以上的第 i 类公众人数；

G_i：第 i 类公众收听收看天气预报的总次数。

随着时间和科学技术的发展，模型中一些变量的定义、取值发生了变化，所以需要对变量取值进行修正。

（1）对订正系数 P 进行修正

前文中已指出，P 为订正系数，取值为全国电视人口的覆盖率，1998 年出版的《气象服务效益分析方法与评估》（气象出版社）一书中，根据 1994 年全国电视人口覆盖率为 83.4%，取 $P = 0.834$ 加以订正。时隔 14 年，显然 P 值已发生很大变化。随着社会科学技术的发展，电视普及率越来越高，截止到 2008 年 6 月 10 日，随着我国第一颗直播卫星的发射，我国广播电视覆盖率将超过 98%。但本着严谨求实的态度，我们从中国统计年鉴中查得：2007 年我国电视节目综合人口覆盖率为：96.58%；2006 年我国电视节目综合人口覆盖率为：96.23%。所以将上述三个评估模型中的 P 值均改为 0.9623。

（2）对影子价格进行调整

在"影子价格法"中影子价格的选取十分重要，影响着最终的计算结果。目前使用较多的是通过拨打"天气预报自动答询机"（即"121"或"168"），假设不收取信息费，只收取电话费 0.1 元，那么我们定每次获取天气预报的影子价格为 0.1 元。

但随着社会的发展，人们获取天气预报的途径越来越多元化，在 2007 年的《我国气象服务效益评估与研究实施方案及工作进展情况报告》（以下简称为"2007 年报告"）中指出：公众获取气象信息的主要渠道分为：电视、广播、手机短信、报刊、电话、互联网等，其中各项所占的比重分别为：85.9%、27.0%、38.8%、18%、14.2%、17.8%，从这里也可以看出通过电话获取天气预报所占的比例越来越小，所以将拨打声讯台电话的价格作为影子价格是不合理的，必须进行改正。

由于"2007 年报告"中"获取天气预报的渠道"一项设置为多项选择，并不能确定每一种途径的具体比例为多少，所以考虑在问卷调查中将这一项设置为单选，统计出各自比重作为权重，进行加权平均，算出最合理的影子价格。下面的计算结果中仍沿用之前的 0.1 元作为影子价格。

（3）对 G_i（第 i 类公众收听收看天气预报的总次数）重新确定

在《气象服务效益分析方法与评估》一书中，根据对公众每天收看收听天气预报次数的抽样调查表明：被调查者收看收听天气预报在一次以上，按照低估原则，认为其中只有一次是有效的，故取有效统计为 1 次。但根据最近一次的抽样调查显示：中国近 88% 的绝大多数公众收听（看）天气预报的频次是每天 1～3 次，全国公众平均每天收看气象信息频次为 1.33 次，然后乘以第 i 类公众的人数即可得到一个新的 G_i。

2. 应用改进后的模型对我国公共气象服务效益进行评估的结果

中国气象局于 2006 年在全国除港、澳、台以外的所有省、区、市和设有政府气象主要机构的县开展了"中国气象服务效益评估"随机抽样问卷调查,共回收有效问卷 174441 份。有关数据整理在表 6.1～6.3 中。

表 6.1　15 岁以上公众年天气预报意愿付费额调查统计表

付费额(元/年)	1～10	10～30	30～50	50～70	70～90	90～110	>110
城镇居民	49234	29665	15851	4485	1878	1882	2082
乡村居民	14411	7970	4298	1144	487	450	477

表 6.2　15 岁以上公众因气象服务年节省费用调查统计表

节省费用(元/年)	1～10	10～30	30～50	50～70	70～90	90～110	>110
城镇居民	38509	24552	18878	8089	3712	7618	19267
乡村居民	9621	6923	5511	2452	1137	2473	6708

表 6.3　15 岁以上公众愿意拨打天气预报声讯电话次数调查统计表

日拨打次数	1	2	3	4	5	>6
城镇居民	68602	20920	7705	810	819	792
乡村居民	19001	5994	2288	280	202	201

通过自愿付费法计算公众气象服务效益:

$$P = 0.9623$$

$$M_1 = 470477018 \quad N_1 = 130058 \quad \sum_{j=1}^{7} C_j \cdot B_{1j} = 2310070$$

$$M_2 = 601218526 \quad N_2 = 37287 \quad \sum_{j=1}^{7} C_j \cdot B_{2j} = 608445$$

$$W_1 = p \cdot \left(\frac{M_1}{N_1} \cdot C_j \cdot B_{1j} + \frac{M_2}{N_2} \cdot \sum_{j=1}^{7} C_j \cdot B_{2j} \right) = 174.82 \ 亿元 / 年$$

通过节省费用法计算公众气象服务效益:

$$P = 0.9623$$

$$M_1 = 470477018 \quad N_1 = 130058 \quad \sum_{j=1}^{7} C_j \cdot B_{1j} = 5102175$$

$$M_2 = 601218526 \quad N_2 = 37287 \quad \sum_{j=1}^{7} C_j \cdot B_{2j} = 1630265$$

$$W_1 = p \cdot \left(\frac{M_1}{N_1} \cdot \sum_{j=1}^{7} C_j \cdot B_{1j} + \frac{M_2}{N_2} \cdot \sum_{j=1}^{7} C_j \cdot B_{2j} \right) = 202.91 \ 亿元 / 年$$

通过影子价格计算公共气象服务效益：

$$P = 0.9623 \quad C = 0.1 \quad T = 365$$

$$G_1 = N_1 \cdot 1.33 = 130058 \cdot 1.33 = 172977.14$$

$$G_2 = N_2 \cdot 37287 \cdot 1.33 = 49591.71$$

$$W_3 = P \cdot C \cdot T \sum_{i=1}^{2} (M_i \cdot \frac{G_i}{N_i}) = 500.64 \, 亿元 / 年$$

3. 结论

通过"自愿付费法"计算的公共气象服务效益为 174.82 亿元/年；通过"节省费用法"计算的公共气象服务效益为 202.91 亿元/年；通过"影子价格法"计算的公共气象服务效益为 500.64 亿元/年。

由于社会心理学等方面的原因，被调查者认为天气预报可以节省的费用一般要比愿意支付的费用高，故"节省费用法"得出的结果必然会大于"自愿付费法"的结果，这也可以检验改进过的计算结果是可行的。"自愿付费法"和"节省费用法"得出的结论比较相近，但对"愿意支付多少费用"这类问题的回答由于受到被调查者个人的主观判断的影响而不太客观；而"影子价格法"的计算结果偏差较大，这主要是因为"影子价格法"中影子价格的选取有很大的改进余地，且对最终的结果影响很大。

气象事业属于公益性科技服务事业，气象部门一直把保护人民和为社会主义现代化服务作为气象工作的出发点和归宿，对公众气象服务效益进行评估，得出效益的定量结果并不是评估的最终目的，我们通过评估了解气象服务的经济效益，了解大众对天气服务的意见和要求，找出工作中存在的问题和不足，开展全方位、多层次的气象服务，并全力提高气象服务效益。

6.2.3　基于 SEM 的气象服务公众满意度测评模型

国外对于顾客满意度测评模型的研究较早并取得了丰硕的成果，而我国起步则相对较晚。在国外顾客满意度研究文献中，美国学者奥立佛提出"期望—实绩模型"，伍德洛夫、卡杜塔和简金思提出"顾客消费经历比较模型"，韦斯卜洛克和雷利提出"顾客需要满意程度模型"。对顾客满意度进行测度的宏观主流模型主要有：瑞典顾客满意度晴雨表 SCSB(Sweden Customer Satisfaction Barometer,1989)、美国顾客满意度指数模型 ACSI(American Customer Satisfaction Index,1994)、瑞士顾客满意指数 SICS(Swiss Index of Customer Satisfaction,1998)、欧洲顾客满意度指数模型 ECSI(European Customer Satisfaction Index,1999)，其中，以 ACSI 模型的运用最为广泛。随着质量观、价值观的改变，如何提高顾客满意度已经成为越来越多的学者和经营者所关注的问题。满意度是一个经济心理学的概念，一般不能直接测量，需要通过其他外在变量进行测量，结构方程模型(Structure Equation Models,SEM)就为这类问题的定量化分析提供了一个很好的工具。

我国基于 SEM 的顾客满意度测评模型已经有了很多的研究实例,如:饭店顾客满意度测评模型、旅游地顾客满意度测评模型、航空公司顾客满意度测评模型、高校学生满意度测评模型,等等,并且都取得了很好的研究实绩。但是,对于气象服务的公众满意度测评,目前还没有人运用结构方程模型进行研究,大多是对公众满意度的描述性统计分析,如满意程度占多少百分比之类的简单统计。

本节在传统顾客满意度测评模型(ACSI)的核心概念和架构的基础上,结合气象服务独特的特点,构建了气象服务公众满意度测评的结构方程模型。并进行了相应的实证研究。通过问卷调查获得的数据,运用 SPSS 和 SAS 等统计软件进行检验,模型的整体拟合程度较好,在研究分析的基础上给出相应的结论和建议。

1. 结构方程模型简介

结构方程模型,也称"协方差结构分析模型"、"因果分析模型"、"线性结构方程模型"等,是一种新的统计方法和研究思路,是 20 世纪 70 年代中期由瑞典统计学家、心理测量学家 Karlg Joreskog 最早提出了结构方程模型的概念,随后,在经济学、社会学、管理学、心理学等领域都有着越来越广泛的应用。结构方程模型包含了相关分析、回归分析、路径分析和因子分析,弥补了传统回归分析和因子分析的不足,可以分析多因多果的联系、自变量和因变量同时含有测量误差的情形、无法直接测量的变量之间的关系。

结构方程模型所研究的变量有两种形式:观测变量和潜在变量;模型中还涉及外生变量和内生变量的概念;结构方程模型包括两个模型:测量模型即观测变量与潜在变量之间的模型,结构模型即潜在变量之间的模型,这两个模型的具体形式如下:

测量模型:
$$\begin{cases} X = \Lambda_x \xi + \delta \\ Y = \Lambda_y \eta + \varepsilon \end{cases}$$

式中 X 为外生指标构成的向量,Λ_x 表示外生指标与外生潜变量之间的关系,是外生指标在外生潜变量上的因子负荷矩阵,δ 是外生指标的误差项;Y 为内生指标构成的向量,Λ_y 表示内生指标与内生潜变量之间的关系,是内生指标在内生潜变量上的因子负荷矩阵,ε 是内生指标的误差项。

结构模型:
$$\eta = B\eta + \Gamma\xi + \zeta$$

其中,η 为内生潜在变量,ξ 为外生潜在变量,B 表示内生潜在变量之间的关系,Γ 表示外生潜在变量对内生潜在变量的影响,ζ 为结构方程的残差项,反映了 η 在结构方程中不能被解释的部分。

2. 气象服务公众满意度测评的结构方程模型的建立

根据以上的理论介绍,借鉴国外的顾客满意度评价模型,并结合气象服务的特点以及实际调研的可操作性,本文简单介绍"气象服务公众满意度测评模型"。该公众满意度测评模型包括 5 个潜在变量:气象服务部门的形象、公众期望、气象信息和服务的质量、气象服务经济效益、公众满意度,结构关系模型如图 6.1 所示,每个潜在变量分别通过若干个观测变量进行测量,见表 6.4。

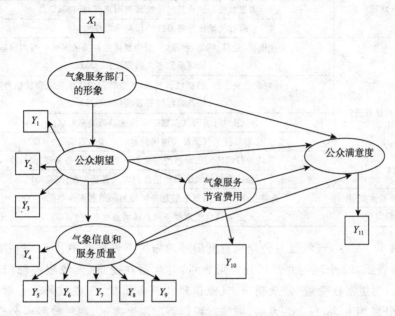

图 6.1　气象服务满意度测评的结构方程模型路径图

气象服务公众满意程度是气象服务的最终目标体现,其质量高低取决于公众的检验与评价。从广义程度上说,公众对气象服务的满意度,不仅仅只简单地取决于服务质量,还受到气象服务部门的形象、公众期望和气象服务经济效益的影响,所以在初始设立模型的时候,我们考虑到了将气象服务部门形象、公众期望、气象信息和服务质量以及气象服务经济效益都作为影响公众满意程度的变量,加以研究,兼顾了一般性和特殊性。此模型相对于 ACSI 模型作了一些改进,比如,增加了气象服务部门的形象这个外生潜在变量,气象服务部门形象是指公众基于直接或间接的自身利益、经过对气象服务部门各种信息的选择和加工而形成的对气象服务实态的整体性认识和评价,也就是气象服务部门的整个经营、管理、服务过程的具体实践在社会公众的舆论中的投影。公众对气象服务部门的形象与公众期望与公众满意度都有相关关系,通过气象服务手册、用户指南和网站等宣传手段这个观测变量对其形象进行测度。

表 6.4　各潜在变量和观测变量的设置

潜在变量	观测变量
气象服务部门的形象	您对气象服务手册、用户指南和网站等宣传手段是否满意？（Q1）
公众期望	您对气象信息准确性的预期满意度如何？（Q2）
	您对气象信息及时性的预期满意度如何？（Q3）
	您对气象信息便易性的预期满意度如何？（Q4）
气象信息和服务质量	每天在电视、短信、网络、报纸、广播等媒体上获得的天气预报内容是否能满足您本人的需要？（Q5）
	您对发生突发性、转折性天气是，气象部门发布的气象预警信号的及时程度是否满意？（Q6）
	您对目前天气预报的准确度是否满意？（Q7）
	您对目前天气预报所精确的地域广度是否满意？（Q8）
	您认为目前的天气预报用语是否贴近生活、通俗易懂？（Q9）
	您目前获得气象服务信息的方式是否方便？（Q10）
气象服务节省费用	日常生活中，利用气象信息每年能为您节省多少费用？（Q11）
公众满意度	您对目前气象服务的总体满意度如何？（Q12）

如图 6.1 所示，气象服务公众满意度测评的结构方程模型中，5 个潜在变量分别用椭圆形表示，12 个观测变量用长方形表示，外生潜在变量（气象服务部门的形象）用 ξ 表示，内生潜在变量（公众期望、气象信息和服务质量、气象服务节省费用、公众满意度）分别用 η_1、η_2、η_3、η_4 表示，结构方程误差项用 ζ 表示，则气象服务公众满意度的结构方程模型可以表示为：$\eta = B\eta + \Gamma\xi + \zeta$，用矩阵形式等价地表示如下：

$$\begin{bmatrix} \eta_1 \\ \eta_2 \\ \eta_3 \\ \eta_4 \end{bmatrix} = \begin{bmatrix} 0 & 0 & 0 & 0 \\ \beta_{21} & 0 & 0 & 0 \\ \beta_{31} & \beta_{32} & 0 & 0 \\ \beta_{41} & \beta_{42} & \beta_{43} & 0 \end{bmatrix} \begin{bmatrix} \eta_1 \\ \eta_2 \\ \eta_3 \\ \eta_4 \end{bmatrix} + \begin{bmatrix} \gamma_1 \\ 0 \\ 0 \\ \gamma_4 \end{bmatrix} \xi + \begin{bmatrix} \zeta_1 \\ \zeta_2 \\ \zeta_3 \\ \zeta_4 \end{bmatrix} \tag{6.7}$$

其中，β 和 γ 是通径系数，β_{ij} 是 η_j 对 η_i 的通径系数，表示作为原因变量的 η_j 对作为效果变量的 η_i 的直接影响程度；γ_i 是外生潜在变量 ξ 对内生潜在变量 η_i 的通径系数，表示作为原因变量 ξ 的对作为效果变量 η_i 的直接影响程度。

对于外生变量，有测量方程：$X = \Lambda_x \xi + \delta$，其中 Λ_x 表示观测变量 X_1 对潜在变量 ξ 上的因子负荷；对于内生变量，有测量方程：$Y = \Lambda_y \eta + \varepsilon$，其中 Λ_y 表示观测变量 Y 对潜在变量 η 的因子负荷；δ 和 ε 分别表示观测变量 X、Y 的观测误差构成的向量矩阵。

基于结构方程模型理论，气象服务公众满意度测评模型一共有 8 个参数矩阵要进行估计，分别是 Λ_x、Λ_y、B、Γ、Φ、Ψ、Θ_ε、Θ_δ。结构方程模型有如下基本假定：ε 与 η、δ 与 ξ，ζ 与 η，与以及 ζ，ε 和 δ 之间均不自相关。如果用 Σ 表示模型成立时的理论协

方差矩阵,用 S 表示由样本得到的协方差矩阵,通过用 S 去拟合 Σ,即可估计出模型中的自由参数,计算出相应的系数值,同时可以对模型的拟合性进行假设检验。这些分析过程都可以借助于统计软件 SPSS 和 SAS 来实现。

3. 气象服务公众满意度测评实证研究

采取问卷调查的方法,研究公众对气象服务的满意程度,问卷中设计了 12 个问题,分别代表了 5 个潜在变量的特征。调查问卷采用了李克特(Likert)5 级量表的形式对 12 个指标进行了测评,大部分问题答案设计成"非常满意、比较满意、基本满意、不太满意、非常不满意"的形式,分别对应的得分为 5 分、4 分、3 分、2 分、1 分,其中"在日常生活中,利用气象服务信息每年能为您节省多少费用?"的答案"0 元、1~30元、30~70 元、70~110 元、110 元以上"分别对应的得分为 1 分、2 分、3 分、4 分、5分,这种李克特 5 级量表是目前比较流行和规范的评分标准,具有较高的可靠性和通用性。调查问卷结果:实发问卷 200 份,回收有效问卷 197 份,问卷回收有效率为 98.5%。

(1)基本描述统计分析

回收问卷后,运用 SPSS 统计软件对收集到的数据进行整理,对于异常数据进行必要的剔除与校正,对缺省的数据采用样本均值替代法进行处理,经过计算得到全部调查样本对于气象服务公众满意度测评模型中的观测变量的评价平均值,如表 6.5 所示。

表 6.5　观测变量的评价均值

	指标	均值	标准差
X_1	各种宣传手段	2.94	1.10
Y_1	准确性预期	3.09	0.97
Y_2	及时性预期	3.11	1.00
Y_3	便易性预期	3.39	0.91
Y_4	内容满足需要	3.43	0.95
Y_5	及时性满意度	3.18	1.05
Y_6	准确性满意度	3.11	0.94
Y_7	地域广度满意度	3.14	1.05
Y_8	用语通俗易懂	3.72	0.84
Y_9	获取方式便利性	3.41	0.95
Y_{10}	每年节省费用	2.16	1.12
Y_{11}	总体满意程度	3.30	0.90

(2)问卷信度检验

信度是指对同一事物进行重复测量时,所得结果的一致性程度,它反映的是测量工具的可靠性和稳定性。信度取值范围为 0~1,其值越大,信度越高。一般认为取值在 0.9 以上信度较好。在测量学中,信度被定义为一组测量分数的真变异数与总变异数(实得变异数)的比率,常用的信度检验方法有:重复测验法、折半信度法、克朗巴哈 α 信度系数法。本研究采用克朗巴哈 α 信度系数法,利用 SPSS 软件对收集的数据进行信度分析,各观测变量的 α 系数如表 6.6 所示。

表 6.6　问卷信度分析表

观测变量	α 系数值	观测变量	α 系数值
X_1	0.888	Y_6	0.887
Y_1	0.889	Y_7	0.890
Y_2	0.888	Y_8	0.893
Y_3	0.891	Y_9	0.895
Y_4	0.897	Y_{10}	0.903
Y_5	0.890	Y_{11}	0.886

表 6.6 的结果显示,各个观测变量的 α 信度系数值都在 0.88 以上,总量表的信度系数达到了 0.8996,说明本次调查问卷的数据具有较高的内在信度。

(3)问卷效度检验

效度是指所选择的题项是否能代表所测度的主题,反映了测量结果的准确性。与信度相比,效度结果更重要。常用的效度检验方法有:单项与总和相关效度分析、难易度与鉴别度分析、独立标准效度分析和量表的结构效度分析。从软件的实际操作层面和效度检验效果考虑选择利用因子分析量表的结构效度。用 SPSS 软件对收集的数据进行效度分析,KMO 检验和巴特利球形检验的输出结果如表 6.7 所示。

表 6.7　KMO 检验和巴特利球形检验输出结果

KMO 检验	0.916	
巴特利球形检验	卡方值	1039.903
	自由度	66
	显著水平	0.0000

如表 6.7 所示,KMO 检验值为 0.916,表明变量间存在潜在因子结构,因子分析法非常适用于本次调查数据;巴特利球形检验的结果说明各变量的独立性假设不成立,变量间存在相关性,适合用因子分析法。检验结果表明,测量量表的结构效度较好。

4. 结构方程模型参数估计及统计检验

在检验过调查数据具有较好的信度和效度之后,我们可以对本次研究数据进行结构方程分析,建立适当的结构方程模型,测评公众对气象服务的满意程度。国内外用于结构方程模型分析的软件有很多,如:LISREL、EQS、COSAN、AMOS 以及 SAS

软件的 CALIS 程序等等,本文使用统计专用 SAS 软件的 CALIS 程序对数据进行结构方程模型分析,并且采用极大似然估计法(method=ml)对模型进行参数估计。

基于根据理论和经验设定的初始模型(如图 6.1),将问卷统计的原始数据录入计算机,运行 SAS 软件的 CORR 程序,得到相应的相关矩阵,再利用这个相关矩阵进行结构方程模型分析(type=corr),运行 SAS 软件的 CALIS 程序,得到标准化因子载荷如表 6.8 所示。

运用极大似然法经过 63 次迭代对调查数据进行参数估计,分析表 6.8 显示的各观测变量的标准化因子载荷,均介于 0.5~0.9 之间,最大值达到 0.816,符合因子载荷大于 0.4 的标准,说明各个因子对观测模型具有较强的解释能力;另外,与各因子载荷相关联的每一个载荷的 t 值的绝对值均大于 2,说明各参数都是显著不为零的,并且变量也与特定的结构显著相关。综合来看,所有观测变量的因子载荷及 t 值均能通过显著性检验,说明测量模型中的观测变量对公众满意度的影响是显著的,不需要剔除任何观测变量。

表 6.8　标准化因子载荷

变量	标准化因子载荷	变量	标准化因子载荷
$X_1(\xi)$	0.816	$Y_6(\eta_2)$	0.695
$Y_1(\eta_1)$	0.770	$Y_7(\eta_2)$	0.753
$Y_2(\eta_1)$	0.779	$Y_8(\eta_2)$	0.682
$Y_3(\eta_1)$	0.763	$Y_9(\eta_2)$	0.616
$Y_4(\eta_2)$	0.665	$Y_{10}(\eta_3)$	0.636
$Y_5(\eta_2)$	0.540	$Y_{11}(\eta_4)$	0.673

结构方程模型中最重要的是潜在变量之间的关系,即结构方程式是我们关注的重点,SAS 软件输出了各潜变量之间的标准化路径系数,如表 6.9 所示。

表 6.9　标准化路径系数

潜变量路径	标准化路径系数
$\xi \rightarrow \eta_1$	0.7140
$\xi \rightarrow \eta_4$	0.2187
$\eta_1 \rightarrow \eta_2$	0.8829
$\eta_1 \rightarrow \eta_3$	−0.2278
$\eta_1 \rightarrow \eta_4$	−0.2947
$\eta_2 \rightarrow \eta_3$	0.6647
$\eta_2 \rightarrow \eta_4$	0.8778
$\eta_3 \rightarrow \eta_4$	0.0135

　　同样,SAS 软件会输出与路径系数相关联的 t 检验值,观察输出结果可以发现,各 t 值的绝对值都大于 2,说明路径系数是显著不为零的,结构方程的路径系数能通过显著性检验,具有统计学意义,不需要改变初始设定的路径。

　　5. 结构方程模型评价

　　运用 SAS 软件的 CALIS 过程可以对结构方程模型进行参数估计和检验,得到具体的关于气象服务公众满意度测评的结构方程模型。评价一个模型拟合得好不好,不能仅仅依靠参数估计值的显著性,还要考虑相应的模型拟合指数,通过这些拟合指数的大小,来综合评价一个模型的拟合优度。结构方程模型的拟合指数有很多,如 χ^2 检验值、拟合优度指数(GFI：Goodnesss of Fit Index)、残差均方根(RMSR：Root Mean Square Residual)、修正拟合优度指数(AGFI：Adjusted Goodness of Fit Index)、信息量准则(AIC：Akaike's Information Criterion)、近似误差均方根(RMSEA：Root Mean Square Error of Approximation)、赋范拟合指数(NFI：Normed Fit Index)等,根据这些拟合优度指数,我们可以判断结构方程模型拟合的好坏,一般认为,χ^2 与自由度的比值小于 2、GFI、AGFI 值越接近于 1、RMR 的值越接近于 0、RMSEA 取值在 0.1 以下、NFI 的值越接近于 1,模型拟合程度较好。

　　本章研究的气象服务公众满意程度测评模型,SAS 软件也同时输出了若干个拟合优度指数,主要有以下几个:χ^2 值 = 35.68、自由度 DF = 41、$\frac{\chi^2}{DF} < 2$,GFI = 0.94,AGFI = 0.89,RMR = 0.03,RMSEA = 0.06,NFI = 0.93,综合考虑这几项拟合指标,表明气象服务公众满意度测评的结构方程模型具有较好的拟合优度,可以用来对实际公众对气象服务的满意程度进行测评。

　　6. 结构方程模型的实际解释

　　根据 SAS 软件分析的过程,得到最后的气象服务公众满意度测评的结构方程模型,我们最关心的结构方程模型的重点是结构方程,即各潜在变量之间的相互影响关系,基于 SAS 软件参数估计的结果,我们可以得到以下带有路径系数估计值的结构方程模型图,如图 6.2 所示。

　　从下面的结构方程模型示意图(图 6.2)中可以看到,气象服务公众满意度受到四个潜在变量的影响,分别是气象服务部门的形象、公众期望、气象信息和服务的质量以及气象服务的经济效益,其中气象信息和服务质量对其影响最大,路径系数达到了 0.878,其次是气象服务部门的形象,它与满意度的路径系数为 0.219,气象服务经济效益对公众满意度的影响较小,仅为 0.014(图中的粗箭头表示影响系数较大的路径),说明公众对气象服务满意程度的高低主要取决于气象信息和服务质量的高低,其次取决于气象服务部门的形象好坏,而受到气象服务经济效益的影响则偏小,公众期望对满意度的路径系数为负值,说明公众期望越高,满意度反而越低。

另外，气象服务部门的形象和公众期望与公众满意度之间的通径系数分别为 0.714 和 0.219，说明增加"气象服务部门形象"这个潜在变量具有一定的合理性和实际意义。

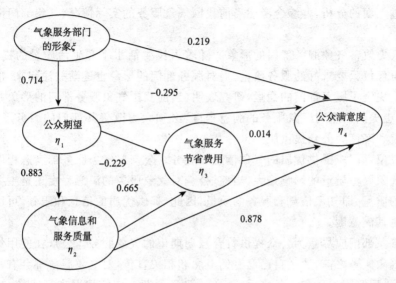

图 6.2　结构方程模型示意图

7. 结论与建议

(1)结论

气象服务公众满意度测评模型是在 ACSI 模型的基础上，结合我国气象服务的实际特点进行改进而得到的一个具有因果关系的结构方程模型，此模型包括 5 个潜在变量，12 个观测变量，各潜在变量之间存在 8 种关联，如图 6.2。研究假设和检验均得到了数据的支持，可以推断出最后建立的结构方程模型效果较好。根据对气象服务公众满意度测评模型的建立过程，结合 SAS 软件输出的结果，我们可以得到如下的结论：

①气象服务部门的形象对公众期望的路径影响系数为 0.714，说明气象服务部门的形象对公众期望的影响较大，改善服务形象可以大大提高公众对其的期望。

②气象服务部门的形象对公众满意度的路径系数为 0.219，说明气象服务部门的形象是否良好在一定程度上影响公众对气象服务满意度的高低。

③公众期望与气象服务经济效益和公众满意度之间的路径系数都是负值，说明公众期望越高，气象服务取得的经济效益和公众满意程度反而越低。

④气象信息和气象服务的质量与公众满意度的路径系数较大，达到了 0.878，说明两者之间的影响关系非常显著，气象信息和服务质量在很大程度上影响了公众满

意程度；而且，气象信息和服务质量与气象服务经济效益之间的通径系数也比较大，为 0.665，这也说明，气象服务取得的经济效益受信息服务质量的影响也相对较大。

(2)建议

通过上面的分析，并综合考虑当前我国气象服务的实际情况，气象部门需要做如下工作：

①大力改善气象服务部门的形象。随着人民生活水平和生活质量的提高，人们已经不再仅仅只要求好的服务质量，而对服务部门的形象也逐渐关注起来，形象在很大程度上决定了服务部门的命运，研究表明，当前我国气象服务部门的形象并不是很理想，要想提高公众对气象服务的满意程度，必须大力改善其部门的服务形象，以良好的面貌和态度为公众提供服务。

②气象部门应提供优质的气象信息和服务。公众对气象服务的满意程度受气象信息和气象服务质量的影响最大，当前，公众对气象服务的满意程度还是主要取决于可感知的质量，即气象信息和服务的质量，因此，提供优质的信息和服务，可以大大提高公众对其满意度。

③气象部门应尽量为公众提供符合预期期望的气象服务。公众在使用气象信息和接受气象服务之前，通过自己已有的概念和相关宣传，对气象服务都会有一定的预期，在接受到实际的气象服务之后，公众一般会预期与现实情况进行比较，本研究表明，现实往往不能满足公众预期，气象部门提供的气象服务往往比不上公众的预期，从而导致有的公众对气象服务很不满意，因此，气象部门应该大力改善气象服务的质量，提高气象服务水平，努力做到满足公众的预期，只有这样，公众才能从期望与现实上都对气象服务满意，真正提高对气象服务的满意程度。

6.3　行业气象服务效益评估

气象服务与国民经济和人民的生产生活密切相关，已成为我国气象事业的重要组成部分，通过对气象服务效益科学客观的分析和评估，寻求满足行业需求的途径和方法，对其进行有效的科学的分析与评估对气象服务的发展有重要意义。很多行业与气象的关系非常紧密，比如农业就是一个典型的"靠天吃饭"的行业，与气象的敏感程度非常高。而随着经济的发展，其他各行业与气象的关系也越来越紧密。气象服务领域已经扩展到工业、农业、林业、商业、能源、水利、交通、环保、海洋、旅游等上百个行业。气象部门通过与各行业深层次的合作，逐步积累、丰富专业气象服务基础资料，并进行统计分析，摸索经验，最终形成对行业高影响气象因子的预报标准、评估项目及效益评估方法。由于气象服务效益评估方法中涉及的参数非常多，为了便于读者的理解，在本书编写的过程中加入了实例用以说明模型的使用。

6.3.1　德尔菲法(专家小组法)

部门、行业气象服务效益是一种综合性的宏观效益,其效益评估的难度较大,目前,国内外比较公认的评估方法是德尔菲法。德尔菲法在第 4 章已有介绍,本节简单说明德尔菲法在行业气象效益评估中的步骤:

第一,选定气象敏感行业。利用气象部门内部气象服务专家的经验,应用专家评估法评定高气象敏感行业并排序,排序标准是敏感度和气象效用大小。在行业气象敏感排序的基础上选取高气象敏感度的重点行业进行重点评估。

第二,对典型单位的气象服务效用进行个例调查评估。在选定的每一个重点行业中选取典型生产经营单位,测算或评估气象服务对该单位的增效量及这个增效量占整个单位年产值的比例。

第三,用德尔菲法评估气象服务的行业效用。以气象服务典型生产经营单位的增效比例为参照,应用德尔菲法(专家评估法)评估气象服务在每个选定的重点行业中的增效比例,再根据行业年产值的统计数据推算出各重点行业的气象服务效用。所有重点行业的气象服务效用加总即可相对保守地代表公共气象服务在各行各业的整体效用。

具体数学模型:

$$W = \sum_{j=1}^{m} \Big(\frac{1}{M_j} \sum_{i=1}^{3} N_{ij} w_{ij} \Big) C_j \tag{6.8}$$

其中参数含义:

W 为行业气象服务总效益;j 为所选行业数($j=1,2,3,\cdots\cdots,m$)

M_j 为第 j 行业的专家总人数;

i 为等级,即好、较好、一般三个定性评估等级($i=1,2,3$);

N_{ij} 第 j 行业评估 i 等级的专家人数;

W_{ij} 为第 j 行业气象服务效益权重;

C_j 为第 j 行业的国民生产总值。

6.3.2　影子价格法

影子价格法模型:

$$Q_i = G_i / S_i \tag{6.9}$$

$$M_i = F_i / T_i \tag{6.10}$$

$$C_i = Y_i Q_i \tag{6.11}$$

$$E_i = C_i / M_i \tag{6.12}$$

$$B = \sum_{i=1}^{m} \left[(E_i - C_i)(1 - K_i) + C_i \right] \tag{6.13}$$

其中：

$Q_i = G_i / S_i$ 为行业投入产出比(行业社会总产值比上行业年总投入值)

$M_i = F_i / T_i$ 为气象服务在行业中的覆盖面(行业气象服务合同数比上行业的单位数)；

$C_i = Y_i Q_i$ 为行业专业有偿气象服务效益。Y_i 为行业支付给气象部门的有偿服务费；

K_i 为行业与气象部门鉴定气象服务合同所产生的效益与为签订合同通过新闻媒介或其渠道获得气象服务信息所产生的效益之差的比例；

$E_i = C_i / M_i$ 为行业应该产生的气象服务效益；

$B = \sum_{i=1}^{m} \left[(E_i - C_i)(1 - K_i) + C_i \right]$ 为总效益。

该方法的缺点为：模型中的行业投入产出比的值不好确定,虽然可以从统计年鉴中得到数据,但实际数值与统计年鉴中的数值具有一定差异。K_i 也很难确定。

6.3.3　生产函数法

生产过程是技术、劳动力、资金等诸多生产要素和气象要素综合作用的结果,应用扩展的生产函数模型,行业产出的函数可表示为：

$$Q = f(A, L, K, E, W) \tag{6.14}$$

$$Q_t = A_t L_t^{\beta L} K_t^{\beta K} E_t^{\beta E} W_t^{\beta W} \tag{6.15}$$

1. 行业的气象敏感性因子

对方程(6.15)两边取对数：

$$\ln Q_t = \ln A_t + \beta_L \ln L_t + \beta_K \ln K_t + \beta_E \ln E_t + \beta_w \ln W_t + \varepsilon \tag{6.16}$$

方程(6.16)根据相应行业时间序列数据通过回归分析计算得到参数。

通过上述模型,首先可以得到行业的气象要素敏感性：

$$\ln Q_t = \ln A_t + \beta_L \ln L_t + \beta_K \ln K_t + \beta_E \ln E_t + \beta_w \ln W_t \tag{6.17}$$

两端求时间的全导数得：

$$\frac{Q_t{}'}{Q_t} = \frac{A_t{}'}{A_t} + \beta_L \frac{L_t{}'}{L_t} + \beta_K \frac{K_t{}'}{K_t} + \beta_E \frac{E_t{}'}{E_t} + \beta_w \frac{W_t{}'}{W_t} \tag{6.18}$$

然后用差分方程近似代替微分方程得：

$$\frac{\Delta Q_t}{Q_t} = \frac{\Delta A_t}{A_t} + \beta_L \frac{\Delta L_t}{L_t} + \beta_K \frac{\Delta K_t}{K_t} + \beta_E \frac{\Delta E_t}{E_t} + \beta_w \frac{\Delta W_t}{W_t} \tag{6.19}$$

$$\frac{\Delta Q_t}{Q_t} = \frac{\Delta A_t}{A_t} + \beta_L \frac{\Delta L_t}{L_t} + \beta_K \frac{\Delta K_t}{K_t} + \beta_E \frac{\Delta E_t}{E_t} + \beta_w \frac{\Delta W_t}{W_t} \tag{6.20}$$

将方程左端化为 1,得

$$1 = \frac{\Delta A_t}{A_t} / \frac{\Delta Q_t}{Q_t} + \beta_L \frac{\Delta L_t}{L_t} / \frac{\Delta Q_t}{Q_t} + \beta_K \frac{\Delta K_t}{K_t} / \frac{\Delta Q_t}{Q_t} +$$

$$\beta_E \frac{\Delta E_t}{E_t} / \frac{\Delta Q_t}{Q_t} + \beta_W \frac{\Delta W_t}{W_t} / \frac{\Delta Q_t}{Q_t} \tag{6.21}$$

方程(6.15)中 β_W 是总产值增加率的偏相关系数,即为气象因子的变化率对行业中产出增加率的影响,可视作敏感性因子,根据不同行业的气象敏感性因子的值,可以对不同行业进行气象敏感性的排序,进一步可以用来分析提高气象技术的潜在气象效益。

2. 建模的基本步骤(以气象要素对江苏省三大产业影响评估为例)

步骤 1 经济数据的收集及处理

经济数据直接查阅江苏统计局网站(http://www.jssb.gov.cn/jstj/tjsj/tjnj/)历年统计年鉴,收集了从 1995 年到 2007 年的江苏省地区经济数据和第一产业、第二产业以及第三产业的历年地方生产总值(GDP),固定资产存量数据(K),从业人员年度数据(L),能源消耗量(E)。

步骤 2 产业气象敏感因素的年度数据收集及处理

参考国内外相关研究,选择了以下气象要素:度日,年降水总量,平均降水量作为本项目的气象因子,原始气象资料采用了国家气象信息中心提供的江苏 13 个地级市的逐日资料,资料长度为 1995—2007 年共 13 年。气象数据为逐日平均温度、逐日降水量。

度日的计算

度日是某一时期内大于或小于某一界限温度的日平均温度综合。它作为一种重要的温度指标,在生物生长发育、热量资源分析与区划、物候期与病虫害发生期预报等方面已经得到广泛的应用。度日分为冷度日和热度日。冷度日(CDD)是指某一段时间日平均温度高于某一基准温度(BT)的累计度数,如果日平均温度低于此基值,那么这一天的冷度日为 0。热度日(HDD)是指某一段时间日平均温度低于 BT 的累计度数,如果日平均温度高于此基值,那么这一天热度日为 0。度日还可作为取暖期、空调降温期长短的指针,以估计能源耗电量。关于度日中标准温度 BT 的选取,美国通常选取 18.3℃作为 BT,考虑到我国国情及全球变暖背景,我们选择 18.3℃和 20℃作为 BT 进行度日的计算,使得对中国度日的分析更加透彻更加具体。

降水的计算

以全年的降水量总量作为降水因子的代表,原始的降水资料为各个地级市内所有站点的逐日降水资料。首先将所有地级市下所有站点都进行了各个站点的年降水总量的计算,然后再将同一年所有站点的年降水总量相加除以站点数,得到该地区每一年的年降水总量。以此类推,得到年降水平均量,最终得到各个省份地区的降水数据(rain)。

步骤 3　回归分析,并对参数作假设检验。

以江苏省社会总产值的生产函数法计算为例:我们针对江苏省统计数据较全的总体经济数据及第一、二、三产业开展模拟,用生产函数法进行多元回归分析,其中,第二、第三产业气象因子加入回归后,回归模型无法通过检验,江苏省经济总量加入气象因子后生产函数模型:

$$\log(GDP) = -37.7 + 4.97\log(L) + 0.45\log(K)$$
$$+ 0.316\log(E) - 0.0415\log(CDD) \tag{6.22}$$

模型统计量 $R^2 = 0.998225$,F 统计量为 1124.672,p 值为 0.000000,该式表明,降温度日(单位:℃)的对数值每增加 1,可使得地方生产总值(单位:亿元)的对数值降低 0.04。

江苏省第一产业加入气象因子后生产函数模型:

$$\log(GDP1) = -3.97 - 0.266381\log(L_1) + 0.43\log(K_1)$$
$$+ 0.477\log(E_1) + 0.07\log(rain)$$

典型统计量 $R^2 = 0.94325$,F 统计量为 986.342,p 值为 0.000000,该式表明,年降雨量日(单位:mm)的对数值每增加 1,可使得地方生产总值(单位:亿元)的对数值增加 0.07。

案例:苹果花期冻害气象服务效益分析[①]

陕西果区地处内陆腹地,受大陆性季风气候影响,苹果开花期易遭受低温冻害影响。近年来随着气候变暖,尤其冬暖明显,苹果开花期普遍提前,果树开花期冻害的几率和强度明显增加。2006 年省经济作物气象服务台首次提出苹果花期冻害气象灾害的概念并持续开展果树花期冻害预报预警气象服务和防御补救适用技术的试验、示范、推广工作,逐步形成了以"避、抗、防、补"为主要内容的果树花期冻害系列化防御对策,取得了较好效果。果树花期冻害气象服务社会效益调查见表 6.10。

---

① 相关资料来源:张明,李美荣,刘映宁,高峰,王军. 运用德尔菲法评估苹果花期冻害气象服务效益初探. 第 26 届中国气象学会年会,2009:1581

表 6.10　果树花期冻害气象服务社会效益调查数据统计

用户	苹果花期冻害气象服务满意度			花期冻害防御及补救措施费用占所有气象灾害防御及补救措施费用比重			
	非常满意	满意	基本满意	0~10%	10%~20%	20%~30%	>30%
果农 18 人	2 人	15 人	1 人	7 人	3 人	3 人	5 人
果业科技人员 24 人	2 人	15 人	5 人	17 人	1 人	2 人	4 人
统计	14.3%	71.4%	14.3%	57.1%	9.5%	11.9%	24.1%

　　由表 6.10 看出,对苹果花期冻害系列化气象服务非常满意的和满意的有 36 人,占调查人数的 85.7%,基本满意的有 6 人,占调查人数的 14.3%。说明,经过近年来系列化气象服务和广泛的科普宣传,苹果花期冻害气象服务在生产实践中产生了一定效益和较大影响,深得果业科技人员和果农等不同群体的认可和好评。但仍有相当一部分人员对花期冻害认识不足、投入不够,影响果树花期冻害务整体效益的发挥。陕西苹果生育期主要气象灾害有花期冻害、果实膨大期高温热害、干旱、冰雹大风、着色成熟期低温连阴雨等,其中,苹果花期冻害是对苹果产量、品质和商品率影响最显著的气象灾害。在整个气象灾害防御投入中,花期冻害防御费用投入占气象灾害防御总投入 10% 以下的人数达 24 人,占到调查总人数的 57.1%,占总投入 10%~30% 的人数仅 9 人,占调查总人数的 21.4%。目前,防御花期冻害采取的措施主要是熏烟和浇水,需要发动群众,形成一定规模才能产生较好效果。从调查结果看,延安和渭北西部果区推广和宣传力度相对较差,防御投入较少,而关中和渭北东部果区防御花期冻害力度相对较好,效益效果比较明显。

　　1. 采用德尔菲法评估苹果花期气象服务经济效益

　　根据德尔斐法的基本原理和评估组织思路,对陕西苹果花期冻害气象服务经济效益定量评估进行探讨,不同群体对苹果花期冻害气象服务经济效益评估结果见表 6.11。

表 6.11　苹果花期冻害气象服务经济效益调查数据统计

用户	花期冻害对苹果产量影响				花期冻害对苹果优果率的影响				花期冻害气象服务经济效益占收成的比例			
单位:%	0~5	5~10	10~15	>15	0~5	5~10	10~15	>15	0~1	1~2	2~3	>3
果农	1 人	1 人	3 人	13 人		1 人	2 人	15 人	3 人	1 人	5 人	9 人
果业科技人员	3 人	3 人	6 人	12 人	5 人	3 人	10 人	6 人	7 人	3 人	6 人	8 人
统计	9.5%	9.5%	21.4%	59.5%	11.9%	9.5%	28.6%	50%	23.8%	9.5%	26.2%	40.5%

由表 6.11 可看出,苹果花期冻害对苹果产量、优果率及种植经济效益都有显著影响。认为对产量影响大于 15% 的人数达 25 人,占总人数的 59.5%,认为对优果率影响大于 15% 的人数达 21 人,占总人数的 50%,认为苹果花期冻害对经济效益影响大于 3% 的人数达 17 人,占总人数的 40.5%。而认为对经济效益影响小于 1% 的人数为 10 人,人数比例明显小于 3% 以上。结合德尔斐法基本原理和调查资料,我们设计了陕西苹果花期冻害气象服务效益专家评估数学模型:

$$W = \sum_{j=1}^{m} \left(\frac{1}{M_j} \sum_{i=1}^{n} N_{ij} V_{ij} \right) C_j$$

其中参数含义:

W 为行业气象服务总效益;j 为所选行业数($j=1,2,3,\cdots\cdots,m$);

M_j 为第 j 行业的专家总人数;

i 为等级,即好、较好、一般三个定性评估等级($i=1,2,3$);

N_{ij} 为第 j 行业评估 i 等级的专家人数;

V_{ij} 为第 j 行业气象服务效益权重;

C_j 为第 j 行业的国民生产总值。

根据实际情况,本例中选用的参数为:

W 为苹果花期冻害气象服务效益。

j 为所选人员种类;在本案例中 1 为果农类,2 为果业专家类。

M_1 为果农人数,M_2 为果业专家人数。

m 为花期冻害气象服务效益评估等级个数,共分 4 个等级。

i 为花期冻害气象服务效益评估等级,A:0~1%,B:1%~2%,C:2%~3%,D: >3%。

N_{ij} 为果农和果业专家,投票给不同等级的人数。

V_{ij} 为花期冻害气象服务等级的权重,取不同等级上、下限平均值,其中,>3% 等级取 3.5%,则 4 个等级取值分别为 A:0.5%,B:1.5%,C:2.5%,D:3.5%。

C 分别为 2001—2007 年陕西省苹果产业年平均生产总值(每年的苹果产量和平均销售价格之积,其值可由陕西果业公报查得)。C 经计算为 73.5 亿元。

将有关数据带入上式:

$W = \sum_{j=1}^{m} \left(\frac{1}{M_j} \sum_{i=1}^{n} N_{ij} V_{ij} \right) C_j$ 带入数据,

$W = \sum_{j=1}^{2} \left(\frac{1}{M_j} \sum_{i=1}^{4} N_{ij} \cdot V_{ij} \right) \cdot C_j = \frac{1}{M_1} \left(\sum_{i=1}^{4} N_{ij} \cdot V_{ij} \right) \cdot C_j + \frac{1}{M_2} \left(\sum_{i=1}^{4} N_{ij} \cdot V_{ij} \right) \cdot C_j$

$= \frac{1}{18} (3 \times 0.005 + 1 \times 0.015 + 5 \times 0.025 + 9 \times 0.035) \times 73.5 + \frac{1}{24} (7 \times 0.005 +$

$3 \times 0.015 + 6 \times 0.025 + 8 \times 0.035) \times 73.5 = 3.45$ 亿元

2. 基于德尔菲法计算的苹果花期冻害气象服务效益的分析说明

计算结果表明,陕西果区苹果花期冻害多年平均气象服务效为益 3.45 亿元,由于各年的气象条件不同,不同种植地区地理环境和管理措施的差异,不同年份气象灾害强度和范围不同,以及同样强度冻害,由于管理不同,不同树体抗逆性的差异,各年各地冻害的危害程度有较大差异。调查中群众反映,花期冻害严重年份对产量危害 10% 以上,一般年份影响在 5%～10% 之间,花期冻害平均气象服务效益占总种植效益 5% 左右。计算结果与群众评估结果基本吻合。气象服务效益评估是一个复杂的系统工程,既与气象监测预警及时服务有密切关系,又与气象信息传输、政府组织防御力度、群众参与程度有密切关系。对于农作物来说又与灾后补救、后期管理、气象条件补偿效应等有密切关系,定量评估气象服务效益比较困难。因此,过去多为引用领导批字、群众评价等进行定性评估,往往很难给出一个定量的气象服务效益评估。经过初步尝试,总的看仍然比较粗糙,如调查范围比较小,调查人员比较少,分类还不够细,效益评估等级比较保守等方面都需要在今后的工作中加以改进和提高。

本章小结

本章首先介绍了公共气象服务的内容,主要包括四个方面:公众气象服务、专业气象服务、决策气象服务和气象科技服务。对公众气象服务的效益评估方法由于服务的对象不同,采用的方法也各不相同。公众气象服务效益评估的传统方法有自愿付费法、减少费用法和影子价格法。上述三种方法都有各自的局限性,对其局限性进行了分析并对三种模型加以改进。而后提出一种新的基于 SEM 的气象服务公众满意度测评模型对公众气象服务效益进行分析。接着介绍了行业气象服务效益评估的主要方法:德尔菲法、影子价格法和生产函数法,并对其进行了应用。

复习思考题

1. 公共气象服务包括哪些内容?
2. 公众气象服务效益评估的方法有几种? 各自的适用性如何?
3. 行业气象服务效益评估的方法有几种并对各种方法进行评价。
4. 试述运用结构方程法进行公众气象服务效益评估的步骤。

第7章 气象灾害管理理论

7.1 气象灾害管理基础理论

7.1.1 气象灾害管理的必要性和意义

在科学技术日益发展的今天,随着人口的持续增长、社会经济生产规模的不断扩大、城市化水平的不断提高以及人们对生态环境的不断破坏,气象灾害的种类日益增多,频度不断加大,众多类型的灾害给人们带来了巨大的威胁和挑战以及难以估量的损失。由于大气系统是复杂的高度非线性巨系统,任何微小的扰动,都可能引起系统的重大变化。尽管天气的变化存在其必然的客观规律,即使是非常先进的预报系统也很难完全捕捉到所有这样的微小扰动,同时由于人们总体的认知能力还没有达到应有的水平,还没有能够完全准确地解释微小扰动演变为气象灾害的非线性模型,难以对各种重大气象灾害的发生作出准确的预测。

人们在气象灾害面前表现出高度的脆弱性和较低的适应恢复能力,这些特点使人们在风险面前避无可避,只有面对。气象灾害种类多,范围广,频率高,持续时间长,群发性突出,连锁反应显著,灾情严重。尽管气象灾害事件不可避免,但可以通过提高人们抗灾能力来减轻灾害造成的损失,同时可以有效减少自然灾害对人们社会造成的损失,这依赖于人们对气象灾害风险的科学认识和有效管理。因此我们需要采用科学价管理方法对气象灾害风险进行科学的描述、评价和管理,从而采取针对性的正确措施减轻气象灾害造成的生命财产等各类损失,对提高社会经济的可持续发展能力有十分重要的意义。

中国是世界上自然灾害最严重的国家之一,在各类自然灾害中,气象灾害占70%以上。发生频繁、种类繁多,损失严重的气象灾害不仅危及人民生命和财产的安全,给国民经济造成了极大的损失,而且直接影响着经济和社会的发展。有证据表明,全球气候变化使得整个地球遭受的灾害越来越频繁,越来越严重,在2000—2005年,平均每年有2.4亿人受到自然灾害影响,8万人被夺走了生命,经济损失达800亿美元。由此可见在全球气候变暖的大背景下,世界乃至中国的气象灾害和极端气候事件更加频繁,科学地认识并理解气象灾害的孕育、发生、发展、可能造成的影响,才能正确行动,达到减轻减少气象灾害损失的目的,因此进行科学有效的气象灾害风险管理非常有必要。

7.1.2　气象灾害管理的基本概念

从气象灾害可能发生、发生、结束的时间顺序来看气象灾害管理的主要工作,可以分为:气象灾害灾前管理——风险评估;气象灾害灾中管理——应急管理;气象灾害灾后管理——灾后管理。下面分别对气象灾害管理的风险评估、应急管理、灾后管理的基本概念做简单介绍。

“风险”(Risk)在风险管理学中一般可以表述为“不利事件发生的可能性”。

有关“气象灾害风险”(Risk of Meteorological Disaster)的定义,我们可以由“自然灾害风险”(Risk of Natural Disaster)引申出来。关于“自然灾害风险”的定义也是多种多样,例如 Smith(1996)定义为“某一灾害发生的概率”;Tobin 和 Montz(1997)定义为“某一灾害发生的概率和期望损失的乘积”;Deyle 等(1998)定义为“某一灾害发生的概率(或频率)与灾害发生后果的规模的结合”;在这里,我们采取联合国赈灾组织公布的定义(UN Disaster Relief Coordinator,1991),即“灾害风险是在一定区域和给定的时段内,由于某一自然灾害而引起的人们生命财产和经济活动的期望损失值”。根据自然灾害风险的定义,从广义上说,气象灾害风险是限定时间和空间内的灾害损失的可能性分布。根据此定义气象致灾因子强度的可能性分布、易损性程度的可能性分布、损失程度的可能性分布等都属于气象灾害风险。

简单地讲,对尚未发生的气象灾害进行各种可能性分析,可以称之为“气象灾害风险分析”(Risk Analysis of Meteorological Disaster)。严格地说,“气象灾害风险分析“是指充分利用人们对各种气象致灾因子,承灾体和社会系统的研究成果,对一定区域、工程项目等可能遭受的灾害的程度进行可能性意义下的量化分析,并对采取减灾措施后的可能效果进行分析。”

“气象灾害风险评估”(Risk Assessment of Meteorological Disaster)是指对风险区遭受不同强度的气象灾害的可能性及其可能造成的后果进行定量分析和评估。气象灾害风险评估是风险分析在气象灾害中的运用,其主要包括四方面的内容:致灾因子风险分析、承灾体易损性评价、灾情损失评估、减灾对策。

气象灾害风险评估是自然灾害风险评估的门类之一,同时也是一项系统工程,根据不同的分类标准,气象灾害风险评估可以划分为不同的类别。

(1)按照评估内容的不同,可以将气象灾害风险评估分为四个方面:致灾因子风险分析、承灾体易损性评价、灾情损失评估、减灾对策。

(2)按照气象灾害孕育与发展的过程,分阶段进行评估,一般可以将气象灾害风险评估划分为三方面：灾前预评估、灾时跟踪评估、灾后实地评估。

（3）按照气象灾害影响的不同层次，可以将气象灾害风险评估划为三类：气象灾害直接风险评估、气象灾害间接风险评估、气象衍生灾害风险评估。

（4）按照气象灾害构成因子的分类，可以将气象灾害风险评估划分为三类：气象灾害灾变评估、受灾体易损性评估、减灾有效性评估。

（5）按照气象灾害的类别，可以将气象灾害风险评估划分为三类：单类气象灾害风险评估、多类别气象灾害风险评估、气象及其衍生灾害风险评估。

应急这个概念是基于重大事故、灾害、突发性公众事件的问题提出的。

应急管理是指政府及其他公共机构在突发事件的事前预防、事发应对、事中处置和善后管理过程中，通过建立必要的应对机制，采取一系列必要措施，保障公众生命财产安全，促进社会和谐健康发展的有关活动。

应急管理是对突发事件的全过程管理，根据突发事件的预防、预警、发生和善后四个发展阶段，应急管理可分为预防与应急准备、监测与预警、应急处置与救援、事后恢复与重建四个过程。应急管理又是一个动态管理，包括预防、预警、响应和恢复四个阶段，均体现在管理突发事件的各个阶段。应急管理还是个完整的系统工程，可以概括为突发事件应急预案，应急机制、体制和法制。应急预案指面对突发事件如自然灾害、重特大事故灾害、环境公害及人为破坏的应急管理、社会、救援计划等，一般应建立在综合防灾规划之上。科学统计表明，已制定应急预案及疏散避难对策，与未制定应急预案对策的单位及社区相比，灾害人员伤亡可相差 40% 左右。

灾后管理是灾害管理中的重要组成部分，主要包括灾害损失评估、灾害补偿管理、灾害恢复管理等。也可以把灾后管理认为是属于应急管理的一部分。

7.1.3　气象灾害管理的手段和对象

气象灾害管理的手段既包括气象灾害预测、预报技术，如地理信息系统（GIS）技术、遥感（RS）技术、计算机仿真模拟技术等；也包括气象灾害管理方法，如气象灾害风险评估的概率和统计分析、气象灾害管理的模糊系统分析、气象灾害管理混合式模糊神经元网络模型、气象灾害管理的正态信息扩散理论等。

气象灾害管理的对象是气象灾害，但是由于气象灾害种类多、分布地形广、连锁反应显著、衍生灾害众多、并发性突出，不同的气象灾害的特征、属性差异明显，因为针对气象灾害的种类不同，特点差异，有必要对气象灾害进行分类，按照气象灾害的不同类别进行风险评估。

气象灾害是自然灾害中最为频繁而又严重的灾害。我国是世界上气象灾害发生十分频繁、灾害种类甚多，造成损失十分严重的少数国家之一。每年由于干旱、洪涝、台风、暴雨、冰雹等灾害危及到人民生命和财产的安全，国民经济也受到了极大的损失,而且,随着经济的高速发展,气象灾害造成的损失亦呈上升发展趋势,直接影响着社会和经济的发展。

广义的气象灾害包括天气灾害,气候灾害及其次生衍生灾害。根据气象灾害特征、致灾因子和天气现象类型,我国的气象灾害可分为:暴雨洪涝、干旱灾害、热带气旋、霜冻低温等冷冻害、局地风暴等强对流天气、连阴雨、浓雾及沙尘暴等其他灾害共7大类20余种,如表7.1所示。

表 7.1 我国气象灾害的分类及天气特征

类	种	天气现象	直接危害	衍生灾害
洪涝	洪水 雨涝	暴雨 大雨	河水泛滥、山洪暴发、城市积水、内涝、溃水、毁坏庄稼、建筑、物资,造成人员伤亡、疾病、作物歉收或绝收,交通、通信受阻	农林灾害,地质灾害(泥石流、滑坡、水土流失),水圈灾害(洪水、内涝)
干旱	干旱 干热风 热浪	少雨 久晴 高温	旱灾、城镇用水缺乏,干热风、焚风疾病、灼伤、作物逼熟	农林灾害(虫害,林草火灾),地质灾害(土地荒漠化)
热带气旋	台风	狂风暴雨	海难,河水泛滥、山洪暴发、城市积水、内涝、溃水,毁坏庄稼、建筑、物资,造成人员伤亡、疾病、作物歉收或绝收,交通、通信受阻	地质灾害(泥石流、滑坡、水土流失),水圈灾害(洪水、内涝、巨浪、风暴潮)
冷冻害	冷害 冻害 冰害 冻雨 雪害 风害	强冷空气 寒潮 雨凇 霜冻 积雪吹雪 大风	作物歉收,人畜、庄稼、经济林木冻害,牧场积雪、牲畜死亡,雪崩,电线、道路结冰,交通、通信、送电受阻,海难	农林灾害(庄稼、林木冻害,牧业受损),水圈灾害(江、河、湖、海结冰,巨浪)
局地风暴等强对流天气	雹害 风害 龙卷风 雷击	强对流天气 下击气流	毁坏庄稼、建筑、物资,人畜伤亡,山洪暴发,交通、通信受阻,交通事故、空难、火灾	农林灾害(森林、草原火灾),地质灾害(泥石流、滑坡,刮走地表沃土)
连阴雨	连阴雨	阴雨、低温、潮湿	影响作物正常生长发育,烂秧,物资霉变	农林灾害(病虫害)
其他	沙尘暴 浓雾 静风	强风 浓雾、烟雾静风、大气污染	沙流淹没农田、毁坏庄稼、建筑、物资,人畜伤亡,危及人体健康,交通、通信受阻,交通事故、空难、人体疾病	地质灾害(沙丘移动,土壤沙化)

(1)暴雨洪涝

暴雨洪涝灾害包括暴雨、洪涝、湿害、梅雨等。

暴雨一般是指一段时间内出现的大量降水,也指强度很大的雨。气象部门一般以日(24小时)降水量≥50毫米为暴雨,其中100~200毫米为大暴雨,≥250毫米为特大暴雨,对于特大暴雨不规定上限。暴雨是我国最主要的气象灾害之一,产生于梅雨、热带气旋(台风)、强对流等天气系统。持续时间长、强度大的暴雨会引起城市积水,交通受阻,影响人民正常的生产和生活。特大暴雨往往是形成洪涝灾害的主要原因,往往造成洪涝灾害和严重的水土流失,导致工程失事、堤防溃决和农作物被淹等重大的经济损失,还会造成泥石流、滑坡等衍生灾害。

洪涝往往是长时期阴雨或暴雨,导致洪水暴涨,江河横溢,形成大量积水的结果。洪涝的形成原因较为复杂,与降水量、地理、地形、水文、河道情况、水利设施等都有密切关系,但降水量过多,则是大范围洪涝的主要原因。洪涝灾害不仅是农业生产的主要灾害,洪水冲毁农作物或使农作物受淹浸,致使粮食减产甚至绝收。洪涝灾害还直接威胁人民生命财产的安全,洪水冲塌房屋,吞没财产,冲断铁路、公路、输电线路等造成城市设施破坏。空间上,洪涝灾害主要发生在长江、黄河、淮河、海河的中下游地区,时间上,四季都可能发生洪涝灾害。其中,春涝主要发生在我国的华南、长江中下游、沿海地区;夏涝是我国的主要涝害,主要发生在我国的长江流域、东南沿海、黄淮平原。秋涝多为台风雨造成,主要发生在我国的东南沿海和华南地区。

湿害是指洪水、涝害过后由于排水不良,使土壤水分长期处于饱和状态,作物根系缺氧而成灾,特别是对于一些地势低洼、地形闭塞的地区,雨水不能迅速宣泄造成农田积水和土壤水分过度饱和最终导致土质恶化造成连年减收减产。

梅雨,又称黄梅天,指中国长江中下游地区、台湾、日本中南部和韩国南部等地,每年6月中下旬至7月上半月之间持续阴天有雨的自然气候现象。由于梅雨发生的时段正是江南梅子的成熟期,故中国人称这种气候现象为"梅雨",这段时间也被称为"梅雨季节"。梅雨季节时的空气湿度较大且气温高,衣物等容易发霉,所以也有人把梅雨称为同音的"霉雨"。梅雨季节过后,华中、华南、台湾等地的天气开始由太平洋副热带高压主导,正式进入炎热的夏季。

(2)干旱灾害

干旱灾害是指因久晴无雨或少雨,致使没有降水或降水偏少,使土壤水分不能满足植物正常生长、发育而造成的灾害现象。干旱是气候特征之一,干旱灾害属于一种气候灾害,其多年变化与大气环流和气候的多年变化是密切相关的。干旱和旱灾从古至今都是人们面临的主要自然灾害。即使在科学技术如此发达的今天,它们造成的灾难性后果仍然比比皆是。尤其值得注意的是,随着社会的经济发展和人口膨胀,水资源短缺现象日趋严重,这也直接导致了干旱地区的扩大与干旱化程度的加重,干旱化趋势已成为全球关注的问题。我国的干旱灾害具有严重性、季节性、广泛性、潜伏性和持续性等特点,影响社会经济活动的各个方面。

(3)热带气旋

热带气旋(台风)是在热带洋面上形成的大气涡旋。热带气旋按其近中心最大风速的大小分为超强台风、强台风、台风、强热带风暴、热带风暴和热带低压 6 个等级。台风是一种破坏力很强的灾害性天气系统,但有时也能起到消除干旱的有益作用。其危害性主要有三个方面:①大风。台风中心附近最大风力一般为 8 级以上。②暴雨。台风是最强的暴雨天气系统之一,在台风经过的地区,一般能产生 150～300 mm降雨,少数台风能产生 1000 mm 以上的特大暴雨。如 1975 年第 3 号台风在淮河上游产生的特大暴雨,创造了中国大陆地区暴雨极值,形成了河南"75.8"大洪水。③风暴潮。一般台风能使沿岸海水产生增水,沿海地区最大增水可达 3 m。

(4)霜冻低温等冷冻害

低温冷冻害包括低温冷害、霜冻害、冻害和雪灾。

低温冷害是指农作物生长期内,因气温低于作物生理下限温度,影响作物正常生长,造成生育期延迟或受损,最终导致减产的一种农业气象灾害。

霜冻害指在农作物、果树等生长季节内,地面最低温度降至 0℃以下,使作物受到伤害甚至死亡的农业气象灾害。

冻害一般指冬作物和果树、林木等在越冬期间遇到 0℃以下(甚至-20℃以下)或剧烈变温天气引起植株体冰冻或丧失一切生理活力,造成植株死亡或部分死亡的现象。

雪灾指由于降雪量过多,使蔬菜大棚、房屋被压垮,植株、果树被压断,或对交通运输及人们出行造成影响,造成人员伤亡或经济损失现象。

(5)风雹

气象上定义瞬时风速(亦称极大风速)达到或超过 17.2 m/s(或目测估计风力≥8 级)者称"大风",狂风亦称"大风"。大风是一种灾害性天气现象。主要表现为毁屋倒墙,摧毁高大建筑物,树木和作物被大风吹得倒伏、折枝、落粒、落果等,如果在江湖海面还会造成圩堤、海塘的破坏和船翻人亡的灾难。大风常伴随其他灾害天气(如雷暴、雪暴、冰雹、暴雨、沙尘暴、风暴潮等)共同侵害,则造成的破坏更大。

(6)强对流天气(雷雨大风、冰雹、龙卷风、雷电)

雷电、冰雹、龙卷风和雷雨大风,统称强对流天气,均属于中小尺度天气系统。由于它们具有突发性,破坏力极强,同时又相伴发生,是江苏省主要灾害天气之一。

冰雹是从发展强盛的积雨云中降落到地面的冰球或冰块,其下降时巨大的动量常给农作物和人身安全带来严重危害。冰雹虽然出现的范围较小,时间短,但来势猛,强度大,常伴有狂风骤雨,因此,往往给局部地区的农牧业、工矿企业、电信、交通运输以及人民生命财产造成较大危害。龙卷风是一种范围小、生消迅速,一般伴随降雨、雷电或冰雹的猛烈涡旋,是一种破坏力极强的小尺度风暴。雷电是发生于大气中的一种瞬态大电流、高电压、强电磁辐射的天气现象,它是云内、云与地、云与空气之间的电位差增大到一定程度后的放电。在局地突发性灾害事件中,雷电是强对流性天气所造成的主要灾害之一。雷电可使供配电系统、通信设备、计算机信息系统中断,引起森林火灾,击毁建筑物,火车停运,造成仓储、炼油厂、油田等燃烧甚至爆炸,危害人身安全和财产。

(7)浓雾

雾是空气中水汽凝结或凝华的产物,大量微小水滴浮游在空中,水平能见度小于1 km,称为雾;水平能见度小于 500 m,称为浓雾。浓雾是一种灾害性天气,对海陆空交通、供电、人体健康等方面会有严重影响,造成灾害。

我国南方水网稠密地区,雾天气频繁,每年第一和第四季度更是雾高发的季节。浓雾以团雾居多,所谓团雾就是雾气集中在一个小范围内,该范围内能见度极低,有时候能见度甚至不到 50 m(强浓雾),而在团雾范围之外则视线良好,这种情况下,就经常会给行车司机造成错觉,当他们以高速行驶到团雾中时,猛然视线受阻,往往盲目减速造成后车追尾,或致使交通严重受阻。

(8)沙尘暴

沙尘暴(sand duststorm)是沙暴(sandstorm)和尘暴(duststorm)两者兼有的总称,是指强风把地面大量沙尘物质吹起卷入空中,使空气特别混浊,水平能见度小于1 km 的严重风沙天气现象。其中沙暴系指大风把大量沙粒吹入近地层所形成的挟沙风暴;尘暴则是大风把大量尘埃及其他细粒物质卷入高空所形成的风暴。

7.1.4　气象灾害管理的主要内容

中国是世界上自然灾害最严重的国家之一,在各类自然灾害中,气象灾害占70%以上。发生频繁、种类繁多,损失严重的气象灾害不仅危及到人民生命和财产的安全,给国民经济造成了极大的损失,而且直接影响着经济和社会的发展。统计数据表明,中国每年因各种气象灾害造成的农田受灾面积超过 3000 万 hm²,受重大气象灾害影响的人口约 6 亿人次,造成的经济损失约占 GDP 的 3‰~6‰。随着中国经济的快速增长,气象灾害造成的经济损失越来越大。1995 年以来,中国每年因气象灾害而造成的直接经济损失均超过 1000 亿元,1998 年更是高达 2998 亿元。若考虑到气象灾害引发的生态、环境、地质等次生灾害以及对民众、社会造成的影响,则损失更为严重。

(1)气象灾害风险评估

随着社会经济的快速发展,以及全球气候变暖等因素导致各类极端气候事件频频发生,更是使得气象灾害造成的损失越来越严重。由此可见,在全球气候变暖的大背景下,世界乃至中国的气象灾害和极端性气候事件更加频繁,科学地认识并理解气象灾害的孕育、发生、发展、可能造成的影响,才能正确行动,达到减轻减少气象灾害损失的目的,因此进行科学有效的气象灾害风险评估非常有必要。

气象灾害风险评估的主要工作包括气象灾害成灾风险评估、气象灾害风险区划评估、承灾体易损性和适应性评估、气象灾害风险动态管理。

（2）气象灾害应急管理

气象灾害应急管理是指政府在气象灾害的事前预防、事发应对、事中处置和善后管理过程中,通过建立必要的应对机制,采取一系列必要措施,保障公众生命财产安全,促进社会和谐健康发展的有关活动。我国在气象灾害应急管理方面已取得一定成效,但是为了进一步预防和减轻气象灾害,在未来加强气象灾害应急管理工作仍是十分重要的。

气象灾害应急管理是对气象灾害的全过程管理,根据气象灾害的预防、预警、发生和善后四个发展阶段,气象灾害应急管理可分为预防与应急准备、监测与预警、应急处置与救援、事后恢复与重建四个过程。气象灾害应急管理又是一个动态管理,包括预防、预警、响应和恢复四个阶段,均体现在管理突发事件的各个阶段。当灾情发生后,应根据应急预案和灾害评估情况及时组织救灾资源,多级联动,优化调度,按照预案与现场决策,迅速展开救援工作。

7.4 节将主要介绍我国气象灾害应急管理制度、气象灾害防御机制、气象灾害应急与救援管理的现状及相关的法律法规。

（3）气象灾害灾后管理

灾后管理是气象灾害管理的重要组成部分。气象灾害的灾后管理主要包括灾害损失评估、灾害补偿管理、灾害恢复管理等。其中灾后补偿管理主要包括救灾援助与救济、灾害保险体系、财政拨款以及慈善捐助,灾后恢复管理主要包括灾区受灾群众与救灾物质管理、灾后规划与重建、灾后心理干预管理以及灾后应急管理教育,灾后各救灾组织管理主要是政府组织、非政府组织以及国际合作组织的管理。

政府在灾后管理中起主导作用,是气象灾害灾后管理的核心部门,因此我国应建立政府和市场相结合,政府和非政府组织共同作用的灾后管理体系,同时应努力获得国际援助,建立健全的灾后管理体制,这样会有益于建立快速高效的救援队伍,有益于受灾群众的转移和安置,有益于灾区的恢复和重建,有益于提高对突发气象灾害的救助能力,有益于将灾害的损失降低到最低限度。建立以人为本、快速反应的灾后管理体制,对于保障人民的生命和财产安全,构建和谐社会,建立健全现代突发事件管理体制和机制具有重要意义。

（4）减灾对策和防灾措施

为减轻气象灾害的损失或影响程度而采取的对策称之为减灾对策,常见的减灾对策包括发布气象灾害预报预警、修建水利工程、制定紧急救助预案、建立应急管理制度、购买保险,设立气象灾害基金等。显然,合理的减灾对策,往往能够减少灾害损失,具有投入少收益大的特征,能够提高经济效益,相反,不合理的减灾对策导致的决策失误也会带来巨大的损失,因此,需要进行减灾决策的风险分析。

减灾决策的风险分析的主要任务是分析采取某种减灾对策之后,一旦出现预期以外的气象灾害,出现额外损失的可能性如何的问题。

7.1.5 气象灾害管理——基本原则

气象灾害风险评估是一项社会化行为,其基础数据来自社会各界,其评估结果也应该服务社会。因此,为了保证气象灾害风险评估的质量,保证气象灾害风险评估的结果能够正确、及时、有效地应用于社会,起到防灾减灾的作用,进行气象灾害风险评估应该遵循一定的基本原则。

(1)实事求是原则

气象灾害风险评估首先必须坚持实事求是的原则。

气象灾害风险评估必须有严格的科学依据,否则因评估失实将引起严重的后果。以保险理赔为例,对气象灾害损失评估小了,伤害了被保险人的利益,被保险人不干;对气象灾害损失评估大了,赔付增多,保险公司不干;只有实事求是,才能使保险人与被保险人和谐相处,利于保险事业的发展。但是在我国气象灾害评估过程中,不实事求是的事例迄今仍严重存在,为了争取救灾款和防灾基金而有意扩大气象灾害损失的现象和为了显示减灾的成绩而人为减少气象灾害损失的现象比比皆是。这样做不仅使上级部门无法准确掌握灾情和实施减灾工作,而且由于气象灾害评估的结果还要用于减灾科学和社会科学的研究,"涨水"与"缩水"的气象灾害评估结果,往往会进一步导致科学研究成果的错误和国家减灾与发展决策的不当。

(2)科学性原则

气象灾害评估是贯穿自然科学与社会科学两大科学体系的科学问题,是迄今仍处于探索中的前沿性科学问题,因此必须坚持科学性的原则,气象灾害评估要坚持以下几点:

①标准化。气象灾害评估一般是通过指标统计、评估模式和评估结果来实现的。因此,这三个方面都必须制定标准规范,即建立系统的指标体系、确定每一项指标的标准等级、建立广泛实用的科学评估模型、制定评估结果统一的表达方式。指标体系是气象灾害评估的条件和基础,故每一项指标必须具有明确的含义和统一的统计口径,可以运用一定的统计程序得出其指标值。那些概念含混不清,无法统计的指标一般不应作为评估指标。另外,还有一类指标,从理论原则上讲是可量化和可统计的,但实际上很难搜集得出统计数据,或者搜集既费力,而且所需时间也较长,影响评估结果及时得出的,也不应选人指标体系。气象灾害评估的结果是通过评估模型来实

现的,评估模型的设计一方面需要尽量包含所有的评估指标,但又应体现简单、易操作的原则。一般来说,复杂的计算公式和繁琐的计算程序,不仅不适宜社会广泛应用,而且就现在气象灾害调查与研究的水平,这种做法也往往没有严格的科学支撑条件,其评估结果也难以令人信服。气象灾害评估结果是社会用户的最终需求,从表达方式到度量方法都应制定统一的标准。

②系统化。气象灾害不是孤立的,它们互相联系,构成气象灾变系统。其中强度高、规模大的原生自然灾变,在其发展过程中,往往诱发一系列的次生灾害和衍生灾害,构成灾变链。特别是重大气象灾害事件,这种特点更加突出,因此,直接灾害损失可导致间接灾害损失,导致衍生灾害损失。因此,气象灾害评估必须贯彻系统化的原则,其要点是强调三性,一为整体性。如台风灾害评估,不仅要评估由台风直接引起的风灾、浪灾、潮灾、易雨灾害,而且对由此引起的一切次生灾害与衍生灾害,如暴雨引发的洪水、泥石流灾害气都要作为一个整体系统进行评估。二为层次性。有两重含义:一是指任一种灾害评估模式都具有层次性,其指标一般都是含基础指标层、中间分析指标层和上层综合指标层;二是指气象原生灾害、气象次生灾害、气象衍生灾害和直接灾害损失、间接灾害损失、衍生灾害损失,各属不同的层次,故首先要分层评估,然后系统综合。三为交叉性。指灾害系统中的某些部分往往为不同的系统或系列交叉共用。如暴雨可引起滑坡、泥石流,在这里滑坡、泥石流属暴雨灾害的次生灾害;地震也可引起滑坡、泥石流,在这里滑坡、泥石流属于地震灾害的次生灾害;而滑坡、泥石流又是地质灾害的重要灾种。因此,在灾害评估时,既要体现整体性、层次性,又要充分注意这种交叉性,必要时可通过法规或技术标准予以界定,以避免重复统计,影响灾情的真实性。

③数值化。在气象灾害评估中,不论实物损失或价值损失均应尽量做到数值化;不论采用何种价值指标均应做到相对统一和可以相互类比,为建立数学模型的方便,必须要求评估体系数量化。但是一些指标是不可测的,例如间接经济损失和潜在经济损失的许多指标,就是很难测度的,像生命线破坏后对经济的影响、灾害发生后对生态环境和区域经济的长期影响等。解决这一类的灾害损失评估问题,应按指标的相关替代准则来进行,即采用可以观测的一组相关指标去替代一组不可直接观测的指标,或者用指数代替绝对值,并力求纳入统一的信息系统。

(3)适时性与可操作性原则

气象灾害评估是减灾与发展的一项服务性工作,为此,在确定气象灾害评估的类别和内容时,必须首先考虑其服务对象的需求,评估的结果要对减灾与发展有一定的指导性作用。在确定气象灾害评估方法时,要做到其理论与方法一方面应对个别灾害损失评估实践有指导性,另一方面应对防灾、减灾、抗灾和灾后重建工作及经济建设工作有指导性。在建立评估指标体系和评估模式时,应主动、有意识地考虑指标体系和模式的功能扩展问题,或者借用计算机系统术语,要考虑指标体系和模式的功能输出的"接口"问题,使指标体系与模式和防灾减灾抗灾及灾后重建与经济建设决策等方面能够进行顺利对接。为了使气象灾害评估具有应用性,气象灾害评估应坚持适时性与可操作性。

①适时性是指为满足社会需求,在最恰当的时机完成灾害评估工作。如灾前预评估或灾害风险评估一定在灾害发生前完成;灾时跟踪评估一定紧跟灾害发展过程,及时快速评估;灾后评估要在灾后国家或部门规定的一段不长的时间内完成,否则将失去气象灾害评估的意义。

②可操作性是指设计的指标体系和评估模型应该易于操作。一方面,指标体系所列的指标要具体,可观测、可量化,应为有关方面所接受,并尽量与国家统计部门的指标相一致,便于统计和计量,另一方面,指标不宜过多过细,否则会给基础资料的搜集、整理和汇总、检索带来困难,使分析无从下手。指标因素层和综合层的计算也必须简单易行,使数学知识较浅者也可以掌握。

7.2　气象灾害管理技术

我国地处东亚季风区,自然条件复杂,气候变化剧烈,气象灾害种类多、发生频率高、分布地域广、持续时间长、造成损失严重。气象灾害以及次生灾害不仅对人民的人身和财产安全造成威胁,还对社会的安定、长远发展产生了严重的影响。每年由于干旱、洪涝、台风、暴雨、冰雹等灾害危及到人民生命和财产的安全,国民经济也受到了极大的损失,气象灾害已成为自然灾害中最为频繁又严重的灾害。

利用一定的方法和技术,对气象灾害的风险评估、应急管理、灾后建设进行科学合理的管理,必定能够起到减少灾害损失,提高重建效率的作用。

气象灾害是自然灾害中的原生灾害之一。由于它种类多、范围广、频率高、持续时间长、群发性突出、连锁反应显著、灾情重等特点,使其对人们的生命财产和经济建设以及国防建设等造成了直接或间接的损害。所幸的是,人们对大气科学已有了一定的掌握,对大气圈中突发性和极端性天气气候事件带来的直接气象灾害和由此诱发的次生灾害有了一定的认识,拥有了先进的探测和通信手段,对灾害的预测、预报、预警手段大大提高,能够有效地帮助人们防灾、减灾,最大限度地减少各方面的损失。

进行气象灾害的预测、预报、预警的基础在于气象监测网的完备,气象监测网是得到有关气象灾害预测、预报、预警的数据和信息的主要来源。目前我国气象部门已初步建立了包括气象卫星、天气雷达在内的综合性天气监测网。分布在全国各地气象站台、自动气象站监视着大气活动的动态变化。并且我国的气象部门建立了以数值天气预报为基础的基本气象信息加工、分析预测系统,成为了世界上少数几个能制作数值天气预报的国家。已经初步形成以数值天气预报为基础,人机交互信息加工处理系统(MICAPS)为平台、综合应用多种信息和预报技术方法的天气预报业务技术体系。目前在台风、暴雨、冰雹、寒潮、风暴潮、洪水、农业气象灾害等的预报方面,预报水平已接近国际先进水平,准确率达 80%。

下面介绍几种能够对天气灾害进行有效检测、实施评估,可辅助相关部门决策的高新技术:

1. 地理信息系统(GIS)技术

GIS(Geographic Information Systems,地理信息系统)是多种学科交叉的产物,它以地理空间为基础,采用地理模型分析方法,实施提供多种空间和动态的地理信息,是一种为地理研究和地理决策服务的计算机技术系统。其基本功能是将表格型数据转换为地理图形显示,然后对显示结果浏览,操作和分析。

地理信息系统(GIS)技术是近些年迅速发展起来的一门空间信息分析技术,目前被广泛应用到资源和环境等各个领域,尤其在气象灾害方面,发挥着技术先导的作用。GIS 技术不仅可以有效地管理具有空间属性的各种气象灾害信息,并且可以对信息进行快速和重复的分析测试,便于及时发出气象灾害预警,做好防灾减灾措施。而且可以结合历史材料,对多时期发生的气象灾害状况进行动态的分析比较,明显提高气象灾害预报、预警的准确性。

从国内外发展状况看,地理信息系统技术在重大气象灾害和灾情评估中有广泛的应用领域。其作用主要有:进行灾情预警预报、对灾情进行动态监测、分析探讨灾情发生的成因与规律、进行灾害调查、灾害监测、灾害评估等。

由联合国环境署、联合国人居中心与我国国家环保总局共同支持的"长江流域洪水易损性评价"首次全面地从多因子、全方位对洪水灾害进行了综合研究与评估,改变了传统防洪观念,对未来洪水灾害控制提供了新的思路,报告明确指出了哪些区域可合理开发,哪些区域需进行严格保护,针对性强,对洞庭湖区产业结构调整、避洪农业发展、水资源开发利用、生态环境保护、土地利用与规划布局有现实意义,对地方政府及相关部门编制环境、社会和经济发展规划,以及政策制定与措施实施等提供了科学依据。

当然,GIS 技术在环境资源领域取得进展的同时,不可否认还存在诸多问题,比如说:数据来源与数据质量难以保证(数据来源广泛,但数据质量不高);应用水平低;标准规范不统一、数据共享程度低;集成化程度低等。这些问题需要在将来的实际运用中不断改进。

2. 遥感(RS)技术

遥感是以航空摄影技术为基础,在 20 世纪 60 年代初发展起来的一门新兴技术。开始为航空遥感,自 1972 年美国发射了第一颗陆地卫星后,标志着航天遥感时代的开始。经过几十年的发展,目前遥感技术已广泛应用于资源环境、水文、气象,地质地理等领域,成为一门实用的、先进的空间探测技术。

遥感应用主要包括对某种对象或过程的调查制图、动态监测、预测预报及规划管理。实践证明,现在遥感技术在地球资源、环境及自然灾害调查、检测和评价中的应用,具有许多其他技术不能取代的优势,如宏观、快速、准确、直观、动态性和适应性强等。

遥感技术在气象灾害的预测、预警以及监测方面都有重要的作用。利用不同遥感平台和传感器组成的遥感数据获取系统,可以不断提供关于气象灾害发生背景和条件的大量信息。事先圈定出气象灾害的可能发生区域、时间及危害程度,使当地决策部门能提前准备,做好必要的防范措施,减轻灾害损失;在灾害发展过程中,利用遥感技术可以不断监测灾害的进程和态势,即使把信息传送带各级抗灾指挥机关,以便有效地组织抗灾活动。

3. 计算机仿真模拟技术

计算机模拟就是充分利用计算机计算速度快的特点,综合考虑随机的或动态变化的各个因素对系统动态运作过程的影响和技术。利用计算机模拟技术对系统进行模拟,可以剖析系统的运行过程、预测和分析过程的合理性,找出系统的"瓶颈",为优化系统的各个环节提供依据,最终达到提高系统整体性能和效益的目的。

计算机模拟非常适合求解无法或很难建立数学模型的复杂系统。通过系统分析抽象和数学描述,建立计算机模型,运行该模型,观察模型的运行情况,从而得到实际系统的运转情况。因此,计算机模拟模型就像一个"实验室",为我们提供所需要的"实验"数据。

现代的计算机模拟技术主要包括人工智能(AI)、专家系统模拟(ESS)并行离散系统模拟和面向对象的模拟技术等。像所有的计算机应用一样,随着计算机软件和硬件的发展,建模和虚拟系统也在不停地发展。计算机模拟技术对灾害的预防,灾害的应急指挥及灾后重建等都有重要的意义。计算机仿真系统能模拟出灾害发生的状况,直接为城市各相关部门提供决策依据。灾害发生时,也无需亲临现场,就可以决定调度方案,而将预先设置好的各救灾设施的运行情况输入系统后,即可直观地获得灾害地区的救灾信息,并可根据模拟结果进行调度方案的修改。气象部门、排水管理部门、广播电台等单位可以通过媒体向市民发布实时的灾情信息,实施防灾措施。此外,该系统与地理信息系统结合,可以模拟出灾害对交通、工业设施、商业等损失程度的评估,进一步提高气象服务的水平。

上面介绍的三种技术,我们称之为气象灾害预测"硬技术"。其实在气象灾害预测、预报、预警方面的技术还有很多,但这些技术如果不与其他相关技术结合起来,就很难发挥其优势。因此,多学科、交叉性研究应用才是做好气象灾害的预测、预报、预警的有效途径。

7.3　气象灾害风险评估

气象灾害风险评估是气象灾害管理的核心问题,是预防气象灾害,控制和降低气象灾害风险的重要基础性研究。它涉及的学科很多,是一项包括经济学、社会学、地理学、保险学等学科的综合研究;并且涵括了很多技术手段,如 GIS(地理信息系统)、RS(遥感技术)、计算机仿真模拟技术等。气象灾害评估需要综合利用各种技术手段,集成各种数据模型,对气象灾害进行多种层面上的分析,从而有效地实施风险管理和控制,使自然灾害对人口和财产损失影响最小化。

7.3.1　致灾因子风险评估

灾害风险评估一般可划分为广义与狭义两种理解。广义的灾害风险评估,是对灾害系统进行风险评估,即在对孕灾环境、致灾因子、承灾体分别进行风险评估的基础上,对灾害系统进行风险评估;狭义的风险评估则主要是针对致灾因子进行风险评估,即从对危险(danger)的识辨,到对危险性(hazard)的认识,进而开展风险(risk)评估,通常是对致灾因子及其可能造成的灾情之超越概率的估算,如式(7.1)所示。刘新立等参考国际有关文献,提出用式(7.2)计算风险。

$$Risk = Probaaility \times Consequences \tag{7.1}$$

(风险)=(时间概率)×(可能灾情)

$$Risk = \{\langle S_i, P_o(P_r(S_i)), P_o(X_i)\rangle\} \tag{7.2}$$

式中,S_i 代表第 i 种致灾因子,$P_r(S_i)$ 表示第 i 种致灾因子发生的概率(Probability),$P_o(P_r(S_i))$ 为 $P_r(S_i)$ 的可能性分布(Possibility),X_i 表示第 i 种灾害造成的损失,$P_o(X_i)$ 为 X_i 表示的第 i 种灾害的可能性分布。狭义风险评估一般程序为:风险分析→风险评价→风险管理三部分。在进行灾害风险评估中,要编制灾害分布图,绘制灾害"频率—强度分布曲线"、"频率强度累积曲线"、"灾情分布曲线"与"致灾强度—灾情曲线";对不完备样本的风险估计,黄崇福、刘新立等做了较为深入的研究。当前的难题仍是在获取灾情数据不完备的情况下,难以准确估计其风险水平。

可能造成灾害的因素称为致灾因子(Hazard Factor),可以是任何一种力量、条件、影响等等,致灾因子通常可以理解为灾源。对于气象灾害而言,其致灾因子通常是指干旱、暴雨、高温、热带气旋、雷电、冰雹等。气象灾害系统的主要特点是系统存在不确定性和复杂性。而气象灾害风险分析中涉及的不确定性主要来自致灾因子。因此,致灾因子的风险评估是气象灾害风险评估的首要任务,为之后的风险评估工作打下基础。

研究给定时间空间范围内各种强度的致灾因子发生的可能性称为致灾因子风险

分析。一般对于致灾因子的描述从三个角度出发,即时间、空间、强度,由于致灾因子的出现可以被认为是一种随机事件,因此致灾因子风险分析的任务就是估计各种强度的致灾因子发生的概率或重现期。因此,气象灾害致灾因子风险分析就是要确定某一区域内一定时间段内气象致灾因子发生的可能性,描述预测其规模、强度、发展趋势等状况。若用 T 代表时间, S 代表地点, M 代表强度, P 代表概率,那么对气象事件出现的时间、地点和强度的分析,就可以通过计算概率 P 来实现。在进行风险评估研究时,可将 S 确定为一个特定的地区, T 定为一个时间段。

7.3.2　风险区划评估

气象灾害风险区划是气象灾害风险评估的重要成果和区域分异的一种可视化表达形式。它是在灾害风险评估的基础上,以行政或格网为制图单元,将风险评估值进行等级划分,编制区域灾害风险图,以反映区域自然灾害风险等级的空间分布格局。通过风险区划能将自然灾害管理提高到风险管理水平。例如,美国和日本先后完成了国家洪涝灾害风险图的编制。Kron 等(2000)进行了德国洪水风险和积累损失区划。我国国家科学技术委员会、国家发展和改革委员会、国家经济贸易委员会(商务部)全国自然灾害综合研究组与中国人民保险公司合作进行了地震、洪水、部分地质灾害和气象灾害风险区划;上海市防汛信息中心开展了"防汛风险图"等重大项目研究。这些成果皆为城市自然灾害应急管理决策提供了科学依据。

气象灾害风险区划的实质和核心就是对不同气象灾害区域的灾害风险评价。这方面工作的基础是要首先绘制不同灾害的历史概率图,然后在此基础之上利用 GIS技术和计算机技术开发出气象灾害数字决策平台,最终的气象灾害数字决策平台在防灾减灾、指挥决策、公共服务等方面可以发挥很大的作用。

灾害风险估值精度直接关系到气象灾害风险区划的质量与水平。很多学者都对风险区划的评估方法进行了诸多尝试,主要有以下四种方法:

(1)极值化(龙尼兹,1988):即以历史上遭受的最大自然灾害程度为标准开展风险区划。

(2)百年之内极值化(夏普、董维民,1988):自然灾害风险估计算中,引入时间概念,以历史上百年之内遭受的最大灾害程度为标准开展风险区划。

(3)超越概率(陈顺等,1999):基本流程是先估计出限定时段内所研究区域内超越某一致灾因子强度的概率分布,然后人为选定一个概率水平值为阈值,以超越此概率水平的最大灾害强度为风险值开展风险区划。超越概率区划图由于考虑了灾害发生的不确定性,使用了测量随机不确定性的概率测度,是比较科学的一种风险区划图,也是当前自然灾害风险区划值得借鉴的方法。

(4)改进的超越概率:即采用超越概率区划图技术,并改变现有风险区划图单幅图的表述方式,形成多幅风险区划图。该方法对现有风险区划图作了重大改进。

在我国,基于超越概率计算的风险区划主要应用于地震灾害研究中。通过大量的历史地震资料,使用了一些带有预测性质的物理模型,所表现的是统计加预测的风险。对于其他灾种,其研究进展一般不如地震风险的估计。大部分没有进行不确定意义下的风险分析,其评估水平与早期的地震区划图雷同。

近年来,更多的学者开始将气象灾害风险区划与 GIS 技术结合。气象灾害风险评估与地理空间信息和属性信息关系密切,而 GIS 软件又具有功能齐全的处理地理空间信息的能力,以及良好的模型结合与处理效果,大大提高了风险区划的精度和制图效果。

就我国气象灾害风险区划的现状来看,还存在三方面问题:

(1)风险估值准确性不够:现有的基于统计规律的风险概率估计,无法明显提高风险估值精度,有待通过建立精度更高的风险评价模型,来提高风险估计值的精度;

(2)风险区划缺少一致的评价指标,有待对风险区划内涵更深刻的理解;

(3)风险区划没有统一的等级规范,导致风险区划结果可比性较差。

因此,加强对自然灾害风险区划理论和方法的探索,完善和深化风险区划理论体系,通过对自然灾害风险的模糊不确定性研究,建立精度更高的自然灾害风险评价模型,形成国家级和地方级统一的自然灾害风险区划等级和评价指标体系,是当前自然灾害风险研究中有待解决的重要问题。

7.3.3　承灾体易损性和适应性评价

承受灾害的对象称之为承灾体。承灾体的破坏现象是气象灾害的最主要表现形式之一。广义地讲,任何一个承灾体都是一个复杂的能量转化系统,将气象灾害的破坏性能量转变为各种破坏性现象。研究目标不同,承灾体的层次也不同,一般分为宏观承灾体和微观承灾体两类。比如将一座城市或者一个区域作为承灾体来看的话,则属于宏观承灾体,将一座水库或是一座桥梁作为承灾体来看的话,则属于微观承灾体,可用于较精细的风险分析。

承灾体易损性评价主要包括三个方面的内容:(1)风险区确定,研究一定强度气象灾害发生时的受灾范围;(2)风险区特性评价,对风险区内主要建筑物、种植业、养殖业、固定设备和建筑物内部财产,风险区的人口数量、分布、经济发展水平等进行分析和评价;(3)抗灾性能分析,也叫脆弱性分析,是对风险区内的财产进行抗灾性能分析。承灾体易损性评价的核心在于根据致灾因子强度计算破坏程度的模型。由于承灾体的破坏机理还没有完全掌握,加之承灾体的关键数据的不准确性或不全面性,导致承灾体易损性评价的模糊不确定性,往往最终给出的都是一种模糊联系。

事实上,致灾因子是导致灾害风险之一,而易损性和社会经济特征才决定最后是否成灾。

脆弱性(vulnerability)评估亦可划分为广义与狭义两种理解。广义脆弱性评估是对灾害系统的脆弱性评估;狭义脆弱性评估是针对人们社会经济系统对致灾因子的敏感程度。通常脆弱性愈大,则致灾后易形成灾情;反之,脆弱性愈小,则致灾后不易形成灾情。在广义脆弱性评估体系中,若易于诱发灾害事件的孕灾环境(自然与人文环境)、易于酿成灾情的承灾体系统(社会经济系统)和易于形成灾情的区域或时段组合在一起,则必然导致较高的灾害系统脆弱性水平。

目前对于不同承灾体的划分比较粗糙,一般仅仅划分为两类,即城市承灾体和农村承灾体。我国对于承灾体的易损性和适应性评价从现有情况来看无论是实践还是理论都比较少,并且集中在地震灾害方面。

脆弱性评估是衡量承灾体受到损害的程度,是进行灾害损失评估和风险评估的重要环节,是联系灾害和风险的桥梁,对自然灾害的预防起着重要作用。目前,脆弱性评估主要有三种方法:

(1)基于历史数据判断区域易损性

根据自然灾害类型和产生后果,进行灾后易损性评估。一般适合国家级大区域脆弱性评估。如灾害风险指标计划(DRI),以全球尺度进行灾害评估,提供了第一个以国家为单位的人们脆弱性指标,开发了两个脆弱性全球指标:相对脆弱性和社会—经济脆弱性指标,运用 EM-DAT 等灾难数据库,把死亡人数和自然灾害暴露人数的比值作为脆弱性的度量。

(2)基于指标的区域易损性评估

在易损性形成机制和原理研究还不充分的情况下,指标合成是目前脆弱性评价中较常用的一种方法。该方法从易损性表现特征、发生原因等方面建立评价指标体系,利用统计方法或其他数学方法综合成脆弱性指数,来表示评价单元脆弱性程度的相对大小。该方法不依据历史数据,用归纳的方法,选取代表性指标衡量脆弱性。目前基于指标的脆弱性评估方法中,对于脆弱性指数计算较常见的数学统计方法有主成分分析法、层次分析法、模糊综合评价法等。

(3)基于实际调查的承灾体脆弱性评估

该方法主要是应用灾损曲线。灾损曲线是衡量不同强度的各灾种与损失(率)之间的关系,以表格或区县的形式表示。基于历史灾情数据和易损性指标方法进行脆弱性评估,虽然方法操作简单,但评估缺乏规范性,指标体系缺乏可信性,评估结果主观性较强。而灾损曲线是脆弱性评估较为客观的方法,这种方法用灾害损失率衡量损失值占总价值的比例,度量易损性相对精确,定量评估一系列灾种和各种承灾体受影响损失程度的关系。建立灾损曲线的方法主要有实地调查、问卷调查、利用已有数据库和价值调查等。

　　易损性评估是对承灾体自然灾害后损失程度的衡量。易损性评估的重要内容是易损性定量化过程,其方法主要有:基于历史灾情、基于指标体系、基于灾损曲线。基于历史灾情方法适合于国家级大区域易损性评估,基于的指标方法不够规范化且评估结果精度不高,缺乏可信度。灾损曲线为易损性评估提供了新的思路,该方法通过承灾体的易损性,反映中、小尺度城市区域的总体易损性特征。该方法从根本上解决易损性评估结果粗糙、可操作性不强等特点,能通过承灾体的脆弱性反映区域总体易损性特征。同时通过灾损曲线能较精确地计算风险评估中的灾害损失。

　　目前我国一些气象部门已经开始初步就城市承灾体的易损性和适应性做出一些实践工作,如深圳气象局开展了台风—暴雨极端气象灾害对深圳市区的易损性和适应性的工作,总之,这方面的实践未来还有待深入开展研究。

7.3.4　灾害风险动态管理

　　近年来,自然灾害发生的频率和强度都在增大,而社会经济的迅速发展又使得灾害破坏所造成的损失进一步加大,自然灾害受到越来越多的关注。当前国内外的减灾组织大都认同综合灾害风险管理是减灾的有效措施。灾害风险评估是风险管理的重要组成部分,也是进行综合风险管理的前提。如果从系统的角度认识灾害,灾害风险则是由风险源、风险载体和人们社会的防减灾措施三方面因素相互作用而形成的,人们不能确切把握且不愿接受的一种具有不确定性特征的灾害系统状态。可以把灾情理解为灾害系统中各承灾体状态的变化,一定意义上,灾害风险评估可以理解为不同情景下区域灾情的预测。

　　当前国内外灾害风险评估主要侧重于灾害风险指标的选取,然后赋予不同的权重,建立基于概率统计的灾害风险评估模型进行静态评估。这类评估方法一般借助GIS 工具,输入致灾因子的危险度指数、承灾体的脆弱性指数等灾害系统数据,利用GIS 空间叠加分析,绘出区域分等级的风险区划图。这种评价模型能科学评价区域灾害风险总体特征,为区域经济可持续发展提供参考;但由于不能体现灾害系统中各因素的相互作用和形成灾情的内在机理,缺少灵活性和可靠性,不能动态地表现灾害风险的变化,降低了灾害风险评估在灾害管理中的作用。

　　风险动态评估主要体现在两个方面上:

　　(1)评估方法上:能根据环境和自身状态的改变,对原有风险评估预期做出调整。这是动态风险评估的内涵,只有在方法上能实现自我优化,才能做到对外部环境变化的实时评估,才能真实地反映灾害系统的复杂性。

　　(2)评估工具上:能实现区域内各种风险情景下风险评估结果的自动化。这是对动态风险评估的应用性要求,就是要使评估工具的设计具有通用性、灵活性。

　　灾害动态风险评估模型要能在微观上表现出灾害系统各主体之间的相互关系,反映区域常态被不同灾种扰动后居民、工程设施、经济、社会等方面的变化,并且要说明在特定的时间范围内变化的可能性有多大。与静态评估不同,动态风险评估不是各风险要素发生概率和权重的叠合,而是多灾种不同风险情景下灾害系统状态变化的分析。

7.4　气象灾害应急管理

气象灾害应急管理是有效组织可利用的一切资源应对灾害事件的过程。我国是气象灾害频发国家,气象灾害的频繁发生给人民群众的生产和生活带来了严重影响和破坏。因此,为提高我国预防和减轻气象灾害的能力,加强气象灾害应急管理是非常必要的。经过不懈努力,我国基本上建立了轮廓清晰的行政应急体系。我国的应急管理体系由"一案三制"构成,"一案"即国家突发公共事件应急预案,"三制"为应急管理体制、运行机制和法制。应急管理体制主要指建立健全集中统一、坚强有力、政令畅通的指挥机构;运行机制主要指建立健全监测预警机制、应急信息报告机制、应急决策和协调机制;而法制建设方面,主要通过依法行政,努力使突发公共事件的应急处置逐步走上规范化、制度化和法制化轨道。本节按照应急体系的构成,介绍我国气象灾害应急管理的预案与法制、应急管理体制和运行机制,以及在应急救援过程中应急管理体系的运作。框架结构如图 7.1 所示。

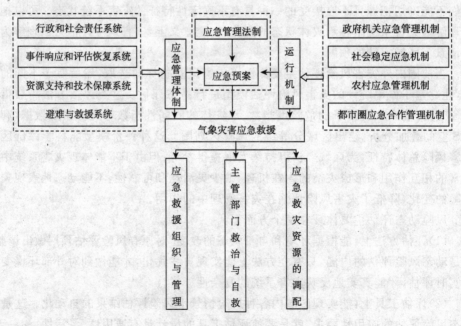

图 7.1　应急管理体系框架

7.4.1　制度建设

一般而言,应急管理体系的核心内容是"一案三制",其重点是深化预案,健全体制、完善机制、加强法制。本节主要介绍我国气象灾害应急管理预案与法制的建设现状及应用情况。

(1)气象灾害应急管理条例现状

气象灾害的特点一般是种类多、范围广、频率高、持续时间长、群发性突出、连锁反应显著和灾情重等。近年来,我国经济发展迅速并取得了巨大成就,但同时我国也是洪涝、暴雨、干旱和台风等气象灾害频发地区,其在一定程度上给国家和社会造成巨大损失。当出现和发生危害或可能危害人民生命和财产安全的气象灾害时,必须紧急启动应急预案并实施应急行动。国内和国际社会的法律调控中对此特别关注和重视。

中国气象局高度重视气象应急管理工作,抢抓机遇,建立应急机构、完善应急预案和应急工作机制。一般而言,气象灾害的应急预案主要包括政府专项预案、部门预案以及气象服务预案等。目前我国颁布的关于气象灾害应急管理方面的条例主要有《重大气象灾害预警应急预案》、《国家防汛抗旱应急预案》、《突发气象灾害预警信号发布试行办法》、《国家自然灾害救助应急预案》、《中国气象局重大突发事件信息报送标准和处理办法》、《气象灾情收集上报调查和评估试行规定》和《农业重大自然灾害突发事件应急预案》等,此外,中国气象局颁布了第十六号令《气象灾害预警信号发布与传播办法》。我国编制的气象灾害应急管理条例,是在突发公共事件应急管理工作实践基础上,紧密结合国情特点组织编制的,充分体现了以人为本、减少危害,居安思危、预防为主,统一领导、分级负责,依法规范、加强管理,快速反应、协同应对,依靠科技、提高素质的工作原则。

我国各省、区、市也根据自身实际情况颁布了关于气象灾害应急管理的条例,市、县级应急管理条例根据国家和省级颁布的应急预案并结合本地区的实际情况制定。这些应急预案的发布实施,对于保证各省市应急工作高效、有序进行,全面提高我国应对气象灾害的综合管理水平和应急处置能力,最大限度地减少或者避免气象灾害造成的损失,维护社会稳定,保障经济社会持续健康发展等都具有十分重要的意义。目前国家以及各省、区、市气象灾害应急管理条例颁布的情况见表 7.2。

表 7.2　气象灾害应急管理条例

预案发布地区	具体气象灾害相关预案和条例
国家	《重大气象灾害预警应急预案》、《国家防汛抗旱应急预案》、《突发气象灾害预警信号发布试行办法》、《国家自然灾害救助应急预案》、《气象灾害预警信号发布与传播办法》、《中国气象局重大突发事件信息报送标准和处理办法》、《气象灾情收集上报调查和评估试行规定》、《农业重大自然灾害突发事件应急预案》等

（续表）

预案发布地区	具体气象灾害相关预案和条例
各省、区、市	《上海市处置气象灾害应急预案》、《江苏省气象灾害防御条例》、《江苏省气象灾害应急预案》、《浙江省气象灾害应急预案》、《浙江省雨雪冰冻灾害预案》、《福建省气象局重大气象灾害预警应急预案》、《广东省气象灾害应急预案》、《深圳市气象灾害应急预案》、《山东省气象灾害应急预案》、《河北省气象局气象灾害应急预案》、《辽宁省气象灾害应急预案》、《山西省气象灾害应急预案》、《内蒙古自治区重大气象灾害应急预案》、《安徽省暴雪灾害应急气象服务实施方案》、《安徽省防台风工作应急预案》、《安徽省防汛抗旱应急预案》、《江西省气象灾害应急预案》、《河南省气象灾害防御条例》、《湖北省重大气象灾害预警应急预案》、《湖南省重大气象灾害预警应急预案》、《广西壮族自治区重大气象灾害预警应急预案》、《贵州省气象灾害应急预案》、《四川省重大气象灾害预警应急预案》、《甘肃省气象灾害应急预案》等

（2）气象灾害应急管理条例应用情况

我国作为一个气象灾害多发国家，洪涝、暴雨、干旱和台风发生频率较高。在气象灾害突发时，气象灾害管理应急条例就要启用，以此来减少各种气象灾害所带来的损失。这些条例的实施，为政府和气象局等相关部门应对突发气象灾害提供了一定的参考和依据，同时预案还起到了明确组织机构与职责、预警和预防机制、分级应急响应、指挥与协调的具体程序和流程的指导作用。

2008年初在南方地区发生的低温雨雪冰冻灾害是全国性的重大气象灾害，给全国的社会和经济带来了很大程度的损失。在此次低温雨雪冰冻灾害中，我国气象灾害预警应急预案在实战中得到了检验。灾情发生后，中国气象局分别于2008年1月25日、27日启动重大气象灾害预警应急预案的三级、二级应急响应。在此前后，交通、民政等部门也相继启动了各自的应急预案。《重大气象灾害预警应急预案》是按照《国家突发公共事件总体应急预案》的要求，根据国务院的统一部署，由中国气象局组织编制，在征求国家发展改革委、商务部、民政部、财政部、公安部、交通部、建设部、水利部、农业部、国土资源部、卫生部、环保总局、广电总局、信息产业部、电监会、中央军委法制局等单位意见的基础上，上报国务院审批通过。应对这次暴雪天气，中国政府、中国气象局和南方各省气象局都是严格按照预案执行。可以说，应对此次低温雨雪冰冻灾害，应急预案是有效的，而且基本执行到位。应急预案给气象局等各部门的政策实施提供一定的参考和依据，通过应急预案的启动执行，我国在一定程度上降低了此次低温雨雪冰冻灾害所带来的损失。此次预案的实行缓解了雪灾给航天、道路、海运等交通运输带来的压力，同时应急预案执行后，普及了公众的应急知识，提高了群众的防灾自救能力。可以说，此次低温雨雪冰冻灾害应急预案的执行，调动了气象局、交通部门和农业部门等各部门之间的联动机制，在一定程度上降低了雪灾带来的损失。但这次灾情也暴露了目前国家在应对重大气象灾害方面的诸多不足，最为明显的就是缺乏一个强有力的政府专项应急预案。《重大气象灾害预警应急预案》当初制定时是按政府专项预案申报的,但后来定为部门预案,社会约束力不强,启动后只能规范和检查气象部门内的应急响应情况,无法协调安排相关部门的应急任务,我国亟待制定国家气象灾害应急预案,争取尽快发布我国有关重大气象灾害的政府专项预案。

由于中国大陆海岸线绵延 1.8 万千米,濒临渤海、黄海、东海和南海,共有包括香港和台湾在内的 13 个省、直辖市沿海,因此,中国是台风多发的国家,每年都或多或少遭受台风灾害的影响。2008 年第 13 号台风"森拉克"给浙江、福建、台湾、上海和江苏省的大部分地区带来了大雨大风天气,同时也给这些地区的社会经济活动带来了一定的损失。为了应对此次强台风,中国气象局于 2008 年 9 月 12 日上午立即启动台风Ⅲ级应急响应,9 月 13 日国家防汛抗旱总指挥部副总指挥、水利部部长陈雷宣布启动防汛Ⅱ级应急响应。同时,受 11 日升级为超强台风"森拉克"的影响,各省也启动应急响应,如浙江省于 11 日 16 时发布大浪警报,12 日晚防汛抗旱指挥部启动了防汛应急Ⅱ级响应,全省各地迅速开展各项防御准备工作。同时气象局还要求各业务岗位要针对此次台风过程及其可能带来的大风、降水等灾害的影响,按照台风应急预案全程做好实时监测、滚动预报、准确预警、业务监控、跟踪服务和影响评估工作。可以说,此次我国在应对全国第 13 号强台风时启动应急预案是及时有效的,应急预案给各部门的防灾减灾工作提供了参考依据,使其有效应对台风所带来的暴雨和大风等灾害天气以及这些天气所带来的附加灾害。总之,此次预案的及时启动把"森拉克"台风带给沿海各省的损失降到了最低。

通过以上两个例子,我们可以看出目前我国政府以及气象局在面对气象灾害时,可以及时有效地启动应急预案,减少气象灾害带来的损失。总的来说,应急预案发挥了其基本功效,实施情况良好。

7.4.2　管理体制

针对我国气象灾害的特点和根据《国家突发公共事件总体应急预案》、《重大气象灾害预警应急预案》、《国家自然灾害救助应急预案》等法律法规,我国气象灾害的应急体制包括四个方面的内容,即责任系统、事件响应与评估恢复系统、资源支持与技术保障系统以及避难与救援系统。四个系统之间的关系如图 7.2 所示。

在气象灾害应急管理过程中,行政和社会责任系统界定了应急管理的主体及其关系;事件响应与评估恢复系统和避难与救援系统是应急实施和现场处置层;资源支持与技术保障系统则保证了应急管理的有效进行。四个系统构成了一个完整的应急管理体系。

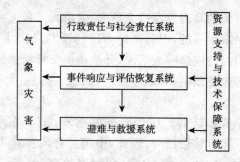

图 7.2　应急体制四系统关系框架

（一）行政责任与社会责任系统

1. 行政责任系统

行政责任系统主要包括法律和制度上与应急管理相关的政府机关、事业单位等组织，我国灾害应急体制在相关的法律法规中都有明确规定。本节只介绍气象灾害预警应急组织体系及职责，其他层面上的应急组织体系及职责可参看《国家突发公共事件总体应急预案》和《国家自然灾害救助应急预案》。

根据《重大气象灾害预警应急预案》的规定，气象灾害预警应急组织体系为：各级气象部门成立重大气象灾害预警应急领导小组及工作机构。其主要职责为：气象灾害的监测、预报预测、警报的发布，及时有效地提供气象服务信息；为各级政府组织气象防灾减灾提供决策依据和建议；组织开展气象及衍生灾害的部门联合会商和信息共享工作；负责气象灾害信息的收集、分析、评估工作；组织实施增雨（雪）、消雾、防雹、防霜等人工影响天气作业。

各有关部门按照各级政府的统一部署和各自职责配合做好重大气象灾害预警应急工作。负责向气象主管机构及时提供水文、风暴潮、地质灾害、环境监测、病情发展监测、人员死伤情况等相关信息；及时播发灾害监测、预报、警报信息；保证气象应急保障所需的通信线路、道路交通、电力供应等正常或畅通；调度重大气象灾害气象服务应急资金以及应急拨款。

2. 社会责任系统

社会责任系统牵涉到应急管理中没有法定责任归属的弱相关主体，其构成基础以及维持结构的核心是道德观念、公众舆论、媒体宣传等。由国家民政部门或省、区、市民政部门牵头，组建特别重大和重大气象灾害应急处置志愿者队伍，事件发生后，积极开展自救互救。积极提倡和鼓励企事业单位、社会团体和个人捐助社会救济资金。红十字会、慈善基金会等公益性社会团体及组织广泛动员和开展互助互济和救灾捐赠活动，加强与国际红十字会等国际有关组织的交流与合作，积极吸纳国际捐赠救助款物。

（二）事件响应与评估恢复系统[①]

事件响应与评估恢复系统是指导行政和社会责任系统有效应对气象灾害的核心单元，包括应急管理的信息收集与加工子系统、预警与现场调度子系统、灾难评估子系统、灾难恢复重建子系统等组成部分。各自所应起到的作用分别如下：

1. 信息收集与加工子系统是响应系统的神经末梢。主要负责收集突发事件的所有相关信息，对信息进行加工处理。提取有效信息，摒弃冗余信息，将有效信息传输给各个重要的需求单元（包括预警系统和决策者等）。

2. 预警与现场指挥子系统是响应系统的前沿机关。主要负责监控关键信息与数据，对事件发生和发展状况进行预警，辅助决策者对应急现场处置进行指挥调度和协调。

3. 灾难评估系统是响应系统的决策支持。主要负责灾前预测性评估，灾中可挽救性、可恢复性、可减缓性评估，灾后实测性评估。

4. 灾难恢复重建子系统是响应系统的后期处置。主要负责受灾人员的安置与赔偿等，受灾财物资的补给与再造等，受灾区域正常秩序的恢复、受灾人员的心理恢复等。

（三）避难与救援系统

1. 救援系统

公安、消防、医疗卫生等抢险队伍，是我国气象灾害的基本抢险救援队伍。其他专业性救援队伍，除承担本灾种抢险救援任务外，根据需要和上级指令，同时承担其他抢险救援工作。一旦发生特别重大或重大气象灾害，公安、消防、医疗卫生等抢险队伍迅速赶赴现场，立即组织全力以赴、争分夺秒地救援，防范事态扩大，消除次生灾害，努力减少损失。在充分发挥基本抢险队伍作用的同时，积极组织和借助社会资源，建立各类社会化、群众性救援队伍，形成以专业队伍为主体、群众性队伍为辅助的应急抢险救援队伍网络。合理部署和配置各类抢险救援队伍，制订各类应急处置专业技术方案，配备先进救援装备，开展专业技能培训。定期组织跨部门、跨行业的突发公共事件应急处置演练，加强组织协同和各专业保障，提高队伍快速反应和协同作战能力。

当需要中国人民解放军和中国人民武装警察部队执行抢险救灾任务时，按有关规定请求军区、武警总队执行抢险救灾任务。

2. 应急避难场所

根据我国可能发生的气象灾害种类、规模和危害程度，以及现有各省市县人员空间分布等现状，编制完成省、市、县气象灾害应急避难场所专项规划。完成包括省、

---

①　陈安，上官艳秋等．现代应急管理饰制设计研究．中国行政管理，2008,(8):81-85.

市、区县级公园、学校操场、体育场等所有大型避难场所的配套设施建设工作,基本满足群众疏散避难需要。同时,开展已建应急避难场所空间分布、容纳能力、疏散路线、疏散有效时间等评价,并加强对场地内基础设施、疏散设备、灾民安置等的规范管理。

(四)资源支持与技术保障系统

资源支持和技术保障系统是保障应急救援有效进行的基础。资源支持子系统与技术保障子系统相互联系、相互补充,为气象灾害的应急处置提供了支持和保障。

1. 资源支持系统

资源支持系统主要是指应急资源的布局、配置、调度和补偿等,包括人力、物资、财产、心理等方面的支持。由于在气象灾害发生时可利用的应急资源是随机的,发生灾害的类型、灾害的发生发展和特性也是随机变化,所以要根据不同类型的气象灾害储备好应对这些灾害的人力、物质、财产和心理等不同类型的应急资源。

民政厅等有关部门会同事发省级人民政府及地市级人民政府做好受灾群众的基本生活保障工作,确保灾区群众有饭吃、有水喝、有衣穿、有住处、有病能得到及时医治。

2. 技术支持系统[①]

技术保障系统主要是软件层面的技术保证和技术维护,主要有信息技术保障、通讯技术保障、检测技术保障、监测技术保障、备份技术保障等。信息技术保障能及时高效地采集、加工和传输事件的发生发展状态;通讯技术保证现场与后方的指挥调度者可以轻松的沟通、协调,合力进行有条理的应急处置;检测、监测技术保障使得关于灾害的关键信号能被及时发现和识别,提高预警的准确性;备份技术保证灾害前的状态能够以类似于"镜像"的形式保存下来,万一工程防御系统无法使受灾体免受冲击,则事后也可以比较高效地恢复还原灾害前的关键数据与对象。

7.4.3　运行机制

按照《国家突发公共事件总体应急预案》的要求,各级气象部门要不断制订和完善气象灾害应急预案,明确各灾种的应对措施和处置程序,建立监测预警、信息通报及播发、部门及社会公众防御指南、社会救助等协调联动的运行机制,形成更有利于各部门各司其职、各负其责、通力协作、统一有效的重大气象灾害应对体系。下面分别介绍气象灾害应急管理机制的建设与联动机制实施。

(一)气象灾害应急管理机制的建设

气象灾害给生态、环境、社会、经济带来诸多问题。因此,重大气象灾害可能带来灾难性后果,是一种具有紧急性和社会性的危机。因此气象灾害应急管理不仅仅是

---

① 陈安,上官艳秋等. 现代应急管理体制设计研究[J]. 中国行政管理,2008,(8):81-85.

气象局一个部门的专业工作,而是整个政府部门必须参加和负责的重要行政事务之一。下面将介绍我国由气象灾害引发的社会危机管理机制建设情况。

1. 政府机关应急管理机制建设

政府是气象灾害的主管部门,起主导作用。目前,我国已初步建立了自身的政府应急管理机制。我国政府部门灾害应急救助的工作机制主要包括以下几个方面的内容:

(1)民政系统的灾情报送工作机制。《国家自然灾害救助应急预案》(以下简称国家预案)规定:县级民政部门对于本行政区域内突发的自然灾害,凡造成人员伤亡和较大财产损失的,应在第一时间了解掌握灾情,及时向地(市)级民政部门报告初步情况,最迟不得晚于灾害发生后两小时。对造成死亡(含失踪)10人以上或其他严重损失的重大灾害,应同时上报省级民政部门和民政部。地(市)级民政部门在接到县级报告后,在两小时内完成审核、汇总灾情数据的工作,向省级民政部门报告。省级民政部门在接到地(市)级报告后,应在两小时内完成审核、汇总灾情数据的工作,向民政部报告。民政部接到重、特大灾情报告后,在两小时内向国务院报告。

(2)灾情监测机制。国家预案规定:在重大自然灾害灾情稳定之前,省、地(市)、县三级民政部门均须执行24小时零报告制度。县级民政部门每天9时之前将截止到前一天24时的灾情向地(市)级民政部门上报,地(市)级民政部门每天10时之前向省级民政部门上报,省级民政部门每天12时之前向民政部报告情况。特大灾情根据需要随时报告。

(3)灾害应急联络机制。民政系统以电话83559999为枢纽建立灾害应急联络系统,为各级政府、各级领导提供一个重要联络平台。

(4)灾害应急响应启动机制。国家预案规定:按照"条块结合,以块为主"的原则,灾害救助工作以地方政府为主。根据突发性自然灾害的危害程度等因素,国家设定四个响应等级。灾害发生后,乡级、县级、地级、省级人民政府和相关部门要根据灾情,按照分级管理、各司其职的原则,启动相关层级和相关部门应急预案,做好灾民紧急转移安置和生活安排工作,做好抗灾救灾工作,做好灾害监测、灾情调查、评估和报告工作,最大程度地减少人民群众生命和财产损失。

(5)24小时救助到位与中央应急救助机制。24小时救助到位是指县民政局给政府报告并组织实施救助,保证24小时内给予转移的群众以到位的救助。然后要求24小时内由省(区、市)民政厅(局)和财政厅向民政部和财政部申请应急救助资金,中央履行责任,尽量地将资金三天到位。

(6)灾后恢复重建的工作管理机制。国家预案规定:灾后恢复重建工作坚持"依靠群众,依靠集体,生产自救,互助互济,辅之以国家必要的救济和扶持"的救灾工作方针,灾民倒房重建应由县(市、区)负责组织实施,采取自建、援建和帮建相结合的方式,以受灾户自建为主。建房资金应通过政府救济、社会互助、邻里帮工帮料、以工代赈、自行借贷、政策优惠等多种途径解决。房屋规划和设计要因地制宜,合理布局,科学规划,充分考虑灾害因素。

(7)春荒冬令救助管理机制。一般每年的 3 月到 5 月,叫"春荒救助",每年的 12 月到次年 2 月,叫"冬令救助"。国家预案规定:冬令(春荒)灾民救助全面实行《灾民救助卡》管理制度。对确认需政府救济的灾民,由县级民政部门统一发放《灾民救助卡》,灾民凭卡领取救济粮和救济金。

(8)减灾备灾的工作指导机制。国家预案从七个方面规定了应急准备的内容:资金准备、物资准备、通信和信息准备、救灾装备准备、人力资源准备、社会动员准备、宣传、培训和演习准备。

2. 社会稳定应急机制建设

我国始终贯彻"稳定压倒一切"的方针,积极探索,不断总结经验,在处置突发事件、化解社会矛盾方面形成了一整套的应急机制。其具体做法是建立情报机制、建立社会矛盾纠纷排解机制、建立防控机制和建立应急联动机制。同时各省、区、市为快速、高效地处置突发群体性事件,政府从全局出发,充分利用现代高科技手段,积极规划,建设统一、高效、反应敏捷、安全可靠的应急联动指挥中心,应急联动中心以公安机关为依托和 110 报警服务台为主体,民政、医疗、供水、供电、信访、外办等政府职能部门共同参与,着力强化预案准备、指挥、决策、救援、后勤保障等各个环节,应对突发事件的能力进一步提高。

3. 农村应急管理机制建设

由于相对于城市而言,农村经济文化发展水平较落后,因此,农村应急管理机制建设较薄弱。例如,我国农业大省安徽,是农业气象重灾省之一,安徽省政府及各部门高度重视农业气象减灾防灾工作。气象部门为了做好农业气象灾害防灾减灾工作,采取了多种措施,如:通过加强监测站网的建设,进一步提高对灾害监测的能力;建立综合数据库和信息传输发布平台,提高防灾减灾信息发布能力;加强对灾害影响的评估,为政府和有关部门科学抗灾救灾提供技术支持;加强预测预报服务,以提高灾害的应急响应能力;提供灾害防御对策服务,以减轻灾害的影响。安徽省防灾减灾工作取得显著成效,提高了农业生产效率。

虽然我国农村应急管理机制建设取得了一定的成绩,但也存在着一些问题。主要是农村基层政府官员知识水平层次不高,其防灾救灾的危机管理意识薄弱,同时农村设立的部门相对于城市来说较少,各部门之间的联动也相应较少。因此,农村应急管理机制建设应在自身实际情况的基础上,借鉴城市应急管理机制建设的经验,做到城乡协调,共同建设应急管理机制,并且在加强城乡建设的科学规划中应当把城市中突发性气象灾害的应急管理纳入城市规划之中。

4. 都市圈的防灾应急救援合作管理机制建设

都市圈发展是城市化进程中的高级阶段,目前我国主要形成了三大都市圈,即京津唐都市圈、长江三角洲都市圈和珠江三角洲都市圈,三大都市圈已成为我国最具活力的经济区域。我国都市圈的防灾应急救援合作管理机制取得了一定成绩,但其存在一些问题,主要是区域联动机制尚未完善,协调能力不强,缺乏统一有力的区域联动指挥调度平台。因此,要确保大都市圈的安全功能,建立京津唐都市圈、长三角都市圈等的应急合作体系。

(二)应急管理多极联动机制的实施

合理的灾害救援管理可以有效降低灾害带来的损失,而灾害救援涉及诸多部门,任何一个单独的政府机构都不能独立完成救灾任务,需要各部门的切实合作和多级联动才能使各项救灾活动有条不紊地进行。气象部门要与政府、交通、电力、环保和安全监管等部门合作,各部门相互联系,共同建立政府主导,各部门联动的气象灾害应急管理机制。

1. 铁路公路航空水路以及城乡交通应急联动

灾害发生后,交通运输保障是对灾害救援的一项严厉考验。必须要发挥各级交通运输部门的应急联动能力来进行救灾物资的调运和受伤人员的转移。

(1)交通工具的调配

各交通运营部门应在救灾指挥部的领导下及时抽调车辆和人员以有力保障救援物资的运输、人员的紧急输送和群众的安全转移。在必要情况下,组成专业运输队伍,征用车辆、船只抢运。

(2)运输保障

灾害使得路况使用能力下降,交通部门应及时清查路面状况,对危险路面要及时派遣维护人员进行抢修,以利于公路运输的有效进行;对于相对混乱的路段,交通和公安部门要派人员进行交通管制,保证路面通畅。对于航空、铁路等运输工具,要开辟临时专用航线或铁路运输专线,享有资源的优先使用权,以使救援物资及时抵达和人员及时运输。

(3)各运力的优势发挥

航空运输速度快,时效性强,可以及时将救灾急需物资、设备运送到灾害现场,保证救灾工作的及时顺利进行。铁路运输运量大,专线运营,国内铁路运线遍布,对灾害救援是个有力的保障。公路运输面广,可以实行任意点对点的运输,可以保证救灾救援的深入。同时要合理调度运力,优先调运灾区急需物资、设备和人员,使灾害期间运输能力得到最大发挥。

(4)通力合作,保证运输任务的完成

由于灾情紧急,各运输单位需要成立交通应急协调小组,合理地分配救灾物资的运送、保障以及人员的输送。建立统一的信息共享制度,保证各运输单位的运输协调及方案的合理化制定,避免运力不足或重复的现状。合理的铁路公路航空水路以及城乡交通应急联动才能保证救灾物资的应急运输与投放,才能降低灾害造成的损失,保证人民的生命财产安全。

2. 商务部门

当灾害来临时,国家、省级及各市级商务部门应当在救灾指挥部的领导下,及时启动生活必需品保障供应预案,保障生活必需品的紧急调运与供应;还要担负起市场监管的重任,保证市场秩序的正常进行及社会的稳定,促进商务应急体制的不断完善。因此,商务部门应当做到以下几点保证救灾活动的进行。

(1)成立应急小组并制定紧急预案

灾害发生后,商务部门应立即成立生活必需品应急管理小组并紧急制定生活必需品的供应预案。该小组可下设生活必需品调运供应、市场预测及市场稳定等小组。预案就组织领导、责任分工、生活必需品的储运和供应,维护市场供应和秩序、责任追究等作明确的规定。根据预案,对灾区所需物品种类及数量进行就近准备,对物品不全或数量不足的物资要快速补齐,特别是饮用水、粮油、帐篷等灾后生活必需品的需求。

(2)生活必需品的储运及供应

生活必需品的储运及发放对于救灾管理是重要的一环。要将各地区大型超市、重点商户、国有粮食准备库等作为平时的物资储备中心,定时检查库存情况,以防灾情的突然发生对物资的紧急需求。对于灾后物资的需求,要做到保质保量地立即就近清查准备装车起运以保障救灾行动的顺利进行。对于灾后市场,要加大灾后急需物资的投放,稳定市场价格。

(3)市场秩序监管及维护

自然灾害发生后,商务部门应该按照国家法律法规赋予的职能,配合相关职能部门,依法依规打击哄抬物价,以次充好,囤积居奇等破坏市场秩序的行为,尤其在猪肉市场供应、酒类流通、成品油监管方面发挥主体执法作用,在保证市场供应的同时,也净化流通市场秩序,保证灾后的社会稳定。

3. 城乡住房部门

为保证灾后房屋受损倒塌群众的住房重建工作有力、有序、有效开展,帮助受灾群众早日重建家园,城乡住房部门应该做到:

(1)失去住房的居民临时安置工作

对于灾后失去住房的群众,做好他们的临时安置是城乡住房部门救灾工作的重中之重。可以根据人数和时间紧急等限制条件安排受灾群众在学校等室内临时居住,对于人数较多等情况,也可搭建帐篷等作为室外居住。并且要做好安置的水、电、食品、衣物等生活必需品的供应或发放,做到灾民的衣食无忧。

(2)救灾抢险与应急灾害评估

受灾地区住房城乡建设主管部门要尽快组织力量开展应急评估,对受损建筑物和构筑物进行初步鉴定,评估受损程度,并划定基本安全、危险、需要进一步鉴定的建筑物。对基本安全的建筑可允许继续使用;对危险建筑物和构筑物,要立即设置警示标志,并及时组织排险。灾区及周边住房部门要积极动用机械设备、组织大型建筑公司对灾区实施救援工作。

4.国土资源部门

气象灾害一旦发生,国土资源部门要立即行动起来,在抢险救灾指挥部的领导下完成灾情排查、次生灾害防治、灾情评估、及灾后管理的相关救灾行动。可在以下几个方面进行行动落实。

(1)减灾排灾

灾害发生后,国土资源部门要立刻着手结合当地的实际情况,因地制宜,重点突出地进行地质灾害的巡查排查工作。特别是要逐一排查城镇、乡村等人口密集区和江河流域、交通干线、重要设施等重点区域的地质灾害隐患,不留死角。对发现的地质灾害隐患点,要迅速作出危险性判断,及时划定地质灾害危险区、易发区,设置相应的警示标志,并逐一制定应急预案,落实监测、报警、人员疏散、应急抢险等各项措施。对存在严重威胁的地质灾害隐患点,要实行全天候的专人监测,必要时应采取应急避险措施,确保人民群众生命财产安全。

(2)次生灾害防治

受灾后,发生新的地质灾害的可能性变大,对灾区群众的生命财产安全构成新的威胁。相关国土资源部门要组织人员核实灾情险情,对可能出现的次生灾害进行灾害评估,对可能出现的次生地质灾害做出可行性分析研究并提出合理化防治建议。

(3)做好气象地质灾害的预报

地质部门要和气象、水利等部门密切协作,充分运用各自的监测网络,密切监测气象、水文、地震和地质灾害发展趋势,建立信息共享和会商机制,及时作出科学准确的分析判断,并通过广播、电视、报纸、手机短信等多种途径发布地质灾害预警预报信息。在地质灾害易发区,要加密预警预报的频次和范围,扩大覆盖面,提高针对性,增强时效性,对受灾群众集中安置点、重要的交通运输线和设施,要作出专项预报,使相关地区和人员及时作好避灾减灾措施。

5.慈善机构

随着经济的飞速增长、社会和个人财富积累的日渐丰富、企业和公民慈善意识的不断提高,我国的慈善事业正逐渐走上正轨,慈善组织迅速发展。事实也证明,许多慈善机构在灾害发生后通过自身的力量在开展慈善救济方面发挥了重要作用。主要表现在：

（1）动员非慈善类民间组织投身灾害救助。广大非慈善类民间组织为整合慈善资源增强了力量，并且非慈善类民间组织能独立地实施自己的计划，保持自己的价值取向和发展方向，真正代表社会弱者的声音和权益，发挥慈善资金的最大作用。

（2）积极组织民间救灾。以前救灾过程中，政府承担着很大的责任，因此，要改变政府挑大梁的责任现状，积极动员组织民间救助力量，捐款、捐物，救援灾区，可以在一定程度上弥补社会补助和社会救济的不足，使灾害保障能力更加有力地发挥。

（3）有序地组织捐赠活动并合理使用捐赠物品。建立完备的账目、制定合理的统筹分配计划、实行公开透明的运作，监督各项救灾或者各种灾后救援款物的合理有效使用。

7.4.4　组织与管理

前面三节介绍的气象灾害应急预案和法律法规的制定、应急管理体制和运行机制的设立都是为了减少气象灾害给人民生产生活带来损失。当气象灾害发生时，应根据"一案三制"的要求规范化、合理化、科学化地快速开展应急救援工作。

（一）应急救援组织与管理

1. 应急救援指挥体系

在国家层面上，应急救助的领导系统主要是国务院统一领导下的国家减灾委员会，从 2005 年开始，明确定位为国家自然灾害救助应急综合协调机构。该组织机构中由一名国务院副总理担任主任，另外，还设有若干副主任，共有 34 个国务院的部、委、办、局和军队及红十字会等组织参加，减灾委的秘书长是民政部主管救灾工作的副部长。减灾委员会的办公室设在民政部，所以，在各级政府系统中，管理自然灾害应急救助的行政部门主要是民政部、省级的民政厅、地区和县级的民政局。

国务院为了应急工作协调方便，设立了减灾委办公室，并设立了全国抗灾救灾综合协调办公室，都设在民政部。主要职责是：承担减灾和全国抗灾救灾综合协调工作；协调有关部门听取受灾省份的灾情和抗灾救灾工作汇报；收集、汇总、评估、报告灾害信息、灾区需求和抗灾救灾工作情况；协调有关部门落实对灾区的支持措施；召开会商会议，分析、评估灾区形势，提出对策；协调有关部门组成赴灾区联合工作组，协助、指导地方开展抗灾救灾工作。为了指挥、组织、实施好灾害的应急救助，保证机构的顺利运转，在国家层面上设立了四个机构：一是国家减灾委办公室，二是全国抗灾救灾综合协调办公室，三是救灾救济司，四是国家减灾中心。

2. 救援实施计划

根据我国《重大气象灾害预警应急预案》，按照灾害性天气气候强度标准和重大气象灾害造成的人员伤亡和财产损失程度，确定为四级预警，对于不同等级的气象灾害预警我国采用分级响应制。

(1)重大气象灾害预警等级划分与启动

Ⅰ级预警。在某省(区、市)行政区域或者多省行政区域内,气象主管机构所属气象台站预报预测出现灾害性天气气候过程,其强度达到国务院气象主管机构制定的极大灾害性天气气候标准的。或者地质灾害气象等级达 5 级、森林(草原)火险气象等级达 5 级。由国务院气象主管机构主要负责人向发生地的省级气象主管机构和国家级气象业务单位发布启动内部相关应急程序的命令,并报国务院。

Ⅱ级预警。在某省(区、市)行政区域内,气象主管机构所属气象台站预报预测出现灾害性天气气候过程,其强度达到国务院气象主管机构制定的特大灾害性天气气候标准的。或者地质灾害气象等级达 4 级、森林(草原)火险等级达 4 级。由该省级气象主管机构主要负责人向发生地的地级气象主管机构和省级气象业务单位发布启动内部相关应急程序的命令,并报本级人民政府和国务院气象主管机构。

Ⅲ级预警。在某省(区、市)行政区域内,气象主管机构所属气象台站预报预测出现灾害性天气气候过程,其强度达到国务院气象主管机构制定的重大灾害性天气气候标准。或地质灾害气象等级达 3 级、森林(草原)火险气象等级达 3 级。由该地级气象主管机构主要负责人向发生地的县级气象主管机构和地级气象业务单位发布启动内部相关应急程序的命令,并报本级人民政府和省级气象主管机构。

Ⅳ级预警。在某省(区、市)行政区域内,气象主管机构所属气象台站预报预测出现灾害性天气气候过程,其强度达到国务院气象主管机构制定的较大灾害性天气气候标准,或地质灾害气象等级达 2 级、森林(草原)火险气象等级达 2 级。由该县级气象主管机构主要负责人向本级气象业务单位发布启动内部相关应急程序的命令,并报本级人民政府和地级气象主管机构。

(2)重大气象灾害应急响应

一级响应:国务院气象主管机构发布一级启动命令后,各级有关气象主管机构及其业务单位应当启动相应的应急程序。

二级响应:省级气象主管机构发布二级启动命令后,省级气象主管机构及其所属各气象业务单位和有关地、县两级气象主管机构应当启动相应的应急程序。

三级响应:地级气象主管机构发布三级启动命令后,地级气象主管机构及其所属气象业务单位和县级气象主管机构应当启动相应的应急程序。

四级响应:县级气象主管机构发布四级启动命令后,应当启动相应的应急程序。

3. 现场临时指挥部

我国的灾害救援指挥为行业指挥模式,由各部门分别指挥本行业的灾害救援工作,并协调相关部门进行支援。对于需要多个部门参与的紧急救援,则由主管部门牵头,相关部门与军队参加,组成部际协调机构。对于大规模重大气象灾害的救援,需由国务院组成领导机构进行统一指挥。

4. 专家会商

会商，即双方或多方共同商量。我国在灾害管理方面，基本上建立了一个中央各灾害信息管理部门的灾情会商机制——月度灾情会商，一般是每月 2 日左右进行。每个月一般都由民政部牵头，各个部委的有关人员坐在一起进行会商。同时建立了预警预报体系，包括：气象局负责气象灾害的监测、地震局负责地震的监测、水利局负责洪水的预警预报、林业局负责森林和草原的灾情预报、农业部负责农作物的灾情监测、地质灾害由国土资源部负责，然后是民政部。这是我国的灾情会商机制，也是灾情的预警系统，还是中央综合管理的抗灾救灾综合协调机制。每个月都有灾情会商，遇到特大灾害时随时进行会商。

会商重在"商"字，既不同于工作汇报，也不同于工作部署。在灾情会商时，各相关部门要实现预警预报思想的撞击、预报思路的荟萃、预报工具的优化，使灾害预警预报能力和预报准确率不断提升。

(二)主管部门救治与自救

合理的救灾过程管理可以有效降低灾害带来的损失，并且会带来良好的社会和经济效益。如汶川发生的地震灾害，在此次灾害中由于良好的救灾过程管理，使得经济损失、人员伤亡都降到了比较低的水平，同时也取得了比较好的社会效益，赢得了比较高的国际赞誉。因此，在灾害发生后，积极合理有序的灾害救治是一项重大的事项。

1. 政府组织

政府各部门在救灾过程中属于核心部门，需要协调解决救灾人员，资金、物资、装备、通信、医疗等一系列问题。政府部门从上到下需要明确各自的分工，能够在较短的时间里有条不紊地进行各项工作的组织、实施，使救灾工作顺利进行。依据正确评定灾情、及时沟通、预案与紧急处理相结合等原则，果断实施灾害切实可行的救援行动。

2. 基层组织

在气象灾害面前，基层党组织必须以"三个代表"重要思想为指导，按照十七大的要求，在危急关头迅速行动，就地组织带领党员和干部群众实施救援，形成了一个个坚强的战斗堡垒，显示出强大的号召力、凝聚力和战斗力！在救援过程中，基层党组织必须坚持人民利益高于一切，切实保护好广大人民群众的生命和财产安全。

除了党员，共青团员也是一支不容忽视的力量，任何时候他们都是党可以依赖的力量。救灾中他们必定能很好地协助党员完成工作。

3. 群众自救互救

在气象灾害发生时，基层群众的及时自救可以减少大部分人员伤亡和财产损失。

特别是在大型、突发性气象灾害发生时,灾后自救工作尤为重要。

(1)城市社区自救管理

城市的承灾能力一般较强,但对于超出其承灾能力的气象灾害也要提前做好自救的组织、培训、管理工作。

城市社区自救管理工作包括以下几个方面:第一,建立应急防御预备方案,发动社区力量建立应对各种突发性气象灾害的应急预案,并请有关专家进行审核和指导;第二,建立责任小组,负责灾后援助的信息沟通、避险安排和救援组织等工作;第三,建立多种通信联络机制,及时与外界保持联系;第四,建立临时灾后心理咨询小组,负责安抚受灾群众,建立抗灾、救灾信心,积极参与自救,减少生命和财产损失。

(2)乡镇的自救管理

乡镇一般距离城市较远,承灾能力比城市弱,在气象灾害发生时,比较容易受到损害。乡镇也是居民比较集中的区域,所以应该加强乡镇的气象灾害自救管理工作。

乡镇的自救管理工作一般包括以下几个方面:第一,建立比较完善的气象灾害应急预案,由于近些年的经济发展,我国乡镇与城市建设差距较大,在建立应急预案时需要充分考虑到当地的实际情况和气象灾害的发生情况,在专家的指导下,完成气象灾害预案的建设,并定期更新;第二,建立气象灾害自救小组,及时安抚受灾群众,安排、指挥受灾群众的自救工作,并调动当地的救援设施和人员进行自救;第三,保持通信畅通,及时与外界保持联系。

(3)村的自救管理

随着我国城乡发展,农民中外出务工者逐渐增加,现在许多农村常住居民主要为老人、妇女和儿童,如何保证这些人员的安全是村自救管理的工作重点。

村的自救管理工作一般包括以下几个方面:第一,建立灾害自救管理的学习机制,集中组织村中居民学习自救知识,并作适当的演习。第二,在灾害发生时,首先根据预案或临时决定保障人民的生命安全;其次,开展生产、生活自救工作。第三,保持通信畅通,及时与外界保持联系。

7.4.5　救灾资源调配

(一)应急资源配置与布局

应急资源在对事发地点进行资源调度决策时,要考虑其他地方的灾害潜在发生概率及资源需求状况,为其预留资源。根据实际要求,我们应尽量首先满足已出事点,其次再考虑潜在出事点的调运时间。

我国已建立了救灾物资储备和救灾装备系统。从 1998 年开始主要是储备救灾帐篷,现在已经形成制度,从中央到地方共储备有 40 万顶,有 10 个中央级救灾仓库(中央级救灾物资储备点),主要是从沈阳、哈尔滨、天津、郑州、合肥、武汉、长沙、成都、西安,一直到广西的南宁。一些多灾或易灾地区也建立了地方性的救灾物资储备仓库。县级民政部门,特别是贫困县,全部配备了救灾专用车辆。以救灾仓库依托的救灾物资储备网络基本形成。

(二)救灾生命线系统应急管理

灾害一旦发生,灾害应急指挥部应立即建立救灾资源收集中心,物资配送中心和救灾中心,同时根据《重大气象灾害预警应急预案》的分工,责成交通运输组,通信保障组,医疗防疫组,物资供应组,应急资金组,基础设施抢修和应急恢复组,救灾捐赠组等应急工作组具体负责相关事宜。各应急小组在应急指挥中心的统一领导下各司其职,相互协作,如表 7.3。

表 7.3　部分应急小组具体分工

应急小组	组成单位	职责范围
交通运输组	交通、公路、民航、铁路等部门及灾害发生地政府	负责尽快抢修遭受破坏的公路、桥梁、机场、铁路、港口及有关设施,优先保证抢险救援人员、伤员、救灾物资的运输和灾民的疏散。
通信保障组	通信管理局及灾害发生地政府	负责及时组织力量抢修灾区通信设备和线路,保证气象业务通信网络和救灾通信畅通。
医疗防疫组	卫生、防疫、医药等部门	负责迅速组织医疗防疫队伍进入灾区,组建灾区临时医院或医疗所,抢救、转运和医治伤病员;及时检查、监测灾区的饮用水源、食品等,帮助灾区采取有效措施防止或控制疫情;迅速向灾区提供所需药品和医疗器械。
物资供应组	发改委、经贸委、民政厅、粮食局、供销总社等部门及灾害发生地政府	负责做好救灾物资特别是群众生活急需物资的组织、供应、调拨和管理。
应急资金组	财政厅、民政厅、人民银行等部门及灾害发生地政府	负责经省人民政府批准后,及时下拨救灾经费,指导灾区做好救灾款的使用、发放及信贷工作。
基础设施抢修和应急恢复组	建设厅、水利厅、电力公司、交通厅、通信管理局等部门及灾害发生地政府	负责组织力量抢修灾区受损重要水利、电力、通讯、交通等设施及城市供水、供气等市政设施,消除隐患,尽快恢复基础设施功能。
救灾捐赠组	民政厅、外事办公室、外经贸委等部门	负责按灾情和国家有关规定,呼吁国际社会提供援助;做好国内外社会各界的救援物资、资金的接收和安排工作。外事办公室、外经贸委等部门协助做好接收救灾捐赠工作。红十字会负责本系统内的捐赠接收工作。

(三)应急资源的分配

应急资源的分配工作主要包括救灾物资的收集、分类、包装、运输以及救灾物资发放作业。

　　救灾中心是救灾物资的发放点,可设置在有大型空地的广场、学校或体育场,它必须将难民居住活动场所和救灾物资存放点隔离。救灾中心应规划出合适的救灾物资领取进出通道,避免救灾物资发放混乱。救灾物资收集中心主要负责收集社会捐助救灾物资,对捐赠物资进行分类、分级、包装,根据灾区需求实际情况,将灾区需要物资发送,而将灾区不需要物资转交救灾物资储存库备用,将救灾不适宜物资及时处理。通过收集中心的作业方式可以有效提高救灾物资收集效果,避免夏季救灾运送棉衣等一类的无效作业。救灾物资收集中心一般设在远离灾区的未受灾地区,或有大量捐赠物资的集中捐赠地。

　　应急物资送达灾区后由救灾应急指挥中心根据实际情况分配到各个应急小组,政府拨款,金融行业贷款以及各方捐款等组成的救灾专项资金需要存在一个救灾专项账户中并由应急资金组进行严格的管理。应急资金组在下拨资金之前要制定救灾专项资金使用明细表报指挥中心批准后立即拨发到位,按照公平优先的原则确保按需分配,明细要备案以方便查证。在资金使用过程中要不定期地进行核查确保资金使用途径的正确性并及时备案。

　　(四)应急资源的补充

　　灾害发生后,灾害应急指挥部在应急物资储备仓库的物资无法完全满足灾区救援需求时,需要联系救灾物资供应商加紧生产但要保证生产产品的质量。号召社会团体和个人捐赠救灾物资,但应根据灾害发生的地点、季节、灾害严重程度,以及灾区反馈信息,明确物资捐赠重点。灾害发生后,政府在应急物资无法完全满足灾区救援需求时,需要号召社会团体和个人捐赠救灾物资,但应根据灾害发生的地点、季节、灾害严重程度,以及灾区反馈信息,明确物资捐赠重点。在灾害紧急救援期,救灾物资实行定向募捐,重点面向有关生产企业,募集救灾食品、药品等急需物资;在救援中后期,可实行全社会募捐,面向所有企业及家庭募集衣服、生活用具等。同时应及时向国家发出紧急调运中央救灾物资储备仓库救灾物资的请求补充救灾物资。一经批准应立即准备保证运输车辆在两小时之内派出。

7.5　气象灾害灾后管理

　　灾后管理指的是灾害已经发生并得到控制后,人们对灾害造成损失所表现出的处理方法。一般来说,灾后经过初步抢险救灾行动之后,还需进一步对灾区进行灾后援助和恢复重建工作,包括通过社会救灾保险赔偿,争取非灾区人民捐助救济,建立社会互助的灾害救援基金,实施政府援建、邻区援建与国际援建行动等措施,力求减少衍生灾害带来的损失,促进社会生活与经济建设的复兴,是极为重要的减灾社会工程和有效的减灾措施。因此,必须认真抓好灾后恢复重建管理,特别是要组织灾民和支援大军尽快使灾区恢复生产、重建家园。同时,要合理分配、管好用好救灾物资和援建资金,以利于加速促进重灾区灾后重建复兴的进程。

灾后管理是气象灾害应急管理的一个重要组成部分,一般而言一个完整的气象灾后管理系统主要包括三项管理:损失评估、补偿管理和恢复管理。健全的灾后管理体制,有益于建立快速高效的救援队伍,有益于受灾群众的转移和安置,有益于灾区的恢复和重建,有益于提高对突发气象灾害的救助能力,有益于将灾害的损失降低到最低限度。建立以人为本、快速反应的灾后管理体制,对于保障人民的生命和财产安全,构建和谐社会,建立健全现代突发事件管理体制和机制具有重要意义。

7.5.1　损失评估

重大气象灾害会给人们的生产生活带来一定的损失,在此情况下,我们就要进行灾后损失评估。气象灾后损失评估是指气象灾害结束之后对受灾区因灾造成的受灾人口、死亡人数、受灾面积、成灾面积、直接济损失以及洪水灾害对生态和社会经济的影响等方面的调查评估,又称气象灾害灾情评价。气象灾害损失的评估涉及水情、地形、经济、人为等因素,这些因素既相互联系又相互制约,使得气象灾害损失的估算非常复杂。气象灾害损失评估主要包括有形的和无形的损失,而我们一般讨论的主要是有形的损失,即经济损失。灾后评估可以对上报灾情作迅速的统计和分析,同时也可以对上报灾情的可靠性提出评价意见。此外,灾后的损失评估也是灾害损失补偿和灾害保险理赔的重要工作内容。本节主要介绍了气象灾害经济损失的种类、损失评估体系以及基于 GIS 气象灾害损失评价模式。

1. 气象灾害经济损失分类

气象灾害对自然和社会造成的损失是多方面的和复杂的。气象灾害损失的分类是气象灾害损失定量计算的基础。一般来说,根据经济度量把气象灾害损失分为经济损失和非经济损失两大类,区分的标准是能否用经济指标来度量。非经济损失是指无法通过经济指标来度量损失大小的类别,比如人员伤亡、生态环境影响,对于灾害的恐惧感等。经济损失就是指可以用经济指标衡量出气象灾害损失的类别,比如居民财产、公共设施、企业停产减产等。气象灾害损失的本质就是人们社会的经济损失,每一次发生的气象灾害均可以用货币衡量其损失程度。气象灾害经济损失是指因灾害造成的社会经济财产损失,包括直接经济损失和间接经济损失。我们在进行气象灾害损失评估时,考虑的是直接损失和间接损失的总和,两者缺一不可。

一般说直接经济损失是因气象灾害直接造成的物质方面的损失,是一个静态概念,是气象灾害经济损失评估的中心内容。间接经济损失是指生产和服务性活动受阻或中断所造成的经济损失,由直接经济损失带来或派生的损失,是与直接经济相关的动态的概念。直接经济损失表现为实物形态损失,揭示了已有社会财富的减少量。

而间接经济损失则不表现为实物形态的损失,揭示了未来社会生产的下降程度,是一种深层次的经济损失。

气象灾害直接经济损失是气象灾害直接造成的动产和不动产损失之总和,主要表现为实物形态损失,其可以分为:农、林、牧、渔业方面的损失;工、商企业固定资产、流动资产损失及工商企业因停工、停业而少创造的社会财富、减少的净产值;交通运输线路破坏损失和中断运输造成的损失;供电、通讯、输油气、输水设施、管线破坏损失和中断供电供油气、供水及中断通讯造成的损失;面上工程设施水利水电工程和城市各类市政设施破坏造成的损失;城乡居民房屋、财产损失以及文教、卫生、行政、事业单位因气象灾害造成的损失;其他不可预见的气象灾害损失等。

气象灾害间接经济损失是气象灾害间接对社会经济影响造成的损失。间接损失主要包括以下部分:灾害抢险、抢运物资、灾民救护、转移、安置、救济灾区、开辟临时交通、通讯、供电与供水管线等的费用;由于气象灾害造成的区内工商企业停产、农业减产、交通运输受阻或中断,致使其他地区工矿企业因原料供应不足或中断而停工或产品积压造成的经济损失,以及因灾害区外工矿企业为解决原材料不足和产品外运绕道运输而增加的费用等造成的“地域性波及损失”;气象灾害过后,原灾害区内重建恢复期间农业净产值的减少原灾害区与影响区工商企业在恢复期间减少的净产值和多增加的年运行费用恢复期间用于救灾与恢复生产各种费用支出,即“事件后效性波及损失”。

2. 气象灾害损失评估体系

气象灾害损失评估是一个既复杂而又系统的过程,每一步骤都有特定的内容,每一步都要认真、仔细。从系统论的角度出发分析,气象灾害损失评估也是一个系统,它由损失评估数据库、损失评估指标、损失评估模型三个部分组成。

(1)损失评估数据库

气象灾害损失评估数据库是指与气象灾害损失评估相关的各种数据资料的搜集、存储及运算。它包括四个子部分:一是环境条件数据库系统,包括地理位置、气象信息等方面的数据资料;二是气象灾害损失历史数据库,包括往年和历史上的同类灾度损失的历史资料,其主要为评估现阶段的灾害损失服务;三是承灾体数据库,包括人口数据库资料、物质财富数据库资料等;四是社会经济发展数据资料。

数据库系统主要包括信息源、预处理与存储、应用支持等。建立一个完整的数据库主要有三个步骤:首先应运用各种统计方法收集现有的或历史的数据资料;其次是对收集的数据资料进行可靠性的检验和标准化的编码并存储,以便及时获得相关数据并使数据可以快速、准确地更新、更正等;最后通过全部或部分数据通过图形、表格或屏幕动态模拟等显示形式输出数据,以满足人们的需要。

（2）损失评估指标体系

气象灾害经济统计评估指标是以数量形式来反映自然灾害与社会经济现象之间的客观联系，是对减灾系统工程的各个方面的描述与度量。气象灾害经济统计评估系统则是由一系列相互联系、相互制约的灾害经济统计评估指标组成的一个有机整体，是对减灾系统工程的数量方面的全面的、综合的反映与描述。

从统计形式上划分，气象灾害损失评估指标可分为定性指标与定量指标。定性指标，是用来反映灾害经济现象质的属性，一般不能或难以用具体数值来描述。比如，自然灾害对建筑物造成的破坏程度，可以描述为倒塌、严重破坏与一般破坏等等。定量指标，是用来反映灾害经济现象量的属性，其特征可以用数值大小来描述。比如，受灾面积、人口伤亡数、用货币单位表示的经济损失额、抗灾防灾资金投入等等均属此类。从时间序列上来划分，气象灾害损失指标可以划分为先行指标、同步指标与滞后指标。从功能上划分，其分为描述性指标与分析性指标。

一般而言，建立一个完整的气象灾害指标体系主要遵循以下几点原则：（1）可行性原则，气象灾害指标系统所用的指标要考虑到实际情况的需求，指标含义确切，便于理解和执行，与国家统计部门的指标相衔接，并尽可能地保持一致；（2）系统性原则，指标系统的各个部分内部、分部之间以及气象灾害指标系统与国民经济统计体系和现有的其他有关指标体系之间，应建立清楚的相互连锁关系，使气象灾害指标系统具有普遍的代表性；（3）目的性原则，指标系统中选取的各种气象灾害指标，应与气象灾害危害密切相关，能反映气象灾害影响的各个方面情况；（4）科学性原则，气象灾害损失评估的指标，应从气象灾害发生的实际情况出发，从灾民的实际生活状况出发，使该体系能充分体现洪灾造成的巨大危害，具体的指标的概念必须科学和简单明了，使最终的评价模型做到客观、合理、准确。

（3）损失评估模型

气象灾害损失评估模型主要有以下几种方法：灰色模糊综合方法、灰色聚类分析法、人工神经网络、财产损失评估法、面上综合气象灾害损失法、分类气象灾害损失估算方法等。同时近年来，许多学者基于不同的理论基础，相继提出了模糊灾度评判、物元分析、灰色聚类、投影寻踪、基于遗传算法的神经网络的灾度评价模型，较好地解决了多因素复杂评估问题。

气象灾害损失根据其直接经济损失和间接经济损失的分类，必须相应地采用不同的气象灾害损失评估模型来进行评估。直接经济损失模型主要包括损失率模型、人工神经网络模型、专门洪灾损失计算方法一级面上综合洪灾损失计算方法等。间接经济损失评估模型主要有系数法、多目标优化模型和直接调查估算法等。

根据气象灾害损失评估模型，估算出气象灾害带来的经济损失，上报给有关部门，可以为上级的决策部分服务，同时也可以为保险理赔等部门提供一定的依据。

3. 基于 GIS 气象灾害损失评价模式

基于 GIS 气象灾害损失分析技术是一种将 GIS 技术、数据库技术、气象灾害数值模拟、遥感分析、资产评价与预测分析相结合的基于空间分析技术的气象灾害损失评价模式。基于 GIS 气象灾害损失评价模式的重要特点是将 GIS 空间分析技术引入了以往的损失评估系统，以各类空间数据为主要数据源，输出结果中包含大量的空间数据信息，不仅可以估计总体影响和损失情况，而且还可以给出其空间分布状况，与传统的反映数据空间特征能力较弱的统计型评估结果相比，能更好地服务于抗灾、救灾和减灾规划。具体而言，体现在四个方面：实现信息的空间定位；灵活的空间查询；实用的空间分析；可将自定义分析或评价模型嵌入 GIS 系统中，使模型与 GIS 相结合，以实现新的评价。应用于气象灾害损失评估的地理信息系统由四部分组成：数据输入；查询分析；数据输出；可视界面二次开发。

7.5.2　补偿管理

巨灾是对人们社会全方位、根本性的冲击，其造成巨大的经济损失和惨重的人员伤亡，是造成社会动荡的因素。因此，我们需要制定相关的补偿安抚措施，保证灾后的社会稳定。灾后补偿管理是气象灾害灾后管理的一个重要组成部分，主要形式有政府补偿和市场补偿两种，其中政府补偿是指由政府所进行的直接的灾害救助行为，是灾后补偿管理的主要形式。然而政府的救助一般是在灾害发生之后，具有滞后性，因此，需要市场参与到补偿中去。建立和完善巨灾风险损失补偿机制的关键在于充分发挥政府和市场两种机制的优势，在最大范围内对社会资源进行整合。本书中所介绍的灾后补偿管理主要包括救灾援助与救济、灾害保险体系、财政拨付以及慈善捐助。

1. 救灾援助与救济

(1)救援队伍管理

在气象灾害发生后，一般而言首先要建立专业化与非专业化相结合的紧急救助队伍。一是要根据灾情分布特点，建立可以高度集中指挥的区域性灾害紧急救援专业队伍，平时对承担救灾任务的部队进行救援知识培训和训练，并配备先进的能适应各种复杂条件的灾害紧急救援装备。我国可以考虑由武警部队、消防警察及军队根据灾情的程度单独或者联合承担相应的救助任务。二是要建立由相关专业人员组成并接受过培训的紧急救援队伍，由医疗、电力、通讯、机械施工等方面的专业人员组成。三是要建立城市社区和农村基层救灾反应队伍，在第一时间对灾民提供紧急救助。这是由灾害的突发性、地域性决定的。四是要加强对公众的救援知识的宣传和培训，提高其自救和互救能力。此外，还应广泛动员民间组织和其他的社会力量参与对突发公共事件的治理，建立符合中国国情的灾害保险制度，从而为国家财政分包一部分不可预料的风险损失的社会保障形式。紧急救助应该多层面、多渠道、多元化。

气象灾害一旦发生,其应急抢险离不开救灾人员,应对突发事件需要大量的人力资源。气象灾害的应对不仅需要大量高素质的专业人员来应急抢险,也需要各相关部门的专业人员的参与。比如为应对洪涝灾害除了救灾专业人员外还需要医护人员,对受灾人员进行专业视角救护和防治灾后疫情等。救援队伍必须专业,不但有具体灾害救援人员,还要有心理救援人员,救援队伍不但包括红十字会,而且包括民间团体。救援各个部门要紧密协调。

(2)救援志愿者管理

志愿者是救援队伍的一个重要组成部分,我国救援志愿者管理取得了一定成绩,但是仍然存在一定问题。首先是志愿者人员缺乏专业知识及相关技能培训,对于紧急状况下的应急处理方式以及相关医疗常识不甚了解,对于灾区志愿工作的主要内容及工作性质没有明确的认识。其次,志愿者工作缺乏有效的组织。如志愿者缺少统一的组织和安排;志愿者的许多工作重复进行;对志愿者缺乏统一的组织与调度,在同一地点工作的志愿者组织之间缺乏有效的协调与沟通;大部分志愿者没有确定的时间安排,流动性很强,给相关组织工作带来了麻烦。

针对以上问题,首先需要加快组建应急志愿者队伍,形成志愿者服务后备军。很多人都是潜在的志愿者,不同的年龄都有责任去尽社会的义务。各级志愿者组织在平时志愿活动的基础上,普及相关知识,做好教育培训工作,在实践志愿活动的同时加强有关技能的培养和积累。其次受灾地区各单位以基层团组织为核心,成立基层志愿者工作部,做好前来做志愿服务工作的志愿者相关登记安置工作。基层志愿者工作部同时负责与单位有关部门进行联系沟通,对于相关工作的内容、工作的时间及人员地组成做出合理有效的安排,按照各志愿者服务团队的实际情况和相关技能做出有效的配置,做到统一调配、统一组织、统一管理。

2. 灾害保险体系

灾害保险指的是以财产本身以及与之有关的经济利益为保险标的保险。保险者对所承保的财产负赔偿责任的范围有,因遇保险责任范围内的各种灾害而遭受的损失,进行施救或抢救而造成的损失以及相应支付的各种费用。

国家对巨灾风险的积极管理需要建立一个灾前融资机制和灾后融资机制。保险和再保险是人们最熟悉的灾前融资机制,也是最传统的化解巨灾风险的风险转移和融资安排。灾前融资机制是指预先安排的巨灾风险的财务分担机制,实际上是一种巨灾风险的风险转移机制,即通过预先安排好的合约、基金、等等措施将巨灾风险转移出去,一旦巨灾造成经济损失,可以通过这些机制迅速得到赔偿用于恢复国民经济。

（1）保险的定义和分类

保险指的是以合同的形式确立双方经济关系，集合多数单位或个人，用科学计算的方法，共同聚资，对遭遇约定的灾害事故所致的损失或约定事件的发生，进行经济补偿或给付的一种经济活动。

依据举办的主体和举办的目的来分，保险可以分为社会保险、政策性保险和商业性保险。其中的政策性保险和商业性保险主要包括财产保险、意外伤害保险、健康保险、人寿保险、责任保险等，共同组成了灾害保险的范畴。灾害保险中的政策性保险是以政府出资为主，个人负担为辅，并交由商业保险公司运作，不以盈利为目的，并以约定的灾害事故为保险责任的保险业务。商业性保险则是由商业性保险公司所举办的以盈利为目的的保险，就市场机制而言，关键在于发展各种商业保险业。依据所保风险的不同，灾害保险具体规定有不同的险别，如火灾保险、雹灾保险、地震保险、洪水保险等。

（2）再保险的定义和分类

再保险也称分保，是原保险人在原保险合同的基础上，通过签订分保合同将其所承保的部分风险和责任向其他保险人进行保险的行为。

根据再保险承担风险的划分方式，可以分为比例再保险和非比例再保险。比例再保险是以保险金额为基础来确定分出公司自留额和接受公司责任额的再保险方式。非比例再保险是以损失为基础来确定再保险当事人双方的责任，故又称为损失再保险。非比例再保险一般有三种做法：险位超赔再保险、事故超赔再保险和损失终止再保险。

再保险是我国整个保险体系中非常重要的一个环节，对于分散保险公司的经营风险，扩大保险公司的承保能力，保证保险公司经营的稳定性等，都发挥着非常重要的作用。改革开放以来，我国的再保险市场有了一定发展。但是，无论是数量、质量还是业务规模，巨灾再保险、特别是风暴潮巨灾再保险，均无法满足国内保险市场800 多亿元承保能力的分保需求，与国际再保险市场的差距较大，更谈不上已经建立了完善的再保险市场体系。因此我国的灾害再保险市场体系仍然存在着严峻的挑战。

（3）政府在灾害保险体系中的作用

在气象灾害保险体系中，政府的作用十分重要，具体而言就是政府应当率先树立风险意识与保险意识，将公共设施投保商业保险列为公共管理的必要内容，以便将公共设施不确定的灾害损失转化成为确定的可以控制的财政成本支出，防止灾害对国家财政造成不正常的冲击；企业、社会组织与家庭或个人的灾害损失补偿及灾后重建，应当主要通过参与商业性保险机制来分散风险与损失，依靠保险公司的赔款来解决损害补偿问题。

保险、再保险商业在发达国家是一种常规的巨灾风险转移机制,但在发展中国家,气象灾害保险体系并不发达,发展中国家普遍缺乏巨灾保险机制,其直接后果是灾后的经济恢复缓慢且困难。在中国,目前国家管理巨灾风险的模式与大多数发展中国家一样,主要依靠灾后融资机制,即依靠灾后国家财政的支持以及国际援助。我国的气象灾害保险体系的完善建立仍需要很长时间,因此我国要建立一个一体化、多层次的、由保险公司主办的、由政府主持的、可持续发展的中国巨灾保险体系。

3. 财政拨付

前面所说的保险、再保险是一种灾前融资机制,而一般而言国家应对巨灾损失的具体措施很多。从历史发展过程来看,国家在经济发展水平较低时,主要采用被动的应对巨灾损失措施,即在巨灾发生以后,通过财政预算重新分配、税收调整以及获取国际援助等方式来获得灾后重建所需要的资金,这是灾后融资机制,即巨灾风险基本上自留。灾后融资机制是指灾前没有安排,而是在灾后临时采取的应急措施。随着国家经济发展水平的提高,灾后融资机制逐渐被保险、再保险等灾前融资机制取代。

财政预算支持是最常见的事后应急措施。当一个国家遭受巨灾而造成巨大经济损失后,政府通过调整财政预算,将预算资金更多地用于灾后重建,以期尽快恢复经济。但这种措施的代价往往是牺牲了原本用于其他项目的资金,而这些其他项目很可能是对国民经济长期发展更有利的项目,如教育资金等等。特别税收是指政府在灾后开征特别税收,专用于灾后重建。例如哥伦比亚在灾后就曾经使用过这种方法,但从世界范围看,这种方法使用较少。

具体而言,由于气象灾害具有巨大危害性,灾后重建工作中需要大量资金。在危机处理中,政府因其地位、职责所在,必然扮演主角。政府部门可通过发行长期债券的方式筹措资金,可以提供大量的财、物资源。由于政府具有严密的管理体系,强制性的管理机制,因此政府的财政金融支持是灾后重建工作的基本保障。一方面,中央政府应加大转移支付力度,统筹和引导地方财政、社会捐赠、对口支援、银行贷款等各类资金,并且对重灾区实行税收优惠措施,免除受灾严重地区企业、单位和个人的税收及行政事业性收费等事项,减轻受灾地区企业、个人的负担。另一方面,加大灾区的信贷支持力度,优先审批受灾地区和灾后重建项目、调整受灾地区的贷款限额,优先发放为灾区交通、电力、通信等基础设施的恢复重建的贷款,优先支持关系到灾区民生的项目。有了财政金融体系的支持,灾后重建工作才能顺利进行。

4. 慈善捐助

当气象灾害发生后,除了上述的保险理赔与财政拨付救助方式外,还有慈善捐助的救济方式。目前我国的慈善捐助发展取得了一定的成绩,2008 年,民政部根据国务院确定的"三定"方案进行机构改革,成立"社会福利和慈善事业促进司",明确了政府对慈善事业的管理职能和机构,该司负责拟定慈善事业发展规划、指导社会捐助工作;同时设立社会工作司,负责拟定社会工作发展规划、政策和职业规范、社会工作人才队伍建设和志愿者队伍建设规划。我国慈善组织数量持续增长,截至 2008 年底,我国共有各类基金会 1531 家,比上年同期增加 162 家;建立经常性捐助工作站(点)和慈善超市 3 万个,初步形成了社会捐助网络。2008 年,中国接收国内外各类社会捐赠款物共计 1070 亿元,是 2007 年的 3.5 倍;募集彩票公益金 371 亿元,比 2007 年增长 4.2%;增加志愿者 1472 多万人,年增长率达 31.8%,其中捐赠物资折价约208.8 亿元,全国接收境外捐赠款物 135.4 亿元,粤、京、沪、浙、苏、鲁捐赠总额居全国前列,国内个人捐款约 458 亿元,首次超过企业,救灾捐赠超七成,日常捐赠 47%流向教育领域。

　　虽然我国的慈善捐助工作取得了一定的成绩,然而我国目前的慈善捐助体系还不完整,存在着一些亟待解决的问题,因此完善我国的慈善捐助体系,需要做到以下两点:提高公民的慈善捐赠意识,提高公民的捐款数额;完善捐赠管理体系,加强捐款部门管理,完善捐款方式。

7.5.3　恢复管理

　　灾后恢复管理主要包括灾区受灾群众与救灾物质管理、灾后规划与重建、灾后心理干预管理以及灾后应急管理教育。

　　1. 灾区受灾群众与救灾物质管理

　　(1)灾区受灾群众管理

　　当气象灾害发生后,房屋遭到破坏、倒塌,无法继续住人。此时灾区受灾群众管理主要是做到以下两个方面。

　　1)生存问题为首要要务。首先应该解决受到灾害影响的居民的生活和他们发展的问题,因为他们首先要生存,他们要解决基本的吃住问题。另外,他们在遭受灾害的时候,他们需要就业、需要安置,对此政府需要做大量的工作。

　　当应急救灾资源充足时,灾情可以得到较好的控制,救灾资源可以就近或联合分配到受灾体处,这时的应急策略就是充分发挥资源优势,尽可能将灾损降到最低。但在多数情况下,应急救灾的资源是不能充分满足灾情需要的,这时,就需要制定一系列满足约束条件或先决条件的方案策略。

　　同时为了安置流离失所的灾民,政府或相关救援机构派专人统一规划、短期建造、专人管理居住设施,这类居住设施只提供给当地受灾群体居住,不得挪作它用。广义的设施是为某种需要而建立的机构、系统、组织、建筑等,比如军事设施,卫生设施,防洪设施。灾后临时居住设施是指在灾害发生后,由政府或相关救援机构提供给房屋遭到破坏的灾民临时居住场所。目前灾后临时居住设施主要有帐篷、简易住房和移动住房三类,这些救灾设施由政府或救援机构提前储备,使用完后回收储备留待下次紧急情况发生时使用。一般而言,灾后临时居住设施的规划原则包括功能规划原则、结构规划原则、材料选择原则、设施群的管理原则、可重复使用原则等五个方面。

2)疫情控制是重点。完善的灾害卫生防疫应急救援预案,是保障应急响应高效有序组织展开和成功实施应急救援行动的基础与前提。在灾害发生后,应迅速启动卫生防疫应急救援预案,组织医疗队伍深入灾区,减少人员伤亡。

(2)灾区救灾物质管理

当气象灾害发生后,救灾物质要尽快送到灾民手中,减少灾害带来的损失。《江苏省气象灾害应急预案》中规定:物资供应组由省发改委、省经贸委、省民政厅、省粮食局、省供销总社等部门及灾害发生地政府组成,负责做好救灾物资特别是群众生活急需物资的组织、供应、调拨和管理。然而我国的救灾物质管理目前尚存在以下一些问题:

1)特大灾害损失核查的复杂性与灾情上报的时效性之间矛盾突出。根据民政部门的灾情上报规定,灾情发生后要在两个小时内上报初步情况,逐天细报,15日内经上级核灾后完成上报准确情况。当气象灾害发生时,县(市)、乡(镇)政府无法在短时间内掌握完全准确的情况,各级核灾也只能采取统计加分析判断的办法进行估算,这与事后实际拨付发放救灾资金难免存在偏差。

2)救灾资金分配下达级次多,周期长,到位慢。目前,我国实行的是中央、省、设区市、县、乡五级财政预算体制,由于预算级次多,往往中央的一笔救灾资金通过逐级转文到县(市)一级,时间都超过两个月以上,有的救灾资金超过一年以上;同时,由于救灾资金没有实行专项调拨制度,而是合并在每个月的正常调度资金中拨款,造成救灾资金无法及时到位,延误了救灾工作。

3)救灾应急资金总量严重不足,县(市)、乡(镇)财政应急困难。在实际救灾工作中,上级下达的救灾应急资金占救灾总资金比例少,与救灾应急转移安置资金的客观需求存在较大差距。如遭遇特大自然灾害时,要解决灾民的衣、食、住、医等生活困难和应急转移安置就显得力不从心。

4)救灾资金监管不到位,资金使用效益有待提高。如台账不健全,分配发放程序不够规范,公示不到位,甚至在极个别村存在克扣、挪用等现象仍有不同程度地存在,虽然这些问题只完善救灾资金使用管理发生在极个别乡、村,但其严重地破坏了党和政府形象及党群关系,激化了灾区矛盾,直接影响社会稳定。

从上文中,我们可以看出如何用好救灾物质,是灾区各级党委、政府需要重视的问题,因此必须采取行之有效的措施,加强对捐赠款物和各类救灾物质的监督管理,具体而言要求主要做到以下几个方面:建立统一的报灾、核灾、分配、审批程序和管理办法;对救灾物质实施专项管理;由监察、审计部门定期监察;抓好大宗救灾物质的统一管理；保证救灾物质使用和发放的公开、透明。

2. 灾后规划与重建

作为灾害管理周期的重要阶段，灾后恢复重建主要是指灾区在各方面援助下恢复其原有生命线与生产线系统的全过程，有时还包括从全局的角度提出对加强防御未来灾害能力的过程，它是减轻灾害损失的重要措施之一。灾后恢复重建主要包括灾后灾情评估，特别是生产线与生命线破坏状况的诊断与评定、恢复与重建规划和行动计划、工程建设设计与施工、组织管理与国际援助等方面的工作，它们共同构成重建规划的基础，而科学可行的重建规划则是重建取得最后成功的必要前提。

灾后重建规划是建立在对灾区灾情、地质评估基础上，以灾区的经济社会条件、资源环境承载能力和修复能力为依据，作出的科学决策。重建规划应以区域可持续发展为出发点，不仅要解决近期灾民安置问题，还要考虑重建地区的长远发展问题，应涉及城镇体系、农村建设、基础设施与公共服务设施、生产力布局和产业调整、市场服务体系、防灾减灾体系等社会、政治、经济各个领域。重建规划中的选址问题应加强科学论证。

(1)灾后规划

灾后恢复重建应急规划必须全面考虑多种因素，达到解决当前困难与长远利益的协调与统一，编制灾后规划要依据以下原则：

1)要从实际出发。既要考虑当前，又应着眼于长远，有利于发展。考虑当前，就是在规划布局，设计方案时，要充分考虑到灾区群众以及方方面面的承受能力，无论是新建住宅，还是新建学校、医院、厂房等公用设施，都必须依靠现有条件，从现实和可能出发。立足长远发展，就是要重新、合理布局，处理好新区与老区的关系，使重建与工农业生产、发展经济与各项事业发展相结合，使重建有利并促进长远发展。

2)应注重科学性。要贯彻科学发展观、可持续发展的思想理念，从多个方面对气象灾害的影响进行剖析、总结，如对受灾资源的结构质量、自然条件等情况进行深入分析切实总结以往的经验教训，以科学的态度来指导重建。

3)应超前研究相关政策。有利的政策，是规划能落到实处的保障。要抓紧研究与恢复重建相关的政策，各级规划应纳入本级国民经济发展总体规划中。同时，要科学合理地规划好恢复重建的重大项目，用项目来细化规划的安排，用政策来保障项目的实施。

按照灾后恢复重建规划，认真制定实施规划的具体内容，主要包括以下几个方面：成立恢复重建领导小组，加强组织管理，一般情况下，由国土、计划、规划、城建、水利、农业、民政等部门的负责人组成重建领导小组，并由政府主管领导出任组长；灾区灾情核查，明确重灾灾区的范围与恢复方针政策；落实各项灾后恢复重建工作，制定每一项恢复重建工程的具体计划并进行审定，明确政府各部门在恢复重建工作中的具体任务;落实实施恢复重建计划的资金及材料供应;加强恢复重建中的监察审计工作,确保专款专用,保证工程质量,依照法规和条例对恢复重建工程进行核查验收,并进行质量评定和财务审计。

(2)恢复生产,重建家园

以落实灾后重建责任制为重点,使各级领导班子成为灾区群众的坚强核心。首先是领导责任到位,各地要及时成立灾后重建工作领导小组,坚持领导带头、逐级负责、分片包干、一包到底,从妥善安置灾民、尽快恢复生产、搞好重建家园、大力发展经济等方面,具体明确了包干的责任目标和任务要求。二是工作力度到位。为确保抗灾重建包干责任制落到实处,市、县、乡要分别建立督查和责任追究制度。各级领导班子成员和工作组要深入灾区调查研究,全力组织灾民开展生产自救,重建家园。

目前我国灾后重建主要存在以下问题:灾后重建村庄选址不当;灾后重建村庄规划布局不合理;房屋施工存在较多的质量安全隐患;灾后重建工程政府质量安全监管难到位。因此,灾后重建的主要措施如下:

1)迅速优先恢复生命线与生产线工程。生命线系统主要由居住环境、食物供应、医疗保障、交通与运输保障、通讯保障等部分组成。其中,衣、食、住、行往往是最优先受到重视的方面。

2)临时恢复生产。灾后重建的主体是灾民,所以必须鼓励其开展积极的自救自建。以工代赈是一种有效的方式,它拓宽了灾民安置渠道,解决了灾民就业问题,对重建灾民信心非常重要。另外,临时恢复农业生产,通过生产自救,在短时间内解决灾区人民蔬菜、肉类等的供给问题,有利于灾区人民的生活稳定。

3)恢复中小学校和卫生院的正常运行。为保证中小学校学生的正常学习和开展医疗、防疫工作,各地区在灾后恢复重建工作中,首先修缮、重建被毁的学校和卫生院,使其开始正常运行,优先安排教育设施(教室、教员工资、教科书、学费和文具)的恢复。2004年12月,印度洋海啸冲垮了印尼整个国家的医疗系统。亚齐省北部61%的医疗设施被毁,大约7%的医务人员和30%的助产士丧生。

4)抓住机遇,多方融资快起步。灾后的重建不同于常规条件下建设,面临着资金短缺、物资紧张、运输道路不畅通等不利因素,特别是建设资金紧缺经常成为阻碍小城镇建设步伐的主要因素。抓住上级对灾区重建给予优惠政策扶持的机遇,实行多渠道、多层次、多元化的融资方式,加大重建的投资力度。

5)引入竞争和监督机制,保障重建质量。重建开始后,坚持以公开竞标的方式来确定施工队。对中标的队伍实行全过程的质量监督,聘请专家监理严把质量关,保证工程质量和工期。加强灾后重建的建设工程质量安全监督工作。对于灾后重建的各项建设工程,不管是集中建设,还是村民自己建设,都要纳入建设工程质量安全监督程序。各地建设部门和建设工程质量安全监督机构要派出专门队伍,加强对灾后重建工程的监督,保证灾后重建工程不出质量、安全问题。

6)防御设施与基础设施建设。要严格按照《减灾法》、《防洪法》、《气象法》等法律法规的规定和国家、省、市《应急体制建设规划》的要求,加强气象防灾救灾基础设施建设,对规划布局内的重大建设项目给予重点资金支持。同时,相应提高电网、交通等基础设施防灾抗灾标准。对被水毁的城乡电网、交通、通信线路等的恢复重建,结合扩大基础设施建设,给予优先安排。

3. 灾后心理干预管理

研究表明,灾害事件直接涉及的人最常见的心理反应是迷茫、不相信、情感麻木。在遭受灾害的人群中,有一些人在心理上没有自制能力,表现为控制不住的情感爆发,从而妨碍采取适当的行动,并表现为认知能力障碍,如迷惘、思路不清、不能处理手头需要立即处理的事情,以及无法控制的、使人麻木的焦虑情绪。少数人甚至可由于灾害的强烈心理以及所产生的一系列生理反应而死亡。美国学者在对一次严重灾害中人们的心理反应所做出的调查研究显示,有 39% 的人有高度焦虑反应,26% 有中度焦虑反应,混乱、迷惑者占 7%,休克、眩晕者占 6%,混合感觉者占 4%,冷静、理智、自制者仅为 19%。我国学者对唐山大地震的调查也显示,82.2% 的被调查者对震时情景感到害怕,而且一半以上的人感到非常害怕,"无所谓"和"不害怕"者占 17.8%。

灾区建设应该注重的是可持续的重建,"可持续性"不仅体现在物质、经济和生态的可持续上,还体现在人文、文化、心灵的可持续上。国外针对灾难开展了大量的心理服务工作,尤其是美国的灾难心理服务工作,相对已经比较成熟。表现为以下几点:一是有组织性地开展了灾难的心理服务工作,有的已经形成服务系统,二是开展了大量的灾难心理研究工作,三是开展了大量灾后心理干预工作,有完备的灾难心理干预技术。美国的灾难心理卫生服务主要内容有心理评估、信息给予、问题解决、心理教育、心理干预以及针对死亡通知、追悼仪式、纪念日等特殊事件的干预和其他拓展服务等。

一般而言,灾后心理干预常用的三种方法是减压、危机干预和分享报告。减压通常由一名接受过专门训练的心理卫生专业人员开展,以个体或小组形式,鼓励被干预对象在相互支持的良好氛围中讨论他们的情感及有关事件。危机干预是一种为减轻灾难对受害者或救援工作者极度痛苦的情绪而采用的一种一对一的干预方法。分享报告起到教育的作用,告知工作者正常和异常的应激反应以及可运用的应对策略。灾难心理干预的特殊干预模式有两种,一种是危机事件应激报告模式,一种是灾难后心理卫生反应策略。危机事件应激报告模式,是危机事件压力管理,干预系统的一部分,由 Mitchell 于 1983 年在军事应激干预经验的基础上提出,为维护灾难救援工作者的心理健康,此模式后经多次修订完善并推广使用,现已应用于遭受心理创伤的各类人员。灾难后心理卫生反应策略是美国国立中心和退伍军人事务部推出的团体干预方法,旨在为灾难幸存者、家庭、救助者及组织团体提供及时的、与灾后心理反应阶段相适应的心理卫生服务。

气象灾害灾后心理干预管理主要是建立社会心理干预机制,所谓应急管理的社会心理干预机制,是指在突发公共事件发生过程中以及之后借用各种心理治疗手段,帮助当事人处理迫在眉睫的问题;恢复心理平衡,安全度过重大打击后的危险期,以缓和当事人内心的恐惧、紧张感;使之思想和情绪恢复到理性或较为理性状态的一种社会应对机制。要建立和完善这一机制,必须做好以下几个方面的工作:

(1)加强社会心理干预人才队伍建设。社会心理干预人才队伍应按照以下不同层次和任务组建:一是社会心理干预专家咨询委员会。其任务是参与心理社会干预决策和进行专业队伍的组织、领导工作。二是接受过相关培训,具有心理学或精神病学知识,可以进行突发公共事件社会心理干预和创伤治疗的专业人员。其任务是在遇到突发公共事件时参与社会心理干预工作,并指导准专业人员工作。三是接受过一定培训,具有心理学和精神病学一般知识,可以进行危机时期热线服务或社区服务的准专业人员。

(2)加强危机教育,培育良好的人格。危机作为一种极端的冲突状态,对于某个具体的个人或组织来说又不是经常发生的。危机教育水平反映了一个社会的成熟度,因此,必须对人们进行处理危机知识的教育,加强思想修养,提高认识水平,使人们了解危机事件的严重危害性,并应用适当的危机心理干预方法,帮助人们学会如何应对危机、提高自身处理危机的能力,有效地预防和应对危机,克服或减少危机给人们带来的损害。

在现阶段,我国属于发展中国家,物质相对不是十分丰富,人们相对注重物质需求,忽略精神需求。目前在救援中,救援组织人员往往把减少灾难造成的可见的损失置于首位,而对于心理干预工作的重要性认识不够。灾难事故救援过程中对当事者心理治疗不重视,是我国救灾工作中普遍存在的现象。同时,我国灾难心理研究的起步较晚,受重视程度不够,开展研究工作较少,灾后心理服务机构较少,心理干预人员缺乏,心理救助意识不足。因此,鉴于上述情况,我国应加大人力、物力、财力投入进行灾难心理研究,学习和借鉴国外相关经验,尽快在国内系统性的开展灾难的心理干预工作,建立一个完善的灾难心理卫生服务系统,保护和促进人民群众的心理健康。

4. 灾后应急管理教育

一个完整的灾后恢复管理还包括灾后应急管理教育,一般而言,灾后应急管理教育主要包括以下8个方面:加强社会的危机教育,增强全社会的突发事件意识和能力;加强基层应急管理,做好科普宣教工作;重视预警分析和学习评估,主要是避免灾害的发生和对已经发生的灾害的结果进行评估;增强应急预案的操作性,明确灾害发生后各部门责任;进一步优化、强化以专业队伍为主体、群众性队伍为辅助的应急抢险救援队伍建设;完善部门之间的协调联动,建立气象局主管,各部门协调的应急管理联动机制;提高物资、资金的筹集与分配中的透明度与规范度;健全救灾物资储备制度和救灾资金保障体制。

灾后管理是气象工程管理的重要组成部分,气象灾害的灾后管理主要包括灾后损失评估灾后补偿管理以及灾后恢复管理。其中灾后损失评估主要是经济损失评估,关键是评价指标的建立以及评价模型的选择,灾后补偿管理主要包括救灾援助与救济、灾害保险体系、财政拨付以及慈善捐助,灾后恢复管理主要包括灾区受灾群众与救灾物质管理、灾后规划与重建、灾后心理干预管理以及灾后应急管理教育。健全的灾后管理机制应把三者结合起来,缺一不可。

案例:大雪无情,人间情意在[①]

2008 年 1 月,我国部分地区出现入冬以来最大幅度的降温和雨雪天气,雪灾已造成湖南、湖北、贵州、安徽等 10 省、区 3287 万人受灾,倒塌房屋 3.1 万间;因灾直接经济损失 62.3 亿元。1 月 12 日以来,湖南省大部分地区出现了长达 10 余天的雨雪、低温天气,1359.5 万人次受灾,被大雪围困 30.7 万人;因灾倒塌房屋 1.1 万间,死亡大牲畜 3.3 万头;1 月 11 日以来,湖北先后发生两次大到暴雪过程。持续雨雪低温天气使全省 810 万人受灾;转移群众 7.64 万人。大雪一下,武汉农产品市场一片"涨"声。一市民介绍说:"月初每斤小白菜的价格只有 1 元多,到本周二涨到每斤 3.5 元。"贵州全省 500 千伏"日"字形环网被完全破坏,全省最多时有 18 个县完全停电。贵州省 24 日宣布全省进入大面积二级停电事件应急状态。12 日以来,贵州省滞留在各条公路上的司乘人员一度多达 10 余万人;安徽全省已有 16 个市发生雪灾,受灾人口 340 多万人,倒塌房屋 5144 间。沿淮淮北积雪厚度 10 厘米以上,大别山区 25 厘米以上,岳西、霍山部分乡镇最深达 50 厘米。

雪灾发生后,各级政府纷纷启动应急预案,全力开展抗灾救灾工作。在这次南方罕见大雪灾中,"忙坏"保险商,报损金额不断攀升。

灾害发生后,太平洋产险 95500 客户服务电话就一刻也没停过。此次雪灾导致部分地区停电停水、通信中断、交通事故频发,人民群众的生产生活受到较大影响,也考验着整个保险业的应急机制和理赔流程。

中国平安公布的统计数据显示,截至 1 月 29 日,平安人寿重庆、湖南等 13 家分公司接报案件 18752 件,已结案件 14416 件,已给付理赔金达 52767848.09 元。对

---

① 根据相关报道整理而成.

此,保险业内人士指出,未来一段时间内,雪灾报损案件的数量将进一步增加,报损金额也会继续累积。阳光财产保险股份有限公司上海分公司财产部总经理肖军说,从本周一起,公司陆续接到了客户报损电话,主要集中在企业财产损失方面的报案。他分析认为,此次极端天气在南方大部分地区实属罕见,在前期预防、准备上有些滞后和措手不及;一些工厂仓库的钢结构设计不适应雨雪天气,是导致此次灾害发生后出险率较高的主要原因。太平洋产险的新数据显示,截至 1 月 28 日,公司共接到车险报案 9765 起,报案金额 2386 万元,非车险报案 1220 起,报案金额 6609 万元。其中,湖北省车险报案已超过 2000 起,报损金额达到 580 万元。

面对灾害带来的损失,保险公司忙而不乱。太平洋产险有关负责人表示:"当然,对于可能出现的大笔赔偿,保险公司完全有能力支付,不会对公司的稳定运营造成影响。"事实上,在发生特大雨雪灾害以后,各家保险公司都在第一时间启动了大灾预案,对灾害性天气中的财产险、车险、人身险理赔和客户服务作了充分准备。

以平安车险为例,该公司预先发布"致客户的一封信",提醒客户冬季车辆保养及行车注意事项,防患于未然;95511、95512 电话中心对预计可能出现大面积事故的地区及时作出人力调整,确保报案电话的接通率。财产险理赔部门制定了大灾期间案件理赔单证简化规则,明确各分支机构的工作承接计划和梯队人员,对查勘工作进行了有力部署。此外,在灾情严重的湖北地区,平安车险调度人员连续 3 个通宵调度全省查勘定损资源,有力保障了平安车险理赔时效。在持续出现低温雪凝天气的贵州地区,平安产险开通南方电网绿色理赔通道,全力协助配合贵州电网做好出险报案和查勘定损,同时,分公司出动所有行政用车作为查勘备用车辆,保证案件查勘及时到位。

太平洋产险各级机构及时启动了应急响应预案,总公司及时调整理赔流程,要求各分支机构对事故责任明确、损失金额不大的小案实行快速理赔,在事故现场定损,立即付款;及时编写了《雪灾应急指南》,为各级分支机构的防灾救灾工作提供技术帮助,并要求分公司转发当地客户,协助做好相关防范工作。公司还建立了灾情每日报送制度,密切监控灾情进展,并加强与中央气象台的联系,强化后续雪灾趋势分析,第一时间将重大气象灾害预报告知各级机构、各类客户。

对此,保险业专家认为,各家保险公司在此次特大雪灾中做好预警通知和应急处理措施,保证各项理赔及时且快速落实,表现基本合格。

从这个案例中,可以看出我国灾害保险体系在气象灾害灾后管理中起着重要的作用,可以基本应对重大气象灾害事件。但是,我国的灾害保险体系仍然存在着一些问题,因此,应该政府和市场相结合,建立完善的灾害保险体系,争取在重大灾害发生后,将灾害所带来的损失减少到最低限度。

本章小结

气象灾害管理是气象工程管理的重要组成部分,是管理学、经济学、计算机、数学等多个学科在气象灾害管理方面的运用。本章首先介绍了气象灾害管理的基本理论、气象灾害管理的方法和技术,然后从气象灾害灾前管理,灾中管理,灾后管理的角度分别介绍了气象灾害风险评估、气象灾害应急管理、气象灾害灾后管理。

气象灾害风险评估主要工作包括气象灾害成灾风险评估、气象灾害风险区划评估、承灾体易损性和适应性评估、气象灾害风险动态管理。

气象灾害应急管理是对气象灾害的全过程管理,根据气象灾害的预防、预警、发生和善后四个发展阶段,气象灾害应急管理可分为预防与应急准备、监测与预警、应急处置与救援、事后恢复与重建四个过程。本章主要介绍我国气象灾害应急管理制度、气象灾害防御机制、气象灾害应急与救援管理的现状及相关的法律法规。

气象灾害灾后管理主要包括灾害损失评估、灾后补偿管理以及灾后恢复管理。其中灾害损失评估主要是评估灾害带来的各方面的损失情况;灾后补偿管理主要包括救灾援助与救济、灾害保险体系、财政拨付以及慈善捐助;灾后恢复管理主要包括灾区受灾群众与救灾物质管理、灾后规划与重建、灾后心理干预管理以及灾后应急管理教育。

通过本章分析,我们知道政府在气象灾害管理中起主导作用,是气象灾害管理的核心力量,因此,我国应建立政府和市场相结合,政府和非政府组织共同作用的气象灾害管理体系,同时应努力获得国际援助,建立健全的气象灾害管理体制,这样会有益于建立快速高效的救援队伍,有益于受灾群众的转移和安置,有益于灾区的恢复和重建,有益于提高对突发气象灾害的救助能力,有益于将灾害的损失降低到最低限度。建立以人为本、快速反应的气象灾害管理体制,对于保障人民的生命和财产安全,构建和谐社会,建立健全现代突发事件管理体制和机制具有重要意义。

复习思考题

1. 从灾害发生的时间顺序的角度看,气象灾害管理主要分为哪几部分?
2. 气象灾害风险评估主要利用了哪些理论?
3. 气象灾害应急管理体系主要包括哪些子系统?
4. 气象灾害风险管理主要包括哪几部分?
5. 灾后管理的定义是什么? 主要包括哪些管理? 请举例说明。
6. 灾害保险的定义是什么? 比较分析一下灾前融资机制以及灾后融资机制的

内涵以及作用。

7. 灾后恢复管理主要有哪些？举例说明灾后心理干预管理的必要性及其作用。

8. 比较分析政府和非政府组织的定义及其在灾后管理中的作用。

9. 我国的非政府组织主要有哪些？世界上的救援机构主要有哪些？

10. 目前我国气象灾害灾后管理现状如何？存在哪些问题？

第 8 章　行业气象灾害工程管理

　　气象灾害基本内涵是指因气象气候条件对人们生活与健康、城市生命线系统、社会生产、人们活动和生命财产造成的损害。农、林、牧、渔、交通、建筑等产业是气象敏感行业,产业工程各行业按其与气象的关系来看,都具有不同的敏感性,而且每个行业分别受到不同的气象灾害的影响。为了适应科学防灾减灾和社会、经济迅速发展的需求,必须加强行业气象灾害工程管理。

8.1　气象敏感行业与气象的关系

　　在社会经济高速发展的今天,专业气象服务起到了不可或缺的作用。专业气象服务工作对企业的生产和经营活动起到了重要的作用。专业气象服务的社会和经济效益都是非常可观的。农、林、牧、渔、交通、建筑等产业属于气象敏感行业,这些产业的发展受气象因素影响比较大。

8.1.1　农、林、牧、渔业

　　气候是决定农、林、牧、渔业生产潜力的重要因素之一。能合理利用气候资源和条件,就可以在不增加额外支出的情况下取得较大的经济效果。气候变化对农、林、牧、渔业的不利影响可能会导致食品安全问题并可能威胁到许多农、林、牧、渔业人口的生计。以农业为例,由于气候变化影响灌溉用水、日照量,会引发虫灾,气候变化不仅影响作物产量(包括有利的和不利的影响),也会对某些地区种植的作物种类产生影响。

8.1.2　交通运输

　　港口码头对台风、大风天气较为敏感,高速公路行业需要的是更细致、更准确的气象信息。比如,当台风即将来临时,气象信息要具体到台风什么时间会影响高速公路的施工和运营,影响强度为多大,雨季会持续多长时间等,并且要至少提前两天通报,要提高台风、暴雨及中雨以上过程等恶劣天气的预报准确率,要加大台风预报的通报频率,以及能及时接通到人工咨询服务。公路及交通管理部门还希望了解具体路段的浓雾、降雨(雪)以及道路结冰等气象要素预报,并及时转换为能见度、风向风力、路表温度等。同时对网站的速度要求较高,要能快速链接到气象服务网站。

8.1.3　金融业和保险业

随着社会和经济的发展,金融保险行业已经深入到各行各业。准确及时的气象信息和服务,为保险公司开展服务提供了保障,也使保险公司提高了自身的抗险能力和利润。比如保险公司主要服务需求体现在工程险、财产险、农业险中气象风险的预估、气象灾害预警、气象灾害的鉴定和灾后评估从而达到指导险种及赔率设计,降低理赔率、正确理赔等效果。

8.1.4　建筑

建筑行业特别关注灾害性天气预报的准确率和精度,要求精确分析出对工程有利以及不利的气象条件,借此可以合理地规划进度和安排工程实施,最大程度地降低损耗,增加收益。气候评价报告有助于建筑部门合理地竞标项目,以及做出优质的项目。

8.1.5　能源生产与供应

能源行业安全至关重要。安全监控人员需要知道台风究竟在哪个地点登陆;采购人员要求提供全国乃至全球范围的气象信息,特别是不利的天气信息;低温是能源运输环节的一项敏感因子;电力气象服务关键是用温度等气象因子为电力负荷预测服务,通过雷电、冰冻预警为电力设施保障服务;海洋气象预报的预测信息要尽可能详细。

8.1.6　文化体育与娱乐

游客入园率与天气条件密切相关。气象信息要求提高精度,具体到景点预报,时间上要精确到小时。当组织园区的大型活动时要求预报更加精细。另外,旅游业的收入很大程度上取决于黄金周的收入,要求气象部门加强黄金周的气象服务,安排专人负责旅游景点的天气预报,开通黄金周气象热线等。夏季雷雨大风、高温热浪等高影响天气事件是影响体育等大型活动,尤其是户外活动安全举行的最主要的因素。此外,紫外线强度、体感温度、空气质量预报和花粉浓度等不涉及大型活动的安全问题。

8.1.7　商业

温度变化对批发与零售行业(典型的如饮料业)具有极大的影响。天气状况影响消费者的购买兴趣和动机,左右着市场的需求。所以天气状况是一项重要的生产指标。精确的天气预报,并附加预报的概率值(把握性大小),对生产和销售具有很大的指导作用。

8.1.8　城市管理

通过对公园管理、城市道路桥梁管理、路灯管理、环卫等方面的具体调研了解到,暴雨、台风、高温、低温对绿化带植物生长有直接影响。台风、暴雨、大风、洪涝、易损坏道路桥梁。道路桥梁安全巡检工作量核算与施工工程计划安排都需要气象预报提供对行业决策指导。进一步加强与供水、供气、交通、电力等公共服务单位的紧密合作,便于城市生命线工程的计划、调度、安全与保障,可以实现专业气象服务在公共服务领域的延伸、渗透、深化。

8.1.9　环境管理

气象数据是环境科学研究的母数据。数据的完整性、及时性和准确性在一定程度上决定了环境科学研究的走向和结论。针对环境科学研究的需要,除现有的短期气候预测和各类气象要素的数据需求外,需要提供大气混合层的高度和天气过程的趋势图表,特别是局部地区的降雨过程;需要有分区监测点气象要素时间演变曲线;还需要气象部门多建一些生态监测站,监测各区域的生态环境状况。

8.2　敏感行业气象灾害分类

气象灾害的类型有:原生气象灾害、次生气象灾害和气象衍生灾害。原生气象灾害通常就叫气象灾害,是大气因子直接作用于受害体(人们的生命、财产等)产生的灾害,例如干旱、洪涝、低温冷冻害、寒潮、冰雹、台风、干热风、雷电、高温热害,沙尘暴、以及大风、浓雾等。次生气象灾害是大气因子作用于非气象因子而间接地对受害体造成的损害,它与原生气象灾害具有某种共生共存的关系。例如,暴雨(气象因子)作用于山坡(非气象因子)而引发泥石流,所谓"衍生"就是"嬗变生成"、"演变生成"的意思。气象衍生灾害是由于原生、次生气象灾害的发生而嬗变生成的灾害。从严格意义上讲,灾害的属性已经发生异变。之所以仍然包括在气象灾害中,是因为气象因子是气象衍生灾害的成因和条件。气象衍生灾害与原生、次生气象灾害之间并没有共生共存的必然关系。如雪灾引起环境污染等。各行业按其与天气的关系来看,都具有不同的敏感性,而且每个行业分别受到不同的气象灾害的影响。

8.2.1　特殊敏感行业气象灾害

气象服务高敏感行业主要是农、林、牧、渔业。农、林、牧、渔业受天气的影响程度

最大,对天气的依赖程度也最大。本节主要介绍影响农、林、牧、渔业生产的气象
灾害。

1. 农业与气象灾害

我国是气象灾害的多发区。气象灾害对我国农业生产影响较大。影响我国农业
生产的干旱、洪涝、低温冷冻、风雹等。

(1)干旱

干旱是我国最为严重的农业气象灾害。在各种气象灾害造成的损失中,旱灾造
成的损失达 62%。农业干旱是指由外界环境因素(长期无雨或降水显著偏少)造成
作物体内水分失去平衡,引起生长滞缓、萎蔫、落花、落果、干枯死亡,进而导致减产或
绝收的现象。我国各地根据农业生产的习惯和特点,按干旱出现的季节,将干旱分为
春旱、夏旱和秋旱。春旱发生在 3—5 月,该时期气温上升快,空气相对湿度低,土壤
水分丧失快。春旱主要发生在我国黄淮流域。夏旱多发生在 7—8 月,是我国气温最
高时期,蒸发快,且由于作物正处于生长旺盛时期,所以危害较大。而秋旱在处暑到
秋分这一时期,我国北方干燥少雨,它直接影响对作物的浇灌和播种。我国长江流
域、江淮和江南地区以夏旱为主,有时伴有秋旱。农业干旱对我国粮食生产影响的程
度最大,区域最广,发生的频率也最多。

(2)洪涝

我国大部分地区年降水量集中在夏季,年际变化十分明显。频繁的洪涝灾害是
影响作物产量的又一重要气象灾害,对农业的影响程度达 24%。洪涝灾害多数是由
于持续性暴雨、特大暴雨造成江河洪水泛滥,淹没或冲毁作物,导致减产或绝收。我
国洪涝区主要分布在东南部,集中分布在长江和黄淮河流域。1978—2006 年我国平
均每年洪涝受灾面积为 1168.6 万公顷(中国统计年鉴核实数据)。20 世纪 90 年代
是新中国成立以来洪涝灾害最严重的十年(见表 8.1),每年平均洪涝受灾面积高达
1531.4 万公顷,成灾面积为 872.2 万公顷。其中 1991 是新中国成立以来涝灾最严
重的年份,全国涝灾受灾面积 2459.6 万公顷,成灾面积 1461.4 万公顷,水灾波及全
国 24 个省、自治区,其中以安徽、江苏、湖北、河南等八个省灾情最为严重,直接经济
损失达 779.108 亿元。1998 年大洪水波及全国 29 个省、自治区、直辖市,其中江西、
湖南、湖北、黑龙江、内蒙古、吉林等受灾最重。

表 8.1　　1980 年以来我国大涝年受灾情况(单位:万公顷)

年份	1985	1991	1993	1994	1996	1998	2003	2007
受灾面积	1419.7	2459.6	1639.6	1731.0	1814.6	2229.2	1920.8	1641.0
成灾面积	894.9	1461.4	858.3	1075.0	1085.5	1378.5	1228.9	1094.0

资料来源:中国农业统计年鉴

（3）低温冷冻害

低温冷冻灾害分为冷害和冻害。冷害是指在作物生产期内,因温度偏低,影响正常生产,或者使作物的生殖生产过程发生障碍,导致减产的农业气象灾害。冻害是在植物越冬期间,在低于 0℃严寒条件下,作物体原生质受到破坏,导致植株受害或死亡的现象。冻害包括霜冻害和寒潮冻害。冻害一般发生时间是秋、冬、春季,冷害则发生在春、夏、秋季。由于不同地区作物的种类不同以及在某个发育期对温度条件要求的差异,因此,冷害具有明显的地域性,亦有不同的灾害名称,如"倒春寒"、"夏季低温"、"秋季低温"以及"冬季寒害"等。

（4）风雹灾

我国是世界上雹灾较多的国家之一。分布特点总体上来说是山区多于平原,内陆多于沿海,中纬度地区多于高纬度或低纬度地区。青藏高原和祁连山区是我国雹日最多、范围最广的地区。从青藏高原雹区往东,可分成南北两个多雹带:南方多雹日带包括四川、重庆、广西、云南、贵州、安徽、江苏、江西、湖南、湖北等地区;北方多雹日带包括内蒙古、黑龙江、辽宁、吉林、山东、河南、河北、山西、陕西等地区。根据一年中各地降雹的时期不同,又可归纳为四类:春雹区,长江以南广大地区,每年以 3—5月降雹最多,占全年雹日的 70％以上;春夏雹区,在长江以北、淮河流域、四川盆地以及南疆地区,每年以 4—7月降雹最多,占全年雹日的 75％以上;夏雹区,主要在青海和黄河流域及其以北地区,以 6—10月为最多,占全年雹日的 85％～90％;双峰型雹区,主要在四川西北部和东北的东部地区,每年雹日最多出现在 5—6月及 9—10月,占全年雹日的 70％以上。夏雹区是中国降雹日最多、雹期最长的区域,也正是农作物生长的季节,雹害最大。1993 和 2002 年是我国风雹灾较为严重的两年,1993年全国约有 800 多县（市）出现风雹,受灾面积 662.18 万公顷,成灾 363.16 万公顷,其中受灾程度较重的有四川、河北、山东、吉林、湖北、广东、山西等省。

（5）干热风

干热风在华北地区一般称为"火风"、"旱风"或"热南风",主要危害小麦;在长江中下游地区一般称为"南洋风",主要危害水稻。干热风可分为两种类型:一是高温低湿型。作物在生长发育期间同时受高温、低湿和一定风力的影响而减产,这是影响我国农业生产的最主要的一种干热风。二是雨后热枯型。由于雨后高温致使小麦青枯。干热风在我国主要发生在北方小麦产区,是我国北方麦区小麦开花灌浆期间的一种主要农业气象灾害。北方麦区的干热风主要分布在华北平原、河西走廊和新疆三个地区。干热风出现的时间一般从 5 月开始至 7 月为止,由东南向西北推迟。危害冬小麦的干热风一般出现在 5 月中旬至 6 月中旬,冀中南、豫北、豫南以及鲁西等地是重灾区,这些地区有一半的年份受到干热风天气的影响。危害春小麦的干热风一般在 6 月中、下旬至 7 月上旬,重灾区是新疆的吐鲁番盆地和塔里木盆地,该区域内有的地方几乎每年都有干热风灾害出现。

（6）台风

台风是发生在北太平洋西部的热带气旋。我国是世界上遭受台风危害最严重的国家之一，平均每年登陆我国的台风有 7 个，最多的年份达 12 个（1971 年）。台风登陆的地区几乎遍及我国沿海地区，主要集中在浙江以南沿海一带，其中登陆广东省的最多。我国台风灾害较为严重的年份有 1971、1990、1994 和 1996 年。其中，1971 年有 12 个台风在我国沿海登陆，是新中国成立以来最多的一年。1990 年我国台风灾害也较为严重，全国受灾面积 5162 万亩，倒塌房屋 357300 间，死亡 700 多人，造成直接经济损失 100 多亿元，其中受灾最重的是闽、浙、苏三省。

上述几种农业气象灾害是影响我国农业生产的主要气象灾害。其中，干旱和洪涝是对我国经济发展、尤其是对农业发展影响最大的农业气象灾害。当然，除了这些气象灾害外，泥石流、滑坡、山洪爆发等次生气象灾害以及由气象灾害引发的瘟疫、环境污染、虫灾、森林草原火灾等气象衍生灾害都是影响我国农业生产的重要因素。

2. 林业与气象灾害

中国幅员辽阔。有些地区是亚热带季风湿润气候，气候温和湿润，四季分明，水、热资源丰富，有利于林木生长。但由于季风气候的时空变化大，气象灾害给林业生产带来了许多危害。这些危害主要有低温冻裂、根茎灼伤、皮灼、雨凇害和森林火灾等。

（1）冻裂

林木向阳面受冬季昼夜温度剧变致使树干纵向冻裂。高寒地区，疏林地、孤立木、林缘树受害更重。冻裂一般不会直接引起树木的死亡，但可降低产量和品质。

冻裂与温度的变化幅度、树木种类、树皮光滑程度以及林分疏密度等有关。北方严冬昼夜温差大，树干向阳面外层和内部收缩快慢不一致，向阳面的外层易产生破裂。如昼夜温差变化不剧烈，一般不产生冻裂。耐寒树种对温度的下降反应不敏感，不易发生冻裂。皮厚而粗糙的阔叶树，易发生冻裂。稀疏林分尤其是孤立树、林缘树、行道树等因受阳光的强烈照射，昼夜温差过大，比密林深处的林木冻裂严重。

（2）根茎灼伤

林木幼苗或幼树根茎受表层土壤高温灼伤叫根茎灼伤。灼伤后幼嫩树苗与高温表土接触处出现约 2 mm 宽的环状伤痕，轻者树皮微黄，1～2 天后出现倒伏现象；重者树皮呈暗褐色，当即死亡。根茎灼伤对苗圃育苗及山地直播造林危害较大，一般可降低成活率百分之几到百分之几十。根茎灼伤大多出现在中国的西北和北方地区。根茎灼伤与近地表层的小气候、土壤条件、林木种类及地形有关。

（3）皮灼

皮灼是指树木向阳面受夏季辐射增温致伤，也称皮烧。薄而光滑的树皮受强烈阳光照射，温度迅速增高，使一些树皮的形成层和活组织受灼伤。受害的树皮呈斑点状伤痕或片状脱落,轻者病菌侵入伤口,影响生长;重者树皮干枯、凋落,甚至造成整株死亡。皮灼危害树木的程度,一般与树木种类、树龄、种植位置及日射时间长短等有关。

（4）雨凇害

雨凇害指过冷却雨水在林木表面凝冻而成的冰层（雨凇）对林木造成的伤害。超冷却的降水碰到温度等于或低于零摄氏度的物体表面时所形成玻璃状的透明或无光泽的表面粗糙的冰覆盖层叫做雨凇。俗称"树挂"。雨凇的分布是南方多于北方,山区多于平原,北方多在春秋季,南方多在冬季,以潮湿山区为多。雨凇常较多凝聚在树木枝干的迎风面,因重力作用使枝干弯曲,严重时折断劈裂,甚至根倒。

（5）森林火灾

森林火灾是世界上最严重的自然灾害之一。森林自然温度下不会起火,至少要有 230～300℃高温可燃物质才会燃烧。这样的高温只能来自林外,天然火源主要是雷击起火,在中国只占 1%。火灾大多发生在旱季,中国以春秋冬三季为主,北方春季因干旱少雨多风,气温回升快,空气干燥,火灾最严重和频繁。

影响火灾的气象因素包括降水、气温、风速和湿度等。防火期的划分以气候条件为依据,如大兴安岭林区在日平均气温稳定通过－5℃为春季防火始期,通过 15℃为春季防火终期。秋季则分别为日平均气温稳定通过－2℃和－5℃,因－2℃时草木枯黄,－5℃时开始形成稳定积雪。林业和气象部门根据可燃物含水率和综合气象要素进行森林火险预报。

3. 牧业与气象灾害

气象环境是牧业生产的外界条件。不利的气象条件对牧业造成了气象灾害,包括牧草生长季旱灾、雪灾、大风、冰雹、地震等。

（1）干旱

干旱是指水分的收与支或供与求不平衡形成的水分短缺现象,是一种长期无雨或少雨,造成空气干燥、土壤缺水的气候现象。决定干旱发生的因素有许多,如自然降水、蒸发、气温、土壤底墒、灌溉条件、地表植被、种植结构、作物剩余期的抗旱能力以及城镇用水,等等。干旱对畜牧业生产的主要危害有:

• 影响牧草返青、牧草产量及牧草品质

干旱时,天然牧草的正常返青和人工栽培牧草的播种、出苗时间推迟,导致青草期缩短。一般春旱发生的年份,天然草场的牧草往往比常年推迟 15～20 天返青,严重干旱发生时,牧草返青期推迟 1 个月。返青期推迟,青草期缩短,牧草生长受到限制,从而影响牧草品质及产量。

• 影响畜产品质量

严重时会危及家畜的生存。干旱缺水破坏了自然界本身的物质和能量循环,家畜从牧草中获取的能量,大量耗费于寻找水源,维持其机体的基本活动。因此,家畜的能量转化受到抑制,表现为干旱年份的畜产品产量和质量远不如常年。特别是在西藏等地区,冬季寒冷而漫长,如果少雪多风,来年春夏干旱,地表植被破坏,土壤墒情锐减,地下水位下降,湖泊干涸、枯竭,河流断流,这样,会危及逐水草而居的自然放牧群众和家畜的生存。

· 加剧草场退化和土地沙漠化进程

出现连年干旱时,就会加剧草场退化和草原沙漠化进程,同时,对人工草场建设和天然草场改良不利,从而影响草场载畜量、牧草产量和牧草品质。

(2)雪灾

雪灾是指冬春季一次强降雪天气或连续性的降雪天气过程后,出现大量积雪(或长时间的积雪)、强降温和大风天气,对牧业生产和日常生活造成影响的一种气象灾害。

雪灾是青藏高原地区冬春季最主要、影响最广、破坏力最大的气象灾害。冬春季节,如果出现频繁的降雪天气过程,加之雪后强降温,很容易造成藏北草原大面积的雪灾,其危害极其严重。因降雪时间过长或降雪量过大,积雪覆盖了草场,并且在表面结一层冰壳,使得积雪不能融化而成灾。一旦成灾,牲畜无草吃,膘情较差的牲畜在饥寒交迫下大批死亡。同时,大雪常常封路、封山,给交通运输、邮政通讯、国防建设、地质测绘等行业造成一定损失。

雪灾对畜牧业生产的主要危害有:

· 积雪掩埋草场,家畜无法采食,得不到草料补充,造成膘情下降,抵抗能力降低。

· 降雪多、积雪深、时间长,会给冬春季转场带来困难,家畜不能及时转到季节牧场,影响保胎保膘,造成母畜流产,仔畜死亡率增高,老弱病残畜伤亡,畜牧业生产基础遭到破坏。

· 破坏交通、通信等基础设施,给抗灾救灾工作造成被动。

(3)大风及风沙天气

瞬时风速≥17.2米/秒或目测估计风力≥8级称为大风,气象上统计为大风日数。青藏高原地区地势高亢开阔,气候干燥,下垫面地表裸露,植被稀疏、简单,冬春季节(11月至次年4月)处于平直西风环流控制下,高层动量下传,容易造成大风天气,吹起地面的沙尘和石砾形成灾害。中西部较东南部海拔更高,地形更开阔,所以,中西部的年大风天气和风力比东部更多、更大。大风有时还伴随着降雪及降温天气,这对严寒中的家畜考验更严峻。

大风及风沙天气对畜牧业生产的主要危害有:

· 对草场的破坏极其严重

例如,青藏高原地区牧草品种单一,形态结构简单,大风及风沙天气能够破坏牧草的形态结构,使牧草遭受机械损伤,品种矮小的牧草甚至会被沙石掩埋,无法正常生长发育,从而影响牧草品质和产量,严重时可导致局部草荒,加快草原沙漠化进程,严重破坏脆弱的草原生态系统。如果在牧草返青前出现连续的大风天气,将大大增加草原的蒸发量,土壤墒情锐减,使得人工草场和天然牧草不能正常返青。

• 对家畜的危害

由于大风天气,首先,家畜不能正常出牧,放牧时间相对缩短,使得家畜吃不饱,影响家畜膘情,甚至导致母畜流产,进而导致家畜抵抗力下降;其次,有利于病原体传播,各种病原体会污染草场和棚圈,造成传染病流行。

• 影响畜产品产量和质量

大风天气使得家畜无法获取充足的养料,势必影响其皮质、膘情。

(4)冰雹

冰雹是降自积雨云或对流性雹云的直径大于 5 毫米的固体降水物。冰雹出现的范围一般比较小,时间短,但是来势猛、强度大,还经常伴有狂风骤雨,往往会给局部地区的农牧业、电讯、交通运输和人民群众的生命财产造成损失。

冰雹对畜牧业生产的主要危害有:

• 雹块下降时的机械破坏作用,对牧草的危害是毁灭性的,严重时影响牧草再生。

• 破坏牧场设备,危及出牧群众和畜群安全。

• 冰雹过后,会使土壤严重板结,造成草原植被损伤,破坏生态平衡,诱发草原病虫害等。

4. 渔业与气象灾害

渔业气象灾害是不利的气象条件给渔业生产造成的危害。气象条件对渔业生产的危害分为两大类,一类直接危害渔业生物的生理活动,另一类通过影响渔业生物栖息的水环境,间接地造成危害。

主要渔业气象灾害有由温度因子引起的低温害、热害,由水分多少引起的旱害、暴雨,有大风引起的风害,以及一种由多个气象因子综合引起的气象型灾害——缺氧泛塘。

(1)低温害

温度条件对渔业生物的影响是很大的。因为同陆地生物一样,水生生物也都有自身一定的适温范围,如果出现超出其适应能力的环境温度时,就会给有机体造成损害。低温害是危害渔业生产的一种主要气象灾害,它因渔业生物的种类和生育阶段而有所不同。根据发生的季节不同和温度的高低,可以将低温害进一步分为冷害和冻害。

低温冷害是指温度在 0℃以上条件下对于野生物产生的危害。这种灾害在我国夏、秋季均可发生，而以北方尤为严重。低温冻害则是指 0℃ 以下低温对渔业生物造成的危害。

（2）高温热害

高温也会给渔业生物造成热害。当环境温度超过了水生动物生命活动的温度上限，水生动物就会因昏迷而导致死亡，水生植物也可以因环境温度过高而受害。高温还适合病原菌的繁殖和侵入，导致某些细菌性传染病或病毒性传染病暴发，危害渔业动物的生长发育。

（3）鱼虾泛塘

"泛塘"，在浙江一带叫做"鱼嗥"，北方又叫"翻坑"，有些地方也叫"泛池"。这是一种由于气象原因直接或间接导致的一种渔业灾害，是养殖渔业，包括养鱼、养虾、养珍珠蚌、养甲鱼等在内的主要灾害之一。

引起鱼虾泛塘的直接原因是缺氧窒息。水中鱼、虾、贝、鳖类的呼吸条件较差，经常面临缺氧的威胁。据估计，直接间接缺氧致死的鱼类，约占养殖鱼类死亡总数的 60%。泛塘一般发生于精养池塘，一次较大范围的泛塘过程，可造成几十万千克，甚至百万千克养殖鱼类死亡。

（4）旱灾

降雨量的年际变化和年内分配不均，常使我国出现旱灾。而一个地方每年雨季来临时间迟早不一，又进一步造成渔业生物赖以生存的水源不稳定。长时期的干旱少雨，还会使鱼塘干枯，河流断流，湖泊、水库水域面积锐减。因此，尽管渔业生物是生活在水环境之中的，但干旱恶化了水环境，也同样威胁着渔业生物的生存和繁衍，给渔业生产造成危害。

（5）暴雨

大气自然降水对渔业生物的影响，主要是通过改变水域生态环境，如水源、水的肥沃度、水质及其稳定性等，间接地影响渔业生物的生长、发育、繁殖和分布。但降水过大、过猛，也同样会给渔业生产带来损失。

暴雨的降水强度很大，不论是淡水养殖场，还是海水养殖场，一旦降暴雨，常造成塘水漫顶跑鱼、虾池漏水或决堤，在生产上要注意防范。

暴雨对海水养殖的危害尤其显著。强降水会造成海水的比重突降，超过了渔业生物对比重变化的适应能力，使之受害。

（6）风害

风害是由大风造成的。大风对渔业生产有时有有利的一面，但大多时候大风是给渔业生产造成危害。

大风尤其危害海洋渔业。首先，大风危害海洋捕捞；其次，在鱼类产卵期间，若海上大风频繁出现，则对鱼卵的孵化、鱼苗的成活与发育，都会造成极其不良的后果。

8.2.2　比较敏感行业的气象灾害

气象服务高敏感行业中,交通运输、仓储和水利属于比较敏感行业。它们对天气的依赖性仅次于农、林、牧、渔业。下面分别介绍影响交通运输、仓储的气象灾害。

1. 交通运输与气象灾害

现代交通运输追求快速、高效、安全、正点。无论是火车、汽车的运行或是轮船、飞机的航行,均在相当大的程度上受气象因素制约。交通运输属于对气象具有高敏感度的行业。影响交通运输的气象灾害主要有水害、雪害、雷暴、风害和雾。

(1)水害

在所有公路、铁路气象灾害中,水害是最具破坏性的。铁路是一种专线、快速行驶的交通线路,从工程设计、施工到运行无不受气象条件影响。据 20 世纪 80 年代统计,我国主要铁路干线因水害中断铁路运输平均每年达 100 次以上,居各不利气象条件之首。最严重的 1981 年超过了 200 次。因水害造成的列车脱轨颠覆重大事故,统计的 8 年中共 47 次,最多的 1981 年达到了 14 次。

(2)雪害

积雪、雪崩、降雪等雪害对陆路交通的影响表现在:积雪掩埋路轨、路面打滑、能见度降低,影响行车速度,造成列车晚点,甚至造成列车颠覆。当积雪超过 70 cm 时,就会造成雪阻、交通中断。我国东北和西北等地,最大积雪深度在 50 cm 以上,冬季雪害常有发生,在气候异常年份里,我国长江以南地区也会有雪害发生。

(3)雷暴

雷暴为伴有雷声和闪电现象的对流性天气系统。雷暴对交通工具的输电线路威胁较大,它可使交通工具失去动力,因自动滑退造成事故。另外,雷暴可危及通讯或信号,使通讯中断,造成指挥失灵。我国雷暴活动具有一定区域性和季节性,南方多于北方,山区多于平原,最多的是在云南南部和两广地区及海南省,且下午出现较多。

(4)风害

大风可对铁路、桥梁、通讯、电力设施造成危害,吹倒路树,阻断交通,风蚀路基,吹沙降低能见度,大风还可直接危害交通工具,使交通工具运行速度减慢,甚至使交通工具倾覆。我国有三个地区风速较大,大风日数也多。一是中蒙边境地区,二是青藏高原,三是东南沿海。另外,在一些地形特殊的地方,风速大,大风日数多。

(5)雾

浓雾使水平能见度下降,而运输工具从制动到停稳要有一段滑行距离,所以在雾中行车若不减速,就极易发生事故。雾对公路、铁路、水路、航空运输的影响很大。雾的局地性强,在我国的分布比较复杂,雾日最多的地方是在高山上,我国年平均雾日在 50 天以上的多雾区,北方仅限于东北的黄海岸,南方有闽西北山区,云南西南部地区,台湾山区,藏东南地区以及一些零星山区。

　　2. 仓储与气象灾害

　　气象条件对商品的仓储具有重要的影响,其中主要是温度和湿度。高温高湿常可引起商品的霉变、虫蛀、老化、溶化、串味等损伤。为了保证商品质量、使用价值、性能或可靠性不受损失,在商品的运输、装卸、储存和流通等过程中应不受温度、湿度变化的影响,以及雨、雪、大风、太阳辐射、沙尘等的损害。对此专业气象预报服务工作可起到重大保障作用。

8.2.3　一般敏感行业的气象灾害

　　公共事业中电力、燃气及水的生产和建筑业属于一般气象敏感行业。尽管它们对天气依赖性小,但气象灾害也不同程度地影响着这些产业的发展。

　　1. 公共事业与气象灾害

　　随着我国经济迅速发展,作为公用事业的第三产业正以更快的速度增长。公用事业涉及供电、供水、供气等诸多方面。供电、供水、供气受气象条件影响,主要的气象要素是气温、降水量、湿度、日照时数等的支配,供给和需求不协调将直接影响生产和社会生活,也造成经济效益降低。

　　(1)电力与气象

　　天气变化对电力供给影响是非常大的。夏季,空调运转,供电量随气温的升高而急增。如遇黑云压顶,天昏地暗,照明用电量就急增。如遇大雨、大雪、冻雨、雷雨、大风等天气,还会造成电力设施的破坏,引发大面积停电,甚至生命和财产的损失。在夏季雷雨天气出现时,所有供电线路最容易遭雷击,并且雷击的高电压,沿供电线路进入用户,如果用户没安装电源电子防雷器,将导致用户的电脑、仪器、电视、电话等电器设备损坏。这些事故几乎每次雷雨天气都能发生,每年造成的直接经济损失在几十万元以上。为了提高供电质量和减少气象灾害造成的损失,准确、及时、周到的专业气象服务和利用气象预报就显得十分重要。

　　(2)燃气与气象

　　若天然气主要用于炊事时,其需求与温度变化关系不十分敏感。调节流量可通过平衡几天内的生产、储存和消耗关系即可达到均衡,无需过多的储备量,对基建、设备费用要求较低。近年来随着煤气、天然气用于热水供应,对它的需求将逐渐变得与天气关系密切了。影响燃气的主要气象要素包括气温、湿度、日照等。美国城市煤气、天然气消耗与日平均气温呈典型的线性负相关特征。在英国,煤气公司使用气象信息进行供气调度决策所节省的基建、设备和运行费用与气象服务成本相比超过100:1。从发展的角度看,供气调度的天气决策在我国具有实际经济效益和潜在的效用。

城市燃气一般用于以下四个方面:居民生活用气、公共建筑用气、工业企业生产用气和建筑物采暖用气。其中,采暖用气是季节性负荷,具有突出的不均匀用气特点,只有当具备调节季节不均匀用气的源和设备时才能采用。各类用户用气不均匀是城市燃气供应的特点,具有月、日、时三种不均匀性。影响居民生活及公共建筑用气月不均匀性的主要因素是气候条件。气温降低,用气量增加,其中包括水温低,冬季习惯于吃热食,需用热水较多等原因;夏季用气量降低。

(3)水的生产与气象

自来水用量一般与四季气温同步变化。夏季用水量猛增,主要消耗于防暑降温,自然蒸发,洗涤用水和饮用,受台风、暴雨、雷雨的影响波动很大;冬季寒流降温既影响耗水量,也可由低温冻结引起供水不畅甚至造成管道损坏。一般主要根据气温预报调节自来水生产和储量。自来水厂为了保证净化过程中流量稳定和净化效果,有关净化构筑物的规模常以最高日平均小时流量设计。但水厂的送水泵房,为适应外部用水量变化,往往采用多泵组合分级输水。其中,分级输水线应参考气象条件使之尽量接近实际用水线,其间的供求矛盾常通过贮水池和水塔调节。

2. 建筑业与气象灾害

建筑施工大部分在室外进行,同时包含相当部分的易损材料,受天气气候影响较大。若能充分利用有利的气象条件,可以节约资金、材料和人工;否则常遭致材料浪费,无效劳动,设备闲置。表 8.2 列出美国建筑业年产值分布及潜在天气敏感项的比例,年代虽早些,但仍能说明问题。当年建筑业总产值占美国国民生产总值的 10%,其中 45% 的消耗为受天气影响的室外工作耽误和易损材料损失。据统计,若能适当利用有利天气,至少可节省 10%~17% 的消耗,或增加利润 50%~100%。收益与付出之比高达 40:1。前联邦德国统计因利用天气预报获利为建筑投资的 2%~3%。

表 8.2　美国建筑业年产值总量及其分布和潜在天气敏感项比例(Russo,1966,单位 10^9 USD)

建筑年份	年总量	潜在天气敏感项				总敏感项(占产值百分比)
		易损材料	现场工资	装备	管理和收益	
住房	17.2	0.960	1.624	0.073	2.141	4.8(27.9%)
一般建筑	29.7	1.928	4.097	0.222	2.670	8.9(30.0%)
高速公路	6.6	1.666	1.633	0.773	0.727	4.8(72.7%)
重大特殊项目	12.5	1.875	3.125	2.500	2.500	10.0(80.0%)
维修	22.0	2.674	3.996	1.386	3.143	11.2(50.9%)
总计	88.0	9.1	14.4	5.0	11.2	39.7(45.1%)

资料来源:章澄昌. 产业工程气象学. 气象出版社.1997

（1）外场施工的天气影响

降水、极端温度和高风速是妨碍建筑施工的主要气象因素，包括单项影响和叠加影响。室外施工的临界降水限约 0.5 mm/h，其影响范围之广、可从最初的设计勘察到最后的室外涂刷。气温影响人员工作效率，也决定机械设备的操作性能，而且有些材料的加工，对温度非常敏感。室外劳动的最适温度约 10～25℃，低于 5℃ 或高于 32℃，施工的工作效率迅速降低。若单纯考虑温度的影响，0℃ 时工作效率减至 50%，−12℃ 减至 25%。只有经过训练，穿着特殊服装、才能改善低温下的工作效率。高温下不仅工作效率降低，而且易中暑，甚至造成人员伤亡，只有在一定遮蔽条件下，伴有中等风，湿度较低时稍有改善。由于风速随高度递增，高风速对高空作业和起重装吊作业均会造成危险。近年来，起重机数量增多，高度增加，风致振动现象愈来愈多，风毁事故时有发生。室外施工的天气影响归纳见表 8.3。

表 8.3　室外施工的天气影响

天气	效应
雨	迟缓进入场地和移运 妨碍挖掘，形成积水 改变混凝土浇注时的水灰比，延迟混凝土凝固，降低其强度和耐久性 影响砌砖和所有室外涂刷、铺设工序，损坏新完成的表面，损坏未及时遮蔽的材料 增加人员体力消耗，引起身体不适，增加现场危险性 同时伴有高风速，增强降雨的渗透，削弱覆盖的遮蔽保护作用，增大现场危险性
雪	能见度低，影响测量，仪器受损，贮存材料受损，削弱水平遮盖的防护作用 影响混凝土浇注，影响强度降低质量，甚至使混凝土冻结损坏 对已建水平面产生附加负荷 妨碍外场作业，增加现场危险性（冰凌、打滑） 同时伴有高风速，引起吹雪，影响外场通讯，扩大降雪负面影响
高风速	使钢架竖立、结顶、护墙板、脚手架及类似的作业危险性增加，风力大于 3 级，风影响主体结构焊接，风力大于 4 级，影响砌墙，限制或妨碍高架起重机和塔吊作业，风力 5 级，应停止作业，并实施加固，损坏未连接的墙、部分固定的包层和未完成的结构，危及临时固件，吹散零散材料和构件
低温	0℃ 常作为临界温度，低于 0℃ 影响挖掘，使未防护水管冻结，影响供水，使堆料冻结，增加运输困难，影响材料供应 损坏灰浆，无法砌砖，影响混凝土浇注和固化 延迟刷油漆、抹灰泥、黏贴瓷砖等材料 −20℃ 以下结构工程中的钢筋、钢板易脆断、造成机械设备启动的延迟或失效 在支架、钢固件和部分完工结构上产生霜膜 造成进场人员不适和增加危险性 同时伴有高风速，增强了冻结的概率并造成上述效应的严重程度

（续表）

天气	效应
高温	高于 30℃，砂浆易失水，影响黏结度 高于 25℃，混凝土养护增加洒水次数和缩短时间间隔，且易断裂 增加人员体力消耗，引起身体不适，甚至中度昏厥，增加现场危险性
湿度	高湿对混凝土养护有利，但贮存的水泥易受潮甚至蒙受降低使用价值的危险，构件、工具易结霜

（2）低温作业环境对人体的影响

人体具有一定的冷适应能力。当环境温度低于皮肤温度时，刺激皮肤冷觉，产生神经冲动，引起毛细管收缩，使人体散热量减少。当环境温度进一步降低，肌肉会剧烈收缩、抖动以增加产热量，维持体温稳定，此为冷应激。

冬季室外建筑施工、制冷和冷库作业、冷水清洗以及寒带冬季无供暖室内的操作，作业时间过长，会超过人体的冷适应能力，使体温调节发生障碍，影响身体的机能和健康。人体对低温的适应能力远不如对热的适应能力。不仅不舒适感迅速上升，机能迅速下降，而且会使脑对高能磷酸化合物的代谢降低，导致神经兴奋性和传导能力的减弱，出现痛觉，反应迟钝和嗜睡现象。

若人体长期处于低温环境，还会导致循环血量、白细胞、血小板减少，血糖降低，血管痉挛，营养障碍等症状。在低温高湿下，易引起肌痛、肌炎、神经炎、腰痛、风湿疮等疾患，以及面部、肢体冻伤。

低温环境对人体的影响还取决于气流。随气流增加衣服热阻减小，御寒功能降低。温度越低，气流速度影响越显著。

8.3　气象灾害工程管理对策[①]

气象灾害种类多，影响着社会经济和生活的有序发展。为了适应科学防灾减灾和社会、经济迅速发展的需求，必须加强敏感行业的气象灾害工程管理，加快大气监测、信息加工和气象灾害预警能力为主要内容的气象现代化建设，加强气象灾害的机理研究，制定科学防灾减灾对策。

8.3.1　建设气象灾害监测、预警系统，提高气象灾害预警能力

防御和减轻气象灾害，天气预报是其重要的条件。但因造成气象灾害的因素复

---

①　部分内容参照章澄昌《产业工程气象学》（1997 年 10 月第一版）的内容整理而成。

杂,目前的天气预报预警仍不能适应科学防灾减灾和社会、经济快速发展的需求。无论是天气预报能力还是社会需求,都要求加快建设气象灾害监测、预警系统,加强气象灾害机理研究,提高大气监测、信息加工和气象灾害预警能力为主要内容的气象现代化建设和气象科技研究的进程。

1. 气象灾害监测、预警系统主要建设内容

(1)建立综合性的、密度适合社会发展需求的、现代化的立体大气监测系统,提高大气监测能力

气象灾害预警水平依赖于大气监测能力的提高。美国和我国短期天气预报水平第一次快速、显著提高分别发生在 20 世纪 60 年代中期和 70 年代初期。其原因是,气象卫星从太空监测地球大气,所提供的云图等新的地球大气探测信息极大地丰富了过去常规大气探测资料,特别是丰富了宽阔海洋、极地和高原、沙漠等人迹稀少地方的探测信息。自有气象卫星探测后,活动在大洋上的台风再也不会漏测了。

我国目前的大气监测网基本上是以监测天气尺度以上系统为原则规划组建的,数十千米至数千米的中小天气尺度系统因目前站网距离大,成了漏网之鱼。为了监测中小天气尺度系统,提高对局地致灾暴雨、雷雨大风、冰雹预报水平,减轻山地灾害造成的人民生命财产的损失,很有必要增加站网密度,建设自动气象站。另外,还要建设气象雷达站,提高卫星探测能力,建立起综合性的、密度适合社会发展需求的、现代化的立体大气监测系统,以提高大气监测能力。

(2)建立能力较强、满足自然灾害预警需要的信息加工处理系统,提高气象信息传输和加工处理能力

大气监测站网分布范围广,常规监测信息、尤其是气象卫星和气象雷达探测、自动气象站获取的大气监测资料时间间隔短、信息量大,需要建立自动化的卫星气象通信和网络通信系统,提高气象信息传输能力。

我国短期天气预报水平第二次快速、显著提高发生在 20 世纪 80 年代中期。这次水平的提升主要依赖于计算机加工处理能力提高、短期数值天气预报业务模式建立并投入业务运行。因大气监测信息快速增加以及空间分辨力和时间步长较短的新的数值天气预报模式投入业务运行,需要不断建立新的计算机系统,提高气象信息加工处理能力。

(3)建设综合性的气象灾害预警信息采集加工、监视平台和自动化程度较高的自然灾害预警系统,提高气象灾害预警能力

减轻和防御气象灾害的影响,首先是要做好灾害的预报预警工作。这意味着在灾害发生前,提前预测气象灾害可能的发生和发展,使减灾防灾措施有的放矢,效益显著。为了更好地做好气象灾害的预报预警工作,提高气象灾害的预警能力,需要不断加强天气气候预报预测新方法的研制,提高对天气气候变化规律的认识。同时还

需要加强天气气候变化监视系统建设,改进天气、气候变化监视手段,达到各种天气、气候探测信息采集及时,分析加工准确,自动化程度高,综合能力强,效率高,使之能反应迅速,为减轻和防御气象灾害赢得宝贵时间。

2. 加强气象灾害的机理研究

气象灾害主要是较为极端的天气气候事件造成的,只有加强极端天气气候事件和气象灾害形成机理的研究、尤其是应用性研究,弄明白高温干旱、暴雨洪涝、台风、寒潮冻害等极端天气气候事件及其形成的气象灾害的发生、发展、消亡的内在原因和环境条件,才能提高气象灾害的预测预报和预警水平,达到防御和减轻气象灾害的目的。提前一个月预测少雨干旱和提前三天准确预报暴雨的落区、落时及其形成的洪涝灾害,目前还是世界性的难题。我国对于旱涝特别是干旱的监测预测能力也十分有限。这主要是因为大范围长期的干旱和持续性暴雨形成涉及十分复杂的物理过程,应积极开展跨学科、跨部门的协作,加强少雨干旱、暴雨洪涝的监测和干旱、暴雨形成机理的研究,提高旱涝预警能力。

另外,开展气象灾害评估技术和方法研究,建设满足自然灾害预警需要的、自动化程度较高的气象灾害评估系统,开展实时气象灾害评估业务。

3. 制定防御和减轻气象灾害原则,规范防御和减轻气象灾害行为

总结多年防御和减轻气象灾害实践和研究,要减轻、防御气象灾害,除需建设气象灾害监测、预警系统,加强气象灾害的机理研究,提高大气监测、信息加工和气象灾害预警能力外,还必需制定下列防御和减轻气象灾害原则,规范防御和减轻气象灾害的行为。

(1)应贯彻以人为本的防灾减灾原则

防灾减灾是以保护和减轻人民生命财产损失、维护社会稳定为目的的。在生命和财产上,当然首先应该是以人为本,尽一切力量减少人员伤亡。

(2)应贯彻以效益优先的防灾减灾原则

防灾减灾还应体现投入与产出的效益。在防御和减轻气象灾害中,应首先考虑对人民生命财产和社会稳定构成重大威胁和造成重大损失、而在防灾减灾中能取得明显效益的气象灾害。

(3)应贯彻工程措施与非工程措施结合、以非工程措施为主的防灾减灾原则

至今,人们还无力直接阻止极端天气气候事件引起的气象灾害的发生,但是可以通过先进的技术、现代化的手段监测分析大气变化,捕捉极端天气气候事件可能发生的前期征兆,预测气象灾害的发生。极端天气气候事件和气象灾害管理应硬(工程性)、软(非工程性)兼施、标本兼治。在国家投资有限、治本工程量大、所需时效长的情况下,有必要加强极端天气气候及其产生的气象灾害管理非工程性方面的建设,建设自然灾害监测、预警系统,提高大气监测、信息加工和气象灾害预警能力。

(4)贯彻不同灾种采取不同防灾减灾对策的原则

不同气象灾种的致灾因子、产生地域是不同的。因此,防灾减灾的对策也是不同的。

重视出现连旱的可能性,调整农业结构和农作物种植计划,节约用水。要积极做好继续抗旱的各种必要准备,发展节水农业,以提高灌溉水的利用率和水分生产效率,充分利用可以利用的水源,防御与减缓干旱灾害造成的损失。

充分开发利用空中云水资源。解决干旱缺水,开发水源十分重要。大气降水是地面水资源和地下水资源的来源,充分利用、合理开发空中水资源、实施人工增雨作业是缓解干旱的手段之一。过去,我国人工增雨工作主要是以农业抗旱为主。在总结历史经验的基础上,近年,人工影响天气工作正进行战略转变,从防灾减灾为主的作业向防灾减灾、缓解水资源短缺、改善生态环境等多目标、多功能的作业转变。

加强水资源和生态环境保护。我国水资源领域面临洪涝灾害频繁、水资源短缺突出、水土流失严重和水污染尚未得到有效控制的挑战。应以水资源合理配置为中心,实现社会经济用水与生态环境用水的合理分配;要建立生态功能保护区,以实现区域生态平衡,大力发展风能、太阳能、生物能等可再生能源技术,减轻气象灾害造成的损失。

适应气候变化、加强生态环境综合治理。气候作为人们赖以生存的自然环境和自然资源的一个重要组成部分,其任何变化都会对生态系统、社会经济以及人们日常生活产生重大的影响。对于这一类的气象灾害主要是通过适应气候变化、加强生态环境保护进行综合治理。要针对具体事例,有计划地逐步改变当地农作物的种类和品种,以适应逐步变化的气候。

复习思考题

1. 什么是气象敏感行业? 哪些行业属于气象敏感行业?
2. 气象敏感行业中农业经常受到哪些气象灾害的影响?
3. 为什么要进行气象灾害工程管理?
4. 如何加强气象灾害工程管理?
5. 防御和减轻气象灾害的原则有哪些?

案例:科学预防和减轻雾害策略[①]

有研究报告指出,随着全球变暖进一步加剧,由于近海开放水面季节的延长,沿

---

① 北方网新闻 http//news. enorth. com. cn/system/2007/10/30/002232755. shtml

海地区局地小气候发生变化,将可能导致雾生成更为频繁。国家气候中心监测事实也表明,近年来我国辽宁东部、华北平原南部、黄淮大部、长江中下游一带及四川盆地东部、云南东部等地雾日数就呈上升趋势。

人类活动将会造成大气中悬浮颗粒物浓度增加,在有雾形成的自然气象条件下,水汽就会以空气中的悬浮颗粒物为凝结核,增强雾的浓度。进入工业化时期,一种新的雾害——光化学烟雾出现在了人们的面前。这种光化学烟雾是由碳氢化合物(HC)和氮氧化物(NOx)在太阳紫外线的作用下,发生光化学和热化学反应后,产生以光化学氧化剂臭氧(90%以上)为主的氧化剂及其他多种复杂化合物。对人体健康有极大的危害,受害严重者可出现呼吸困难、头晕甚至血压下降、昏迷不醒,长期慢性伤害,可引起肺功能异常、支气管发炎、肺癌等更严重疾病。

科学预防和减轻雾害

文学大家笔下的雾,总是像一个美丽温柔的少女,如梦如幻,引人遐想,而雾的危害程度往往被人忽视。事实上,当前及今后一段时期,随着经济建设和人民生活对交通、能源的依赖程度越来越高,雾的危害将会日益显现,光化学烟雾发生的可能性也有可能增大,科学预防和减轻雾害已经成为一个不可忽视的问题。

专家介绍,预防雾害,首要的是加强监测、预报和预警。雾害的产生主要与天气气候条件密切相关,不同的雾害其影响领域和影响程度也各有不同,因此,必须针对不同的雾害,做出科学的监测预报信息。二是建立多部门协调的应急机制,防御和减轻雾危害。机场、港口、高速公路的布局要避开浓雾多发地区;电力、交通部门要增强防御雾害意识,对交通枢纽和交通干线要根据浓雾的能见度水平和路面状况,科学合理地采取限速、限量和封闭措施。三是要切实加强雾害发生时的舆论宣传,提高全社会科学认识和防御雾害能力。

案例:南方雪灾反映出的问题与思考①

2008 年 1 月中旬至 2 月初,我国南方地区发生了罕见的低温雨雪冰冻灾害。这次雪灾给我们的启示是什么？应当汲取哪些经验和教训,今后如何应对这类灾害？现根据灾后的初步调研提出如下分析。

一、做好社会化大生产条件下抗灾救灾的思想与物质准备

1954 年冬天我国也出现过持续时间长、降雪强度大的雪灾天气,但对当时的交

---

① 吕政. 南方雪灾反映出的问题与思考. 当代财经,中国社会科学院工业经济研究所. http://thesis. cei. gov. cn/modules/showdoc. aspx? DocGUID = 580f296999404c9ebbc2008ab6cd686c & word = & title =

通运输、工农业生产和城乡居民的生活并没有造成很大影响。2008年的这次强降雪与1954年相类似，但对我国的社会经济生活造成了重大影响。因为我国社会经济已从自给自足的小农经济社会进入到工业化、生产社会化、经济国际化的发展阶段，人员和物资的流动规模显著扩大，地区间社会经济相互关联日益密切，国民经济各个部门之间相互依赖的程度大大提高，信息传递技术高度发达，真正是牵一发而动全身。此次雪灾告诉我们，在不同的社会经济发展条件下，灾害的影响程度大不相同。我们必须树立现代社会应对自然灾害的危机意识，依靠现代科学技术，提高对自然灾害的预测水平，建立起适应工业化和社会化要求的处理自然灾害的应急机制，做好应对自然灾害的物质技术准备。通过这次雪灾，人们担心现代交通干线和枢纽一旦遭到破坏，将如何应对？我们要未雨绸缪，认真研究雪灾给重要交通线路造成的破坏和影响，积极做好应对准备。

二、抗灾、救灾应把发挥政治优势与运用经济杠杆结合起来

尽管我国社会经济主体已经多元化，经济生活市场化，但在突如其来的重大自然灾害面前，党和政府仍然是领导、动员、组织和协调各种救灾活动的核心力量。坚强的党的领导和政令畅通的指挥体系是抗灾救灾卓有成效的根本保证，充分的物资调配能力是救灾的物质基础。从一些地区的经验看，在灾害最严重的地区和关键阶段，省、市、县领导亲临抗灾、救灾第一线，才有可能动员基层干部群众广泛参与。这种政治优势必须继续坚持和发扬。

另一方面，也必须看到雪灾救助与抗洪救灾的显著区别。洪水灾害与当地群众的生命财产有着直接的利益关系，比较容易动员当地群众积极参与抗洪救灾。与抗洪救灾不同的是，高速公路与地方社会经济关系并不十分密切，甚至由于一些地区的高速公路切断了当地的水系，阻隔了社区局部交通，以及征地拆迁补偿不到位等问题，动员当地群众义务参与高速公路的雪灾救助有较大难度，在这种情况下，运用经济杠杆动员群众是必要的。

三、加强雪灾应急体系建设

我国南方出现严重雪灾虽属罕见，但不能因为五十年一遇而放松警惕。现阶段人们对气候变化和极端天气的出现还缺乏规律性的认识，还没有从必然走向自由，因此建立严重雪灾的应急体系是必要的。首先要加强气象预测、分析和预报体系，使应急工作建立在科学预报的基础上；其次是建立从中央到地方的应急决策与指挥体系；三是在总结这次抗灾救灾经验教训和借鉴国外经验的基础上制订具有可操作性的应急预案；四是建立必要的、动态的资金与物质储备，重点是资金准备，物资储备应以社会储备、社会动员为基础；五是高速公路及国、省干道可配备普通铲雪机，重型铲雪设备以省高速公路网为单位适当配置。更多的应急设备可通过向社会临时租用的方式获得，以避免不必要的重复购置和闲置；六是建立灾情、交通信息的采集、联网、共享

与权威性的发布体系。

四、加强跨区域、跨部门的协调和实行积极疏导的方针

高度现代化的、立体的和网络化的运输体系,既加快了运输节奏,提高了运输效率,但也出现了运输体系相互协调的复杂性以及因局部瘫痪而对全局的影响。因此,必须理顺和加强跨区域、跨部门的协调。首先,对高速公路、铁路网的主干线和跨省区关键环节,应在中央政府的层次建立统一的指挥机构与协调机制;省际之间应在中央的统一指挥下相互协调、相互配合、相互支援,既要守土有责,各人清扫门前雪,确保本地路段的畅通,又不能以邻为壑,把矛盾和困难转移到相临省份。

由于高速公路建设投资主体的多元化,大多数地区形成了高速公路多个经营管理主体,甚至一路一公司的格局。尤其是一些民营的投资和经营主体,在严重的雪灾面前,仍然更多的考虑经营成本,不重视紧急情况下必须承担的社会责任。但是高速公路的网络化和公益性,要求经营主体的局部利益必须服从全局利益,不应由于一路一桥的利益而影响路网的畅通。在紧急情况下,任何路段的经营主体,都必须无条件地服从交通主管部门的统一指挥、调度等强制性政令。从这次雪灾的教训看,过早地封路不是确保安全的上策,反而加剧了道路的堵塞。各个地区的国道、省道没有采取封路的办法,一直保持了车辆通行的状态。因为道路不封,车辆不断地对积雪进行碾轧,汽车尾气的热量又起着化雪的作用,从而延缓了道路冰冻的过程。湖北省采取重车碾压、路警开道、结队通行、限速限载、间断放行的办法,对于消除堵塞、保证畅通很有成效。因此,大雪天气是否封路,应当由公安交警部门与交通路政管理部门共同会商决定。

五、科学布局、建设与合理利用综合交通运输体系

2007 年底,我国高速公路通车里程为 53000 km,东部和中部的一些省份高速公路通车里程已达到或接近西欧发达国家的水平。因此,在严格按照国家规划继续推进高速公路建设的同时,应加快国道、省道和县乡普通公路的建设,形成各种等级公路相互配套的网络体系,而不应是高速公路一枝独秀。这样既有利于区域经济的发展,又有利于避免紧急情况下高速公路干线过于脆弱的状况。

高速公路的设计,没有必要全部抬高路基。在地质条件容许的前提下,一些路段可以适当降低路基,采取发达国家高速公路"顺地爬"的模式,即有利于紧急情况下车辆从高速公路上快速向外疏散,也有利于被损坏路段的及时修复。

春节前后南方地区许多火力发电厂因煤炭运输受阻导致煤炭供应紧张。但是江苏省充分利用沿海、沿江和大运河的水上运输,较充分地保证了发电用煤的供应。目前,水上客运已经没有优势并显著衰退,但水上货物运输运输成本较低且基本不受大雪影响。因此,东部和南部沿海、沿江地区应当更多地利用水上运输能力,降低北煤南运对铁路和公路运输的依赖程度。

虽然一些地区鲜活农产品在生产环节具有比较优势,但由于其附加价值低,远距离运输并不具有经济上的合理性。因此,应调整和优化生产布局,尽可能缩小运输范围。例如,保证京津唐三大城市的鲜活农产品的供应,应主要依靠其周边省区的各类生产基地。这样即使不设绿色通道,也能够降低运输成本并节约能源。

六、统筹规划输变电设施的修复和电力建设

我国输电高压线路是按 30 年一遇的自然灾害来设计的,即输电线路防覆冰的标准不超过 10 毫米,而这次南方冰冻雨雪气候的覆冰在 30～60 毫米,大大超过了设防标准。这次雪灾对电力、通信和交通设施造成破坏的后果与现代战争打击中心区域和关键环节相类似,在一定程度上暴露了电力、通信和交通系统在灾害面前的脆弱性。应对办法需要考虑战略安全、经济合理、技术可靠等多种因素。

在电力消耗高的经济发达地区,应适当扩大核电建设规模,加快核电建设进程,降低煤电以及远程输电的比重。

严格控制煤炭出口,逐步增加煤炭进口。目前从越南和印尼进口煤炭的到岸价每吨约 500 元人民币,从澳大利亚进口的优质煤每吨 100 美元。在国际石油价格每桶超过 100 美元的条件下,就火力发电而言,煤炭与石油的价格比、热值比表明增加煤炭进口是合理的。

对于损毁的输电铁塔和线路的修复、重建,需要提高南方地区电网的设计标准。提高设计标准后必然会增加建设成本,但可实行普遍性与特殊性相结合的原则,对特殊区段的电网设计提高设计标准。在海拔高、易产生覆冰的线段;海拔虽然不高,但具备产生覆冰的气象条件的线段;冬天大雪封山,事故抢修成本高的无人区内的线段,应优先提高设计标准。这样既可以不过多提高电网的修复、建设成本,又能够大大提高电网的可靠性。

七、继续控制固定资产投资规模,推进结构调整

南方冰冻雨雪灾之后宏观调控的力度是否应当有所松动,以确保经济持续快速增长? 为了缓解发电用煤紧张,是否应放松对小煤矿的监管? 我们认为,南方雪灾不会对 2008 年的经济持续快速增长造成重大影响。2007 年全社会固定资产投资总额已超过 13 万亿元,相当于当年国内生产总值的 54％,增长幅度持续在 25％以上,说明固定资产投资增长过快、投资规模偏大仍然是经济运行中的主要矛盾。

还有一种担心,认为北京奥运会之后,中国会出现国际上常见的经济萧条现象。实际上,奥运会的举办,对中国经济的影响微不足道。北京申办第 29 届夏季奥运会成功之后,2002—2007 年用于奥运场馆和改善北京基础设施的建设投资总额在 3000 亿元左右。平均每年 500 亿元的投资,只相当于 2007 年全国固定资产投资总额的 0.037％。所以说奥运会之后,中国经济将持续快速增长。

关于结构调整对落后产能的淘汰问题,不应因为南方雪灾而有任何动摇。控制

高耗能、高污染和资源密集型行业的过快增长，一直是近年来工业结构调整的主要任务。到 2007 年，全国累计关停和淘汰落后炼铁能力 3000 万吨、炼钢能力 1521 万吨；已经关停小火电机组 1438 万千瓦，共计 553 台；2007 年前 10 个月已经关停淘汰落后水泥产能近 3000 万吨；关闭多家存在安全隐患的小煤矿，使煤矿安全事故明显减少。结构调整的方向和主要任务应当继续坚持。

八、积极促进沿海地区产业升级和产业转移

随着土地、能源、劳动工资等生产要素价格不断上升以及人民币持续升值，珠三角地区以加工贸易为主导的外向型经济受到了越来越多的制约。2007 年广东的外来人口超过 3000 万。在粤外商投资企业实行"两头在外"的模式，不少企业主要依靠低成本的劳动力参与国际竞争，产品技术含量不高，出口附加值长期得不到提高。2006 年，珠三角规模以上外商及港澳台工业的增加值率为 24.1%，比内资企业低 5.3 个百分点，与 1995 年比仅提高 0.8 个百分点。

2007 年珠三角地区人均 GDP 超过 6000 美元，高于 2005 年世界中上等收入国家的平均水平；非农产业占 97.2%，已接近发达国家水平，这表明珠三角已跨入工业化的成熟发展阶段，具备了产业结构优化的条件和内在要求。珠三角地区应加快构建现代产业体系，积极稳步地推动产业转移。一是以自主技术创新和自有品牌开发为依托，加快高技术产业发展和制造业升级；二是通过承接国际服务业转移特别是承接香港地区的服务外包，大力发展现代服务业；三是鼓励企业"走出去"，积极推进珠三角地区劳动密集型产业向湖南、广西、江西等内陆地区以及越南、柬埔寨、印度尼西亚等周边国家转移，减轻珠三角对外来务工人员的依赖，缓和农民工流动带来的就业、交通、教育等压力；四是积极探索有利于外来务工人员融入当地社会的制度安排；五是通过逐步缩小地区间经济发展过大的不平衡性，减少人口的过度流动。

第9章 区域气象灾害工程管理

不同的气候区域,其气象灾害有很大差异,气象灾害工程管理的特点和内容根据环境的不同会发生一些变化,本章主要介绍区域气象灾害工程管理的相关知识。

9.1 区域气象灾害

气象灾害的发生具有区域性。区域气候、地理环境、天体活动、人口增长等因素使得气象灾害的表现形式也有很大差异,进行区域防灾、减灾工程建设时,需要充分考虑工程建设的气候背景,节约工程成本和国有资产。

9.1.1 气候区与气候示意图

气候区是指根据地球上气候的特征而划分的区域,不同的气候区包含的植被和气象灾害都有所差异。1979 年中央气象局编制的《中华人民共和国气候图集》中,将中国气候分为 9 个气候带,45 个气候区。

气候带分别为:寒温带、中温带、暖温带、北亚热带、中亚热带、南亚热带、边缘热带、中热带、赤道热带。

根据这一划分,中国大陆绝大部分气候区属从中温带到南亚热带的各气候带,仅东北北端属于北(寒)温带,台湾南部、雷州半岛以南及云南南部局部地区分属北、中及南热带,青藏高原列为高原气候区域。北亚热带与南(暖)温带的界线约在北纬34°附近的淮河秦岭一线向西至东经 104°后,再折向西南到贡山附近。划分的依据包括:日均温大于 10℃ 的积温、最冷月均温和年极端最低温、年干燥度(指有植物地段的最大可能蒸发量与降水量的比值)、季干燥度等。

各行业根据防灾减灾的需要,对气候区进行了一系列的细分或者修订,例如农业气候区划图(图 9.1)。

为了适应国家防灾减灾的需要及更好地为各行各业服务,2002 年,中国气象局编制了新的《中华人民共和国气候图集》。该图集是在多年气象观测资料基础上经过科学计算整编而成,它以地图的形式直观地展示了中国气候的时空分布规律,客观地提示了中国气候的基本特征。其内容包括基本气候图(含气温、降水、日照、湿度、云、风、地温）、物理气候图（含辐射、热量、水分）、天气气候图（含热带风暴、强热带风暴、台风、寒潮）、气候变化图（含气温变化、降水变化）和应用气候图（含农业气候、工程气候、航空气候）五个图组计 339 幅。中国气象局官方网站中提供电子气候示意图下载（如图 9.2，图 9.3 所示）。示意图的含义如下。

图 9.1　中国农业气候区划图

气候示意图：由于我国地形复杂、基本（基准）观测站密度有限，尤其在我国西部高原地区观测站更加稀少，分布很不均匀，受制图条件的局限，未能准确反映地形地貌对西部局部地区气候的影响，局部地区可能有较大偏差，因此，名为气候示意图。

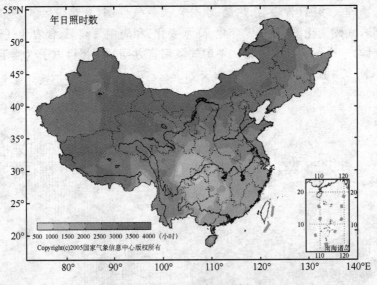

图 9.2　中国累年日照图

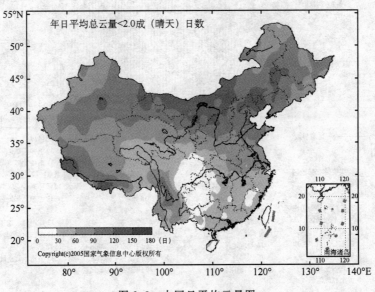

图 9.3　中国日平均云量图

　　气候示意图的数据来自中国地面基本站、基准站共 730 个台站,1951—2000 年历年值和 1971—2000 年累年值。

　　根据国家气象中心 1990 年 1 月颁布的《全国地面气候资料统计方法》规定出版的统计项目和统计方法,以及 1980 年中国气象局出版的《地面气象观测规范》的有关规定统计而得,制图采用通行标准制作。

气候区域示意图具有多方面的用途,如国家为了应对气候变化,调整能源结构,充分利用太阳能等清洁能源,首先需要了解太阳能的分布情况,可以查看累年日照图,平均云量图(如图9.2,图9.3所示)等。

9.1.2　区域气象灾害的特点

在我国仍活动的巨大的纬向构造带、北东—北北东向构造带、北西—北北西向构造带和经向构造带等的控制下,造就了我国一系列走向东西、北东与北北东、北西与北北西和南北的山系和分布其间的平原、盆地、河流,并由此构成了我国地质环境、气候环境、土壤植被环境及人文环境展示的基本格局;作为蕴灾环境,这些山系、平原、盆地和河流的空间分布基本决定了我国自然灾变的分布格局。大体说来,山区多崩塌、滑坡、泥石流、暴雨、山洪、风雹、森林火灾和森林病虫害及水土流失等灾变;平原、盆地地区多洪水、渍涝、地面沉降、干旱、农业病虫害和土地盐渍化、土地沙化等灾变;大陆与海洋毗邻地带则是海洋灾变与热带气旋灾变肆虐之处;此外高原地区还有土地冻融、冰雪和雷暴等灾变。影响较大的主要气象灾害分布情况如下:

干旱:干旱在我国分布最为广泛,但不同地区受旱程度不一,新中国成立以来,有四个明显的干旱中心,即华北平原、黄土高原西部、广东与福建南部、云南及四川南部,其次为吉林省和黑龙江省南部、湘赣南部。

暴雨:暴雨是我国东部多见的自然灾害,有两个暴雨集中的地带,一是从辽东半岛—山东半岛至东南沿海地区;二是大兴安岭—太行山—武陵山一带。另外,沿三大纬向山系天山—阴山、昆仑山—秦岭和南岭的南麓,也是暴雨较多的地区。

热带气旋:我国是世界上少数几个受热带气旋影响最严重的国家。其影响范围主要在太行山—武陵山以东,尤其是东南沿海及海域最严重。

寒潮与冷冻灾害:寒潮是严重的气象灾害,由于我国幅员广大,寒潮与冷冻灾害一年四季均有发生,主要有:

(1)"倒春寒"主要发生于南方的春季;

(2)"低温灾害"主要发生在东北的夏季;

(3)"寒露风"主要发生在南方的秋季;

(4)"霜冻"在全国大部分地区均有发生,其中霜冻最严重的地带有两条,走向均为北—东向:一条带以固原—集宁—大庆一线为轴线,另一条带以湘西南—九江—南通一线为轴线,且一般来说,山地的北坡、西坡、山谷和洼地的霜冻较重,海滨及山地南坡较轻;

(5)"雪灾冻害"则主要发生在阴山以北和贺兰山—龙门山—横断山以西地区。

风雹灾害:风雹灾害的分布大体是沿山系伸展,最多的是青藏高原,其次为大兴安岭至阴山、太行山一带;另外,天山、长白山、祁连山、云贵高原等也是冰雹较多的地区。

涝灾：我国主要的雨涝区集中分布在大兴安岭—太行山—武陵山一线以东，这个地区又被南岭、大别山—秦岭、阴山分割为 4 个多发区。我国西部少雨，仅四川是雨涝多发区。

洪灾：我国大约 2/3 的国土面积，有着不同类型和不同危害程度的洪水灾害，最严重的地区是七大江河流域的中下游地区。

气象灾害的损失程度是由气象灾变的强度、频度，承灾体的密度、价值和脆弱性，社会的减灾能力三个条件综合决定的。由于三者在我国分布均不平衡，致使我国自然灾害损失程度有着显著的地区差异性。概括而言，气象灾变具有上述分区分带非均衡分布的特点；承灾体的密度、价值和社会减灾能力均大体有东部、南部高，西部和北部低的特点。

在上述条件控制下，中国大陆自然灾害的分布可分为特点不一的三个区域：

(1)沿海灾害区：自然灾害种类多，绝对损失严重，相对损失较小。

(2)中部灾害区：自然灾害种类较多，绝对损失较严重，相对损失高。

(3)西部灾害区：突发性自然灾害种类较少，环境型自然灾害特别严重，人口死伤和经济损失较轻，资源破坏严重。

9.2　防灾管理

防灾管理是区域气象灾害管理的关键与基础，防灾管理首先需要了解气象灾害发生的风险，针对现实情况，制定防灾规划，并进行防灾工程的建设。在防灾工程建设过程中，沟通管理具有特定的作用。

9.2.1　气象灾害风险

气象灾害风险分析是以静态的方式将气象灾害可能造成的风险呈现给决策者，使决策者可以根据气象灾害风险状况制定相应的防灾规划。

气象灾害风险分析的过程：

(1)搜集信息。包括气象灾害、孕灾环境、承灾体等信息，同时需要获取各种风险分析的计算方法等。

(2)量化信息。将风险分析需要的基本信息进行量化处理，对于很难量化的信息，需要采用专家打分、问卷调查等形式进行量化。

(3)计算风险值。选择合适的方法对区域气象灾害风险进行计算。

(4)计算结果的呈现。计算结果可以采用多种方式，表格、图形、软件、报告等方式，为不同的用户呈现不同的风险分析结果。

9.2.2　气象灾害风险分析案例[①]

1. 风险分析背景

德清县位于浙江省北部,长江三角洲杭嘉湖平原西部,气候属亚热带湿润季风区。面积 938 平方千米。地形复杂,县境内西部为天目山余脉,山峦起伏,竹茂林密;中部属湘溪、余英溪、阜溪"三溪"河谷,是山区向平原过渡的低丘地带;东部地势低洼,河网交织,是德清平原的主体。

德清县主要气象灾害有暴雨、雷电、干旱、大风、冰雹、雾、高温热浪、暴雪、低温冰冻等。由气象原因引发的山洪、泥石流、山体滑坡以及生物病虫害、森林火灾等气象次生灾也较为严重。据统计,气象灾害占该县自然灾害的 90% 以上,对全县人民生命财产安全、经济建设农业生产、水资源、生态环境和公共卫生安全等影响严重,每年因气象灾害造成的经济损失占当年 GDP 的 1‰～3‰。特别是近年来极端天气频发,气象灾害增多,我县每年造成的损失都在 1 亿元以上,其中 2008 年全县气象灾害造成的直接经济损失达 18.3 亿元。

开展县境内气象灾害风险区划,是开展气象灾害预报、气象灾害防灾减灾工程建设、灾害防御对策提出、灾害风险评估、指导农业产业布局的科学依据,有助于政府部门更好的进行决策。

2. 风险分析过程

利用德清及其周边的常规站、自动站的气象要素资料,历史灾情数据资料,结合孕灾环境数据,主要考虑灾害性天气出现的时间、持续时间、地点和强度等方面分析致灾因子特征及其危险性;利用土地类型资料对灾害作用的承灾体进行分类,结合各灾种对各类承灾体的影响(脆弱性),分析承灾体潜在易损性。利用层次分析法、加权分级评分法、模糊综合评判法等数学方法和专家打分等主观方法建立计算模型求取指标权重,得到灾害风险度模型,利用 GIS 进行空间叠加得到风险区划图,技术路线如图 9.4 所示。

3. 区划技术方法

(1)灾害风险评价指标的量化

根据不同灾种风险概念框架选取不同的指标。由于所选指标的单位不同,为了便于计算,选用以下公式将各指标量化成可计算的 1～10 之间的无向量指标:

$$X'_{ij} = \frac{X_{ij} \times 10}{X_{imaxj}}$$

其中,X'_{ij} 与 X_{ij} 相应表示像元 j 上指标 i 的量化值和原始值;X_{imaxj})表示指标 i 在所

---

① 该案例源自"张克中,顾丽华,万奎,顾俊强。张斌,姜瑜君,杨旭超. 德清县气象灾害风险区划技术方法研究及其应用. 中国气象学会 2009 年会."

有像元 j 上的最大值。

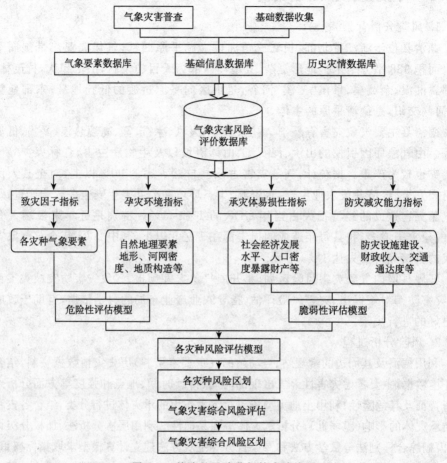

图 9.4　德清县风险分析技术路线图

（2）分灾种风险评估模型的建立

考虑致灾因子、孕灾环境、承灾体脆弱性和灾害防御能力，建立如下灾害风险系数评估模型

$$DRI_K = (H_K^{W_H})(E_K^{W_E})(V_K^{W_V})[0.1(1-\alpha)R+\alpha]$$

$$H_K = \sum W_{HK}X_{HK} \quad E_K = \sum W_{EK}X_{EK}$$

$$JZV_K = \sum W_{VK}X_{VK} \quad R_K = \sum W_{EK}X_{EK}$$

其中：DRI_K 是灾种 K 灾害风险系数，H、E、V、R 分别表示致灾因子、孕灾环境、承灾体脆弱性和防御能力因子系数，W_H、W_E、W_V 相应地表示其权重，X_K 是指标 K 量化后的值，W_K 是指标 K 的权重。

(3)综合风险评估模型

$$IDRI = \sum DRI_K W_K$$

IDRI 是气象灾害综合风险系数,根据灾情数据库每个灾种的损失情况,采用数学方法或专家打分法获得。

4. 承灾体易损性分析

气象灾害造成的损失大小,不仅取决于致灾因子的危险性,还取决于承灾体的潜在易损性。随着 GIS 技术的日益普及和完善,应用基于 GIS 技术的图层叠置法评估承灾体脆弱性,将脆弱性构成要素图层间的叠置。这种方法能够反映区域灾害承灾体潜在易损性间差异。在 GIS 平台上,将所有的数据落实到 1000×1000 米的格网上进行处理。承灾体潜在易损性以 100×100 米网格为单元进行计算量化。

对于气象灾害,不同的下垫面类型很大程度上决定了其承灾体脆弱性的程度,不同的土地利用类型代表了不同的下垫面类型,将德清县的土地利用类型进行整合来反映下垫面分布,整合方法如下:选取德清精细化土地利用类型。包含 21 种:21 林地、22 灌木林地、23 疏林地、24 其他林地、31 高覆盖草地、32 中覆盖草地、33 低覆盖草地、41 河渠、42 湖泊、43 水库、51 城镇用地、52 居民用地、53 工交建设用地、66 裸岩、111 山区水田、112 丘陵水田、113 平原水田、121 山区旱地、122 丘陵旱地、123 平原旱地(以上数字为类型代码)。根据土地利用类型的一级分类标准以及德清的实际情况,将以上分为居民用地和工交建设用地(52、53)、城镇用地(51)、水域(41、42、43)、旱地(121、122、123)、林地(21、22、23、24)、草地(31、32、33)、水田(111、112、113)。将分类的土地利用类型数据落实到 1000×1000 米的格网上(如图 9.5 所示)。

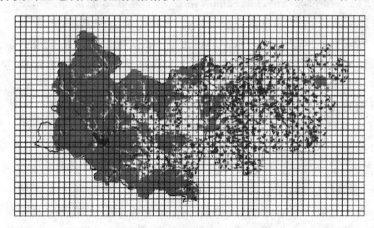

图 9.5　德清承载体类型与分布

将各灾种的承灾体脆弱性指标落实到不同类型的下垫面上,能更加简单和科学地量化各灾种的承灾体潜在易损性。并能更加科学合理地体现其空间分布,例如基于土地利用类型矢量数据,利用 GIS 技术将人口和 GDP 数据空间化(图 9.6),可以看到人口密度和经济发展数据的空间分布比各乡镇的均一化分布更加合理。

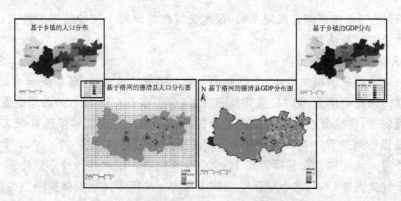

图 9.6　德清人口、GDP 网格空间分布图

　　在不同的精细化土地利用类型的基础上,综合考虑每种下垫面类型上人口,经济承灾体脆弱性指标的易损性分布和程度,根据历史灾情数据统计以及灾害本身性质,确定不同土地类型上各种灾害的易损权值系数。定义某土地类型针对某一灾害的最大值潜在易损性为 1,其最小值潜在易损性为 0。根据不同种类的气象灾害特征与历史灾情损失数据,采取合理科学的数学方法,将基于不同精细化土地类型上各灾种易损指数做量化计算。

　　如图 9.7 所示,研究区域按照土地利用类型可划分为个多边形区域,各区的属性信息见图例。现在需要将研究区域网格化为 1000 米×1000 米的格网状区域。不可避免地,网格化后得到的格网区域可能有落在多个源区域的情况。采用面积权重内插法方法来能实现最大限度地合理推定这些格网区域上的属性值(可通过一定的线性规则转化为该格网区域的承灾体脆弱程度)。根据规则格网区域内各源区域所占面积的百分比来确定格网区域的属性数值。主要步骤如下:1)找出落在各个规则格网区域上的源区域;2)确定各个源区域与规则格网区域相交部分的面积,并计算其占格网区域面积的百分比;3)按照面积比例的多少来分配属性值。

　　5. 计算结果呈现与应用

　　应用上述气象灾害风险区划方法,编制了德清县境内台风、洪涝、雷电、低温冻害、地质灾害等 13 种气象灾害以及气象次生灾害的风险区划图和气象灾害综合风险区划图,并根据风险区划,结合最近几年的实际灾情,给出每种灾害在每个风险区的临界致灾条件来开展灾害预评估,并根据最新灾情和下垫面的变化及时科学地修正这个临界值。根据风险区划提出适合本地实际情况的灾害防御对策,并依据德清县气候特征和灾害风险区划,指导农业产业布局合理调整,提出农业防灾减灾对策。图 9.8 给出该县主要的气象灾害风险区划图和气象灾害综合区划图。

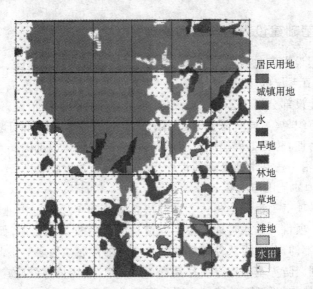

居民用地

城镇用地

水

旱地

林地

草地

滩地

水田

图 9.7　德清某一区域的 1000 米×1000 米的格网的土地利用类型图

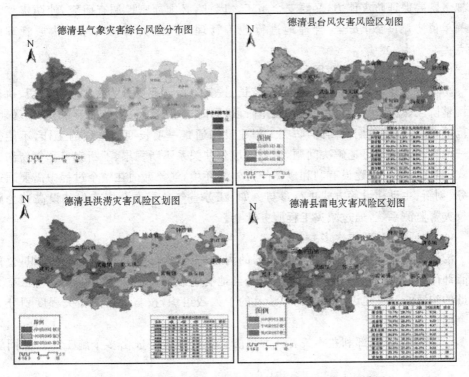

图 9.8　德清县主要气象灾害风险图和气象灾害综合风险图

9.2.3　防灾基础建设内容与沟通管理①

防灾基础建设内容包括防灾工程的建设、工程项目的防灾建设、灾害监测网的建设、灾害应急仿真系统的建设。

防灾基础建设部分属于公共基础设施,部分属于各种组织单位,例如高压电输送塔的建设属于组织单位,同时需要考虑防止高压电线积冰的倒塌问题。由于气象灾害分布的地理特性,防灾工程建设可能涉及多级政府、组织或部门。在防灾工程建设中,除了需要运用一些基本的管理理论外,沟通管理至关重要。

1. 沟通管理的范围与内容

沟通管理是项目工程利益相关者通过信息交流和传递进行沟通,从而建立思想和信息的联系。项目的沟通管理确保工程信息的合理收集和传递,保证相互动作协调,包括团队内部的沟通、团队外部管理层和业主的沟通。沟通与协调是实现项目和谐管理的润滑剂。防灾基础建设项目具有工点分散、战线长、建筑物类型多、地质、气候复杂、长期野外施工等特点,特别是现有工程改建和增建时,在正常防御灾害条件下施工既要保证防灾能力,又要安全施工。因此,必须周密地调查研究,使防灾建设相关单位协调一致,安全、合理地进行施工管理。气象灾害防灾减灾沟通管理的特点:

(1)沟通管理的全寿命周期性

防灾工程建设项目持续时间相对较长,按其寿命周期可分为规划设计阶段、执行与调整阶段、规范运行阶段和结束收尾阶段,同时这也是项目团队的形成期、风暴期、规范期、成果和解散期。因此,防灾工程建设沟通是一项长期而繁琐的工作,不能仅靠一两次沟通就能迅速解决问题,需要通过公共关系不断积累、不断完善和创新沟通方式,建立起对工程建设有利和成熟的内外部环境,气象部门在整个过程中需要通过服务、创新、主动建设等方式进行参与。如,江苏省气象局在全国首先建设高速公路气象灾害监测系统,通过减灾工程服务社会。

(2)沟通范围广、层次多

沟通管理的范围包括项目团体内部的沟通,也包括与监理、设计、上级组织、公司职能部门、各分包商、质监安监部门,以及当地有关政府部门或组织等众多项目有关人员的沟通。防灾建设项目实施中涉及的个人或组织,按与项目的相关程度划分为三个层次。

一、项目组织内部利益相关者。大型防灾工程建设一般由多个施工单位共同施

---

① 本部分编写主要参考王为林. 铁路建设项目沟通管理探讨[J]. 中国铁路,2008,(9):31-34.

工,因此,整个建设项目组织管理是否协调、信息沟通是否顺畅至关重要,同时还要组织好工程间的衔接。

二、项目组织近外层利益相关者。在项目组织外部,直接与项目组织进行协调的单位有其所属的公司、代表甲方利益的公共事业部门、监理单位、物资供应单位、灾害防御设计部门和地质设计部门。

三、项目组织远外层利益相关者。除了上述主要和直接利益相关者以外,还有一些机构和部门与项目组织间接地发生联系,包括政府部门、金融机构、司法部门、服务部门、新闻单位和社区单位。

(3)沟通内容多

防灾建设项目沟通管理与项目管理的其他职能(范围管理、进度管理、成本管理、质量管理、人力资源管理、风险管理、采购管理、整体管理和沟通管理)相互交叉渗透,构成复杂的沟通网络。其沟通管理包括工程信息沟通、国家政策法规沟通等相关信息的沟通。同时还要重视情感沟通,利用我国传统文化中的沟通手段,讲究沟通礼仪,逐步培养建立双方融洽共事的感情,把政策的严肃性和沟通的感情性有机地结合起来,重视"软硬"两方面的沟通。

(4)以项目经理为核心的全要素沟通管理

以项目经理为核心的全要素沟通管理包括项目全寿命周期、项目管理职能和项目利益相关者。全寿命周期指放在工程建设的全过程,包括前期、施工期和竣工投产阶段。项目管理职能包括范围管理、进度管理、成本管理、质量管理、人力资源管理、风险管理、采购管理、整体管理和沟通管理。

(5)沟通信息的不对称性

沟通需要付出一定的成本,即沟通所花费的时间和精力、沟通中信息的失真和损失。利用乔哈利窗口模型可改善沟通的有效性,增加信息传递的通畅。当工程信息在业主方和施工方之间传递时候,一方只会讨论自己处在"明区"和"隐区"的信息,而另一方只会讨论对方处在"明区"和"盲区"的信息,双方真正相互传递的信息仅仅是"明区"信息,在传递的过程中信息损失量较大。因此,项目沟通中要平等对待参建各方。

(6)沟通管理的重要性

防灾工程建设因征地、拆迁、工程移民、融资、资源纠纷等原因而引发问题,给项目管理工作带来困难。随着经济社会的发展、社会管理透明性和公众参与性的增强,以及法制意识、维权意识的提高,防灾工程建设项目前期的可行性研究和决策阶段需要考虑的因素越来越多,决策的风险也越来越大,因此需建立一套灵活高效的重大项目沟通管理机制,实行专家咨询、社会征求意见等制度,不断增强防灾重大项目决策的科学性和民主性。沟通管理成为工程项目管理的重要职能,能否有效地进行沟通管理成为工程项目成败的重要因素。

2. 沟通管理体系的建立

完整的沟通管理体系应包括沟通计划编制、信息发布、绩效报告和管理收尾等内容。沟通计划决定项目关系人的信息沟通，即谁需要什么信息，什么时候需要，怎样获得；信息发布将信息及时发送给需要的项目关系人；绩效报告收集和传播执行信息包括状况报告、进度报告和预测；项目在达到目标或因故终止后，需要进行收尾，管理收尾包括项目结果文档的形成（项目记录和收集）和对项目效果（成功或教训）的分析，以及这些信息的存档。同时，要考虑分析结果在沟通计划中的体现，并能满足不同人员的信息需求，这样建立起来的沟通体系才是全面和有效的。

3. 沟通方式的选择

沟通方式包括书面正式、书面非正式、口头正式和口头非正式。沟通方式的选择取决于需要沟通的对象。书面沟通通过文件的发放、会议记录、往来信函、报告、备忘录，以及电子邮件等作为沟通的传输载体，沟通效果良好，有较强的约束力，应尽量简洁，但沟通速度较慢。口头沟通的方式有私下联系、团队会议、打电话、评审、私人接触等，传递和反馈快速，但在传递过程中容易失真。口头沟通应注意参与者的文化背景，特别是进行问卷调查和听证会时，避免使用攻击性语言，沟通要明确、坦诚、互相尊重。

工程管理中提倡主动沟通，尤其是必须沟通的时候。当沟通是项目经理面对业主或上级、团队成员面对项目经理时，主动沟通不仅能建立紧密的联系，更能表明对项目的重视和参与，会使沟通的一方提高满意度，有利于工程项目。工程管理中，工程管理者必须消除沟通障碍，保持沟通渠道畅通。项目经理应在沟通管理中根据项目的实际情况，明确双方认可的沟通渠道，如与业主通过正式的报告沟通、与项目成员通过电子邮件沟通等。建立沟通反馈机制，任何沟通都要保证知识没有偏差，并定期检查项目沟通情况，不断加以调整。

4. 防灾建设项目的沟通方式

（1）沟通制度化

沟通是一种组织制度，最好有适合的组织结构。沟通的有效性与组织结构密切相关，合理的组织结构有利于信息传递，不良的组织结构不仅会造成工程信息传递失真、遗漏，而且浪费时间，影响信息传递的及时性、沟通的有效性和工作效率。组织结构扁平化意味着部门间的界限模糊，组织网络中团体功能的增强，使团体内各成员更加相互依赖。团体功能的增强有利于内部信息的流动，有利于发挥成员的主观能动性和创造性。

（2）发挥政府与非政府组织作用

防灾工程建设需在法律框架下经过政府严格审批后才能实施。目前，我国防灾建设项目资金基本是政府投资,政府在防灾工程建设中起着重要作用。防灾工程建设组织者必须紧紧依靠政府,通过政府实现与社会各层面的沟通,特别要重视与基层政府的沟通。随着社会经济的发展,社会组织结构呈现多元化。原有的行政组织体系逐步弱化,民间组织、行业组织日益发展,特别是一些非政府组织的作用越来越大。应特别注重与非政府组织的沟通,通过他们的沟通体系,往往能够解决一些行政组织不能解决的问题。

(3)注重利用大众媒体

媒体的影响深入社会的各个角落,普通百姓也在其覆盖之下。媒体不仅是公共关系工作的客体,又是传播工程建设信息、影响其他公众的主体,搞好与大众媒体的关系,有利于媒体给予正面报道,借助大众传播媒体扩大工程建设影响。通过媒体向社会传递各种信息,有关部门可得到所需信息。另外,要在公众场所将相关政策、具体操作程序进行公示,主动接受民众监督。

(4)加强防灾工程伦理建设

防灾工程建设的主体是工程技术人员,他们在防灾工程建设中处于主导地位,占有信息优势。防灾工程伦理是指参与防灾工程建设的管理人员与科技人员应具有伦理精神和道德品质,应遵循道德规范和应承担道德责任。美国工程师协会提出工程师的五大基本准则:一是工程师在达成其专业任务时,应将公众安全、健康、福祉放在至高无上的位置优先考虑。二是只限于在胜任的领域中从事工作。三是以客观诚实的态度发表口头或书面意见。四是在专业工作中扮演雇主、业主的忠实经纪人、信托人。五是避免以欺瞒的手段争取专业职务。在防灾建设项目沟通中,防灾建设方的信息优势往往造成沟通信息障碍,致使沟通信息出现不对称。工程技术人员在工程决策、工程实施、工程后果等阶段存在"义"与"利"的抉择、"经济价值"与"精神价值"的抉择、国家和民族利益与全人们共同利益冲突的矛盾、经济技术要求与人权保障矛盾冲突等。因此,在具体沟通时,防灾工程技术人员应以互相尊重的态度,平等沟通;要具有高尚的伦理道德修养,不能为本方利益故意隐瞒不报,或故意报错数据,确保信息沟通的准确性。应时刻把公众和社会的利益放在第一位,由"把工程做好"转向"做好的工程"。

9.3　区域气象灾害灾中管理

根据现行的法律,区域气象灾害管理中需要紧急启动气象灾害预案,同时也要密切关注气象衍生灾害的管理。本节主要讨论区域气象灾害和灾变链引起的应急管理任务分配问题。

9.3.1　气象灾害的主要灾变链

许多区域气象灾害,特别是等级高、强度大的自然灾变,在它的发生、发展过程中,常常诱发一系列的次生灾变与衍生灾变,形成灾变链。

在众多灾变链中,下面几种是最主要的。

1. 台风灾变链

台风(热带风暴)常常引起或诱发巨浪、风暴潮、暴雨,进而引发滑坡、泥石流等一系列灾变而形成台风灾变链。

2. 寒潮灾变链

大范围、大幅度的冷空气团活动,在不同地区、不同条件下,在同一天气过程中,往往造成多种气象灾变,而形成寒潮灾变链。

3. 暴雨灾变链

暴雨可以引起洪涝,触发滑坡和泥石流;由于湿度增加,还可引起一些生物灾害的流行,而构成暴雨灾变链。

4. 干旱灾变链

干旱不仅可以使农作物失收,而且可以引发某些病虫害,使地下潜水面下降,引起土地沙化、盐碱化、地面沉降、地裂缝,而构成干旱灾变链。

此外,还有暴雪灾变链,主要引起社会经济运行的混乱。不同地域的自然环境是互相关联、互相制约的。因此,某一地域的气象的灾变及环境的变化或多或少总要影响到相邻地域的环境和灾变,这就导致在某一地域出现的自然灾变可能影响到相邻地域,促使后者的环境变化,甚至酝酿着新的灾变发生,因此,可以说某一地域的灾变往往导致另外一个地域自然灾变的发生。

9.3.2　任务分析

在灾中管理中信息通畅,保障决策者比较全面准确的了解信息是首要条件。决策者的决定、应急预案的迅速启动是减灾成功的关键。这一过程中体现了应急预案的重要性,应急预案中主要为任务分配,所以下面讨论任务分配问题。

1. 灾害管理中的任务分析的存在性

任务分析是灾害管理的一项职能。在如何对待及进行任务分配上,目前存在不同的认识。但在应急预案中明确说明任务分配会减少灾害发生时可能造成的混乱局面。

任务分配主要包括两部分内容,一是任务描述,二是任职者资格界定。就前一部分而言,它是以组织间或组织内部的劳动分工为背景的。如果组织间存在着较为稳定的合作关系,那么组织间就存在着任务分配的基础。相反,如果组织内不再有较为稳定的合作分工关系,那么,任务分配的描述部分也就没有了实际意义。政府需要依靠行政命令和督察完成任务分配。任务分配存在的另一个条件是通过对应急管理工作的分析及描述能够改进组织间的分工关系,亦即通过任务分析使组织间的任务分配关系的清晰程度、合理化程度上一个台阶。

现实中,任务分配存在的第一个条件(前提条件)是普遍存在的。组织间依然存在着较为稳定的分工关系。有人认为在气象灾害发生的情况下,政府或组织的工作职责扩大,职责边界交叉,静态的、稳定的任务分配不再适用。更有观点认为,区域气象灾害链使得组织间的职责边界趋于模糊,组织间不再有稳定的分工关系。

这决不排斥组织间稳定(或者相对稳定)的分工关系。组织间的职责边界也可能有一定程度的模糊,但绝不会消失。这里面的道理很简单,现实中大多数气象灾害是相对稳定的,亦即气象灾害成灾机理是相对稳定的,同时各组织的正常职能划分也是相对稳定的。如此,较为稳定的组织间或组织内任务分配依然会带来高效率。分工及权责明确是古典管理理念所确立的管理原则,它们依然为灾害管理所信奉。

2. 任务分析的意义

一般而言,现有的任务分配关系与最优的任务分配关系之间肯定存在着大的差距。前者一般是粗略的,合理化程度不高,通过系统的任务分配则可使之向最优状态逼近。从这里也可以看出,任务分配实质上是组织间或组织内部责任朝精细化、合理化方向的调整。

通过以上分析,可以认为任务分配的职责描述在组织间或组织内有着存在的条件,任务分配因此有着存在的必要性。至于任务分配分析是否“紧身衣”,这是操作中的问题,使任务分配分析带有一定的弹性就可以解决这一问题。任务分配分析之任职资格界定具有必要性已是共识。

3. 任务分析过程

任务分析形成的一般逻辑线路是:由区域气候特点到区域气候灾害风险分析,再到灾害链分析,最后到灾害分析,将气象灾害及其衍生、次生灾害等可能发生的情况进行梳理,确定不同阶段可能发生的情况,需要的人员分工等。至此组织间的分工格局形成,细化到各个人员。人员之间的分工关系明确了,便可依此形成人员职责描述及任职资格要求。从上面的逻辑线路可以看出,任务分析不是孤立的,它决定于区域气候特点、气象灾害链、单独灾害及区域的成灾情况,以上每一个环节的变动都可能导致任务分析结果的变动。根据气象灾害成灾机理和全球气候变化,任务分配应该不断更新,组织间的分工关系需要不断调整,这就使得任务分析应该动态进行。另外,组织内部岗位之间的分工关系也有不断改进的需要,这也使得任务分析应该动态进行。

任务分析应该动态进行并不是完全否定静态的做法。当政府初次进行任务分析时,静态的做法是可取的,也是有积极意义的,它可以使组织间现有的分工关系明晰化,为进一步的工作分析打下基础,也可以为人力资源其他管理职能的履行提供依据。但是,任务分析若停留在静态的阶段就与任务分析应该动态的理念相背离了。动态的任务分析需要大量的工作时间,目前正在试图采用软件来减轻人员的工作量。

4. 任务分析的主体

任务分析的可选主体有政府应急管理专职人员、各种机构负责人、机构中的应急管理人员及外部咨询师。从任务分析应该写是的理念来看,各种机构负责人应成为任务分析的主体,政府应急管理专职人员及外部咨询师只能起参谋作用。因为任务分析不仅仅是对现有任务分配的描述,而是根据气候背景、灾害链分析等对现有职责分工关系所进行的变革及改进。它带有探索性、创新性。各种机构负责人、机构中的应急管理人员是工作的直接完成者、管理者,是他们自身工作领域的专家,任务分析由他们作为主体来完成是理所当然的。政府应急管理专职人员及外部咨询师研究的是任务分析一般问题,是研究任务分析中带有共性问题的专家。一般来说,他们不具备具体工作所需的专门知识与经验,他们能胜任的是依据机构提供的任务信息对现有任务状态进行描述,而不是将目前的工作分工关系朝精细化、合理化方向推进。机构中的应急管理人员成为任务分析的主体之一也是灾害应急管理的基本理念所要求的。但是由于机构中的应急管理人员可能不会从全局出发进行考虑问题,所以政府应急管理专职人员应该将备案的应急预案进行梳理,从灾害链的视角出发,运用系统工程的理念进行梳理,重新进行任务分析,并得到机构负责人及机构中应急管理人员的认同。

5. 任务分析可以采取的方法

任务分析有定性及定量两类方法。定性方法有工作实践法、直接观察法、面谈法、问卷法、典型事例法等。定量方法有任务分析问卷法、任务职责描述问卷法、功能性任务分析方法等。共同研究的方法将是也是较为可行的方法。大致做法有两类,一是由下往上法;二是由上往下法。前者是先由各个机构应急管理者或机构负责人写出本机构承担的应急任务,主要职责,然后进行集体会议,讨论每个机构的描述是否准确,各个机构的职责是否需要调整、如何调整,对相关部门的配合有何要求等问题。这样层层往上,最后再协调下来。后者是根据气候背景及灾害链的变动,层层往下进行。

9.4　灾后管理与信息的有效传递

区域气象灾害灾后管理工作除了通常意义下的灾后管理内容外,更应注重灾后信息保障,信息整理,信息归档,修订应急管理预案,修订气象灾害防灾工程建设规划,为相关部门提供相应的气象信息,以进行进一步的科学研究提供准备。气象部门在这一阶段需要根据用户的不同需求提供不同的信息产品,所以可以使用用户分类的知识进行灾后信息支持。

1. 基于工作内容的视角

对工作内容维度的研究也是源于一种假设——对用户了解得越多,对他们就能提供越需要的信息。这种工作内容细分强调对用户工作方式、研究兴趣、备案内容的系统性了解。

2. 基于行为的视角

许多管理者相信行为变量是构建细分市场的最佳起点。信息提供部门通过对客户行为的测量,就能够确定哪些是急需改进的因素,而不是把各细分市场平均化,这样就可以体现出气象信息服务的优先顺序法则。

RFM 分析是广泛应用于数据库营销的一种客户细分方式。R 指上次使用信息至今之期间;F 指在某一期间内使用的次数;M 指在某一期间内使用的数量。RFM 分析的所有成分都是行为方面的,应用这些容易获得的因素,能够预测用户的信息需求行为。以最近的行为预测用户的信息需求比用其他任何一种因素进行预测更加准确和有效。

3. 基于价值的视角

基于价值的用户细分首先是以价值为基础进行用户细分的,以社会效益为标准为客户打分,气象部门根据每类客户的社会效益和经济效益制定相应的资源配置和保持策略,将较多的注意力分配给较具价值的客户,有效改善气象部门的社会资源分配状况。

在以价值为基础的细分方法上,工作人员可以根据当前社会经济价值和未来社会经济价值为标准为用户打分数,然后根据分数的高低来划分不同的细分市场,针对不同价值的细分市场制定不同的用户保持策略。这种方法体现了以用户价值为基础的细分思想,有利于制定差别化的用户保持策略。

本章小结

本章首先介绍了区域气候的特点,气象灾害的分布特征,然后就区域气象灾害前、灾害中、灾害后的主要任务和管理问题进行了介绍。

复习思考题

1. 我国有哪些气候带？
2. 描述主要气象灾害的发生区域及形成原因。
3. 描述制作灾害风险区划图的过程。
4. 简述在防灾工程建设中如何进行沟通。
5. 描述主要气象灾害链。
6. 简述应急预案制作过程中制作工作职责时需要注意的问题。
7. 气象部门在灾后管理的信息支持过程中需要注意的问题。

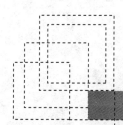

气象工程管理热点问题篇

　　人类社会的近代史是一部辉煌的工业文明史。在这部文明史中，同时也包含了地球自然资源利用盲目化、滥用化、最终导致恶化的过程，其中，全球气候变化带来的问题尤为突出。从 20 世纪末到 21 世纪初，人类社会愈来愈意识到全球气候变化带给全人类的压力，并且提出了一系列的应对方法和措施。时至今日，全球气候变化已上升到事关一个国家能否又快又好发展的国家战略问题层面。

　　气候变暖的大趋势已经形成，给人类社会带来的问题是立体的、多层面的、复杂的。不管是政治家、科学家还是普通民众都应该对气候变化有科学的认识，并且科学地对待。本篇是教材的第四篇，也是最后一篇，特别介绍了全球气候变暖大背景下，人类社会所面临的新的问题和挑战。这些问题突出表现在以下领域：气象、气候、环境保护、防灾减灾、节能减排技术开发、清洁能源技术开发、低碳经济模式推广、气候变化国际合作及博弈等等。

第 10 章　气候变化专题

气候变化是指气候要素在连续几十年或者更长时间的长期统计结果的任何系统性变化。由于人类活动和自然变化的共同影响,全球气候正经历一场以变暖为主要特征的显著变化,已引起国际社会和科学界的高度关注。气候变化的影响不仅表现为某些极端恶性天气事件的增多增强,持续的变暖也对全球自然系统和经济社会构成严重威胁。人类活动对气候变化影响的研究早就已经走出了科学界,已经成为人们广泛关注的社会问题、政治问题、经济问题。

10.1　气候变化概述

气候变化是指气候平均状态统计学意义上的巨大改变或者持续较长一段时间(典型的为 10 年或更长)的气候变动。《联合国气候变化框架公约》(UNFCCC,下面简称《公约》)第一款中,将"气候变化"定义为:"经过相当一段时间的观察,在自然气候变化之外由人类活动直接或间接地改变全球大气组成所导致的气候改变。"UNFCCC 因此将因人类活动而改变大气组成的"气候变化"与归因于自然原因的"气候变率"区分开来。

因此,本章提出气候变化的定义有狭义和广义之分:狭义的气候变化指的是单纯由人类活动直接或间接地改变全球大气所导致的气候改变,从而进一步引起全球自然系统和经济社会多方面的变化。广义的气候变化指的是由人类活动和自然变化的双重影响而引起的全球气候改变,从而进一步引起全球自然系统和经济社会多方面的变化。

由于人类活动和自然变化的两者共同影响,全球气候正经历一场以变暖为主要特征的显著变化,已引起国际社会和科学界的高度关注。气候变化是全球变化研究的核心问题和重要内容。大量科学研究事实表明,近百年来,我们的地球正经历一次以全球变暖为主要特征的显著变化。近 50 年的气候变暖主要是人类使用矿物燃料排放的大量二氧化碳等温室气体的温室效应造成的。现有的预测表明,未来 50～100 年全球的气候将继续向变暖的方向发展。这一增温对全球自然生态环境和各国社会经济已经产生并将继续产生重大而深刻的影响,使人类的生存和发展面临巨大的挑战。

气候变化的影响是多尺度、全方位、多层面的,正面和负面影响并存,但它的负面影响更受关注,因此气候变化问题得到各国政府与公众的极大关注。气候变化的影响不仅表现为某些极端恶性天气事件的增多增强,持续的变暖也对我国自然系统和经济社会带来严重影响。过去 100 年我国平均气温上升了 0.5~0.8℃。近 20 年我国春季物候期提前了 2~4 天;近 50 年西北冰川面积减少了 21%,西藏地区冻土厚度最大减薄 4~5 米;河川径流量减少;沿海海平面上升加速。研究表明,未来气候变化对我国的影响仍以负面为主。我国将成为受气候变化不利影响最为严重的国家之一,气候变化对我国经济社会发展构成现实性的威胁。我国亟需调整经济结构和产业布局,以适应气候变化的压力。

20 世纪 50 年代,北半球的温度开始缓慢下降。所以,虽然有一些人注意到 20 世纪 40 年代的升温,但并未引起人们的广泛关注。北半球气温下降大约持续到 70 年代中期,此后全球气温迅速回升,而且,从 1958 年到 20 世纪 70 年代后期已经积累了大约 20 年的二氧化碳浓度观测记录,这个记录表明二氧化碳浓度持续增加。在这种背景下,1972 年 2 月国际社会在瑞士日内瓦召开了世界气候大会(FWCC),在这次会议上,制定了世界气候计划(WCP)及其 4 个子计划:世界气候研究计划(WCRP)、世界气候影响计划(WCP)、世界气候应用计划(WCAP)及世界气候资料计划(WCDP),从此正式揭开了全球气候变化研究的序幕。科学家们在 FWCC 上明确指出,一旦大气中二氧化碳浓度加倍,全球平均气温可能上升 1.5~4.5℃。这无论对科学界,还是对各国政府以及亿万公众都是一个严重的警告,气候变暖的研究很快就引发了如何防止和减缓温室气体排放迅速增加的问题。

鉴于此,世界气象组织(WMO)与联合国环境署(UNEP)于 1988 年联合成立了联合国政府间气候变化专门委员会,即 IPCC。当时提出的目标有 3 个:根据所有的现有科学基础,对气候变化做出评估;对气候变化的环境与社会影响做出评估;决定影响对策。为此设立了三个工作组:科学评估组、影响评估组及对策组。三个组各自编写评估报告。

IPCC 分别于 1991 年、1995 年、2001 年以及 2007 年发布了四次气候变化评估报告,有力地促进了全球气候变化谈判进展。IPCC 第一次评估报告的发布促进了联合国大会作出制定《联合国气候变化框架公约》的决定,公约于 1994 年 3 月生效,是在国际环境与发展领域中影响最大、涉及面最广、意义最为深远的国际法律文书;IPCC 第二次评估报告的公布为《京都议定书》(下面简称《议定书》)的形成起了重要推动作用;IPCC 第三次评估报告的公布,在公约谈判中增加了"研究与系统观测"、"气候变化的影响、脆弱性和适应工作所涉及的科学、技术、社会、经济方面内容"以及"减缓措施所涉的科学、技术、社会、经济方面内容"三个新的常设议题,这样大大增加和完善了应对气候变化研究的研究层面和研究内容。2007 年,IPCC 公布了第四次评估报告,国际社会对于气候变化以及 IPCC 的关注也与日俱增,当年诺贝尔和平奖授予了 IPCC 以及积极从事气候变化的美国前副总统阿尔·戈尔。

　　全球气候变化问题将给世界各国带来更多挑战、压力和机遇。国际上要求我国减排温室气体的压力越来越大。目前我国二氧化碳排放量已位居世界第二,仅次于美国,甲烷、氧化亚氮等温室气体的排放量也居世界前列。相关预测表明,到 2025—2030 年间,我国的二氧化碳排放总量很可能超过美国,居世界第一位。目前,气候变化与生态环境问题已引起党和政府高度关注。但总体来看,迄今为止我国还未把适应于减缓气候变化影响的问题真正全面地提上议事日程,应对气候变化方面的系统研究仍十分薄弱。

10.2　气候变化的影响

10.2.1　自然层面的气候变化影响

　　近年来,全球变暖导致极端天气事件的发生频率有了大幅提升。短时间的气候变化,尤其是极端的异常气候现象,如干旱、洪涝、冻害、冰雹、沙尘暴等等,往往会造成严重的自然灾害,足以给人们社会带来毁灭性的打击。如美国 2005 年"卡特里娜"超强飓风灾害,孟加拉国 2007 年"锡德"超强热带风暴灾害,欧洲 2003 年和 2006 年极端热浪灾害以及 2007 年强风暴灾害,澳大利亚、非洲、南美洲连年极端干旱灾害,中美洲、中欧连年极端暴雨洪涝灾害,北美洲、欧洲连年暴风雪灾害,其强度不断突破历史极值,其损失远超事先估计,其影响是区域性的甚至是全球性的。我国极端天气气候事件也呈频发态势,如 1998 年和 1999 年长江流域、2003 年和 2007 年淮河流域连续发生特大暴雨洪涝灾害,2005—2007 年多次发生超强台风灾害,2007 年重庆、武汉、济南、上海、西安、郑州等地均发生超五十年一遇的局地暴雨灾害,2003 年华东地区、2005 年华南地区、2006 年川渝地区、2007 年东北和江南地区接连出现有气象记录以来最强的极端高温干旱或连年干旱,2008 年 1 月 10 日—2 月 2 日我国南方的低温雨雪冰冻灾害更是强度大、持续时间长、影响范围广、灾害损失重,五十年一遇,部分地区为百年一遇。

　　大气中 CO_2 和其他温室气体的聚集将通过增强温室效应而改变气候,导致地球平均地面温度的上升。科学家预测,如果人们不立即采取行动减少温室气体排放,那么短则到 2050 年,长则到 21 世纪末,地球表面的温度将会上升 4℃。由于大多数温室气体在大气中会存留相当长的时间,即便人们活动产生的排放立即停止,过去排放积聚而产生的影响仍将持续几个世纪。研究表明,我国气候变化的速度将进一步加快。

10.2.2 社会层面的气候变化影响

近年来,全球气候变暖使得生态环境和人类社会变得更加脆弱。最近几年的厄尔尼诺现象持久、频繁、强烈,各种气象灾害明显增多。以我国为例,近年来,平均每年因为干旱、暴雨、洪涝和热带风暴等气象灾害带来的经济损失占 GDP 的 3%～6%。在未来的 50～80 年间,全国的平均温度将升高 2～3℃,对农牧业生产、水资源、海岸带社会经济和环境、森林和生态系统以及卫生、旅游、电力供应等其他领域都将产生重大影响。这些影响以负面为主,某些影响具有不可逆性。所以,党中央最关心的气象问题是气象灾害防御和应对气候变化。

气候变化将对中国的农业生产产生重大影响。如不采取任何措施,到 21 世纪后半期,中国主要农作物,如小麦、水稻和玉米的产量最多可下降 37%,将会严重影响中国超长期的粮食安全。由于气候变暖使农业需水量加大,供水的地区差异也会加大,农业成本和投资需求将大幅度增加。气候变化导致的干旱化趋势,使半干旱地区潜在荒漠化趋势增大,草原界限可能扩大,高山草地面积减少,特别是牧草,其分布可能要向高纬度地区转移,草原承载力和载畜量的分布格局会发生较大变化。

气候变暖可使我国北方江河径流量减少,南方径流量增加,各流域年均蒸发量增大,其中黄河及内陆河地区的蒸发量将增大 15%左右。因此旱涝等灾害的出现频率会增加,并加剧水资源的不稳定性与供需矛盾。预计 2010—2030 年,中国西部地区每年缺水量约为 200 亿立方米。由于风暴潮等极端气候事件是中国沿海致灾的主要原因,其中黄河、长江、珠江三角洲是最脆弱的地区,由此气候的变化使中国沿岸海平面到 2030 年可能上升幅度为 0.01～0.16 m,导致许多海岸带洪水泛滥的机会增大,遭受风暴潮影响的程度加重,由此引起海岸滩涂湿地、红树林和珊瑚礁等生态群遭到破坏,造成海岸侵蚀、海水入侵沿海地下淡水层、沿海土地盐渍化等。

冰川随着气候变化而改变其规模,估计到 2050 年,中国西部冰川面积将减少27.2%。未来 50 年,中国西部地区冰川融水总量将处于增加状态,高峰预计出现在2030—2050 年,年增长 20%～30%。此外,未来 50 年,青藏高原多年冻土空间分布格局将发生较大变化,大多数岛状冻土发生退化,季节融化深度增加。高山、高原湖泊中,少数依赖冰川融水补给的小湖可能先因冰川融水增加而扩大,后因冰川缩小、融水减少而缩小。

全球气候变暖后,会导致高纬度国家的疾病增多。资料表明,气温升高 2～4℃,无论其他环境是否变化,人口死亡率都会增高。臭氧层的破坏必将导致大量紫外线可长驱直入到达地面,导致人们皮肤癌、白内障发病率增高,并抑制人体免疫系统功能,还会促使某些疾病蔓延,加剧有关的皮肤疾病(如麻风病、天花和疱疹等)的产生。

气候变化可使雪山融化和海平面上升,从而导致山区、海岸和海岛风景地的变迁,从而对自然和人文旅游资源以及旅游者的安全和行为产生重大影响。此外,气候变暖将加剧未来中国空调制冷的电力消费的持续增长趋势,给保障电力供应带来更大压力。

10.3　应对气候变化

10.3.1　国家层面

　　加强国家层面对气候变化工作的领导,制定中国气候变化科学规划。气候变化问题涉及很多领域和很多部门的工作,需要有关部门密切合作、加强协调。2008 年 6 月,中共中央政治局就全球气候变化和加强应对气候变化能力建设进行了集体学习。2007 年,我国成立了由温家宝总理任组长的应对气候变化领导小组。领导小组的主要任务是:研究制订国家应对气候变化的重大战略、方针和对策,统一部署应对气候变化工作,研究审议国际合作和谈判对案,协调解决应对气候变化工作中的重大问题;组织贯彻落实国务院有关节能减排工作的方针政策,统一部署节能减排工作,研究审议重大政策建议,协调解决工作中的重大问题。领导小组在组织履行公约中的重要活动、协调各个部门间合作方面发挥了积极作用,但在协调、组织国内的气候变化减缓和适应工作方面还需要继续加强。

　　近年来,党和政府高度重视应对气候变化工作。坚定不移地走可持续发展道路,结合国民经济和社会发展规划,制定了应对气候变化国家方案,采取了一系列政策和措施,取得了积极成效。主要体现在以下几个方面:加强法制建设、健全应对机制、制定国家方案、加强科学研究和技术研发、开展宣传教育、提高适应能力、控制温室气体排放。

10.3.2　科学技术层面

　　加强气候变化领域的科学研究和技术开发。选准应对气候变化的关键科学领域,集中力量,重点突破具有中国特色和优势又具有全球影响的科学问题。目前我们应重点关注以下一些气候变化的关键科学技术领域:

　　(1)气候突变。距今 18000 年以来中国和全球的气候突变及其成因;中国降水分布型年代际变化的原因及未来 20 年的可能变化预测(预估);季风—干旱亚洲区域集成研究;未来全球变暖背景下发生气候突变的可能性研究;气候突变和极端气候事件的可预测性研究。

　　(2)海洋。包括以西太平洋暖池、印度洋和青藏高原为特征的海—陆—气耦合系统;深海大洋和边缘海的地质、物理、化学和生物综合研究。

（3）大气化学。不同大气成分，特别是气溶胶组分的区域气候效应，包括物理、化学和生物过程等相互作用。

（4）冰冻圈。包括气候变暖背景下的冰冻圈响应及反馈；我国西部冰冻圈的变化对水资源的影响。

（5）气候变化的影响、适应与减缓。包括气候变化对不同区域和行业的影响评估研究；气候变化的脆弱性研究；极端气候事件的影响；可持续发展框架下适应与减缓气候变化的理论体系；气候变化对经济社会影响的综合研究。

（6）增强对气候系统变化的监测能力。要进一步增强国家气候系统的监测能力，包括通过改进和集成完善现有的与气候系统观测有关的观测系统，增强对气候系统各个圈层以及它们之间相互作用的系统规范观测。我国的气候系统观测要逐步形成由大气观测、海洋观测和陆地观测组成的、卫星遥感和地面观测相结合的气候系统立体监测网络；要充分利用现有的大气、海洋、陆地系统等观测资料和信息资源，实现资料和信息共享，形成统一、规范的我国气候系统观测与信息管理体系。

（7）发展自己的气候系统模式。一方面，气候系统由大气、海洋、陆面、冰雪和生物圈等五大圈层组成，气候变化不仅是大气本身状态的一种表现，而且是与大气有紧密相互作用的海洋、陆面、冰雪圈以及生物圈所组成的复杂系统的总体状况的表现。气候系统各圈层之间存在着非常复杂的非线性相互作用。只有发展气候系统模式，才可能深入了解气候系统物理、化学和生态系统之间的相互作用，并能最终预测气候系统的变化。另一方面，气候变化研究成为维护国家利益和经济安全的重要事业，作为一个发展中的大国，中国在全球气候变化问题上具有重要的利害关系。国家的决策必须建立在国内独立的监测和研究结论基础上，不能依赖外国的分析成果。气候系统模式是开展气候变化预估和影响研究的基本工具，必须独立发展。

（8）大力开发和促进节能减排技术发展。中国不断加大对气候变化科技工作的资金投入，在各类国家科技计划中组织实施了一系列应对气候变化重点领域的科学技术研究与示范推广工作。2008年，中央财政安排节能减排专项资金270亿元，重点支持节能技术改造、淘汰落后产能、建筑节能、节能产品推广及节能能力建设等，其中安排节能技术改造项目1200多个，项目建设后预计能形成2500万吨标准煤的节能能力。技术开发领域包括推动节能与新能源汽车、煤层气开采、天然气水合物开采、大型燃煤发电机组节能、分布式发电功能系统、兆瓦级风力发电机组、燃料电池、核燃料循环与核安全技术、清洁炼焦工艺与装备开发半导体照明、废旧机电产品及塑胶资源综合利用技术等。发布了《鼓励进口技术和产品目录（2009年版）》，鼓励进口新能源汽车专用关键零部件设计制造技术、核电设备设计制造技术、太阳能热发电设备的设计制造技术、可再生能源、氢能等新能源领域关键设备的设计制造技术、煤层气（瓦斯）勘探及开发利用关键设备的设计制造技术、高炉煤气和燃气联合循环发关键设备等气候友好技术与设备。同时，多渠道推动碳捕集与封存(CCS)等应对气候变化关键技术支撑体系建设。

10.3.3　经济层面

　　循环经济术语在我国的使用几乎与国际同步。"十一五"规划明确指出：要大力发展循环经济，加快建设资源节约型、环境友好型社会，促进经济发展与人口、资源、环境相协调。2005 年 7 月国务院发布《关于加快发展循环经济的若干意见》；10 月，经国务院批准，国家发改委等六部门启动第一批循环经济试点，围绕实现经济增长方式的根本性转变，以减少资源消耗、降低废物排放和提高资源生产率为目标，以技术创新和制度创新为动力，加快技术进步，加强监督管理，完善政策措施，为建立比较完善的循环经济法律法规体系、政策支持体系、技术创新体系和有效的激励约束机制，制定循环经济发展中长期战略目标和分阶段推进计划奠定基础。在钢铁、有色、化工、建材等重点行业探索循环经济发展模式，树立一批循环经济的典型企业；完善再生资源回收利用体系，建立资源循环利用机制；在开发区和产业园区，按循环经济模式规划、建设、改造产业园区，形成一批循环经济产业示范园区；探索形成若干发展循环经济的示范城市。2008 年启动循环经济第二批试点。《循环经济促进法》在 2009 年 1 月 1 日正式施行，标志循环经济发展步入法制化轨道。循环经济的核心是资源的循环利用和高效利用，理念是物尽其用、变废为宝、化害为利，目的是提高资源的利用效率和效益，统计指标是资源生产率。简单地说，循环经济是从资源利用效率的角度评价经济发展的资源成本。

　　低碳经济是一个比较新的概念，在国外 2003 年才提出，使用的概念较多，也没有形成共同的认识；更主要的是，发达国家进入了产业结构和能源结构的优化阶段，碳生产率水平明显高于发展中国家，他们的发展可以摆脱对高碳能源生产和消费的依赖；他们是在解决了局部环境问题(如噪声)、区域性环境污染(如河流污染和城市污染)后，才将重点转到全球环境保护这个议题上。国内提出低碳经济的时间更短，虽然媒体和专家的讨论很多，但基本是仁者见仁智者见智。对于大多数人来说还不知其所云。虽然基本国情和发展阶段决定了我国不得不使用高碳能源，但部分地区资源耗竭的现实也说明我国不能再走粗放式的发展道路了。低碳经济的核心是节能提高能源效率、提高可再生能源的比重，减少温室气体排放；口号为地球是我们的唯一家园，保护全球环境是人们的共同责任；统计指标是碳生产率(排放 1 吨二氧化碳产出的 GDP)。因此，低碳经济是从保护全球环境的角度评价经济发展的环境代价。

10.3.4　法制、机制层面

　　加强法制建设。认真贯彻实施环境保护法、节约能源法、可再生能源法、清洁生产促进法、循环经济促进法、煤炭法、电力法、农业法、森林法、草原法、野生动物保护法、土地管理法等法律；制定并实施建筑节能管理条例、自然保护区条例和节约用电管理办法、节约石油管理办法等专项或配套法规，有效推动了应对气候变化相关工作。1992 年，全国人大常委会批准《公约》；2002 年，国务院核准《议定书》。我国认真履行《公约》和《议定书》规定的义务，按时提交《中华人民共和国气候变化初始信息通报》，制定并实施《中国应对气候变化国家方案》，积极开展清洁发展机制项目合作。

　　健全应对机制。1990 年，国务院环境保护委员会下设国家气候变化协调小组，负责统筹协调我国参与应对气候变化国际谈判和国内对策措施。1998 年，成立了国家气候变化对策协调小组，作为部门间的议事协调机构。2007 年，成立了国家应对气候变化领导小组，由温家宝总理担任组长，负责制定国家应对气候变化的重大战略、方针和对策，协调解决有关重大问题。发展改革委承担领导小组具体工作，并内设专门职能机构，负责统筹协调和归口管理国家应对气候变化工作。组织了一支跨部门、跨领域的稳定的技术支撑和工作队伍。国务院有关部门根据职责各司其职，各省、自治区、直辖市政府也设立了相应的领导和工作机构形成了由国家应对气候变化领导小组统一领导、发展改革委归口管理、各有关部门分工负责、各地方各行业广泛参与的国家应对气候变化工作机制。设立了国家气候变化专家委员会，作为国家应对气候变化的专家咨询机构。

10.3.5　省级政府层面

　　在 2006 年制定省级应对气候变化方案试点工作的基础上，国家发改委气候办积极争取和有效利用联合国开发计划署（UNDP）、挪威政府以及欧盟提供的资金支持，进一步在全国更多省市开展应对气候变化省级方案的制定工作。2008 年 6 月 30日，我国正式启动省级应对气候变化项目。

　　该项目主要由联合国开发计划署（UNDP）、国家发展和改革委员会、中国国际经济技术交流中心共同执行，由国家环境保护部、财政部、中国气象局、挪威政府和欧盟委员会等部门机构给予部分技术与资金支持。其中，UNDP、挪威政府和欧盟为主要出资方，分别提供 40 万美元、200 万美元以及 130 万欧元（约相当于 200 万美元）的资金支持。项目所选的试点省份选在很具有代表性，气候条件较差，生态环境较为脆弱，易遭受气候变化的不利影响，特别是遭受严重地震灾害的四川省，更需要得到国内外的大力支持，在灾后重建的过程中，充分考虑生态环境保护和气候变化因素。率先在这些试点省份进行制定应对气候变化方案的试点，目的就是为了能够重点突破，实现以点带面，全面推动我国省级应对气候变化方案的编制工作，进一步贯彻落实应对气候变化国家方案。试点省份所取得的经验将在全国加以推广，国家发改委也将继续努力为此争取国际资金的支持，最终实现覆盖全国所有省区市应对气候变化方案的目标。制定省级应对气候变化方案项目是一项系统和复杂的工作。

因此,各省、自治区、直辖市发改委要在中央政府和专家的指导支持下,切实做好牵头组织工作,各相关部门要充分发挥作用,加强沟通、合理规划,结合本地区的能源发展规划、节能中长期规划和环境保护规划拟定方案,确保与其他有利于减缓和适应气候变化的政策措施相协调。同时,在省级方案的实施过程中,也要注意借鉴 UN-DP、挪威和欧盟等国际组织和国家的已有经验,确保项目目标的顺利实现。

10.3.6　国际层面

气候变化是当今世界共同面临的重大挑战,需要世界各国联合应对。而各国的国情不同、发展阶段不同、科技水平不同、所处环境不同,应该本着共同但有区别的责任原则,为应对全球气候变化作出积极努力。

1992 年,在巴西里约热内卢举行的联合国环境与发展大会通过了《联合国气候变化框架公约》(简称《公约》)。这是世界上第一个为全面控制二氧化碳等温室气体的排放,应对全球气候变化给人们经济和社会带来不利影响的国际公约,也是国际社会在解决全球气候变化问题方面进行国际合作的一个基本框架。1997 年,《公约》第三次缔约方大会在日本京都举行,会议通过了著名的《京都议定书》,对 2012 年前主要发达国家减排温室气体的种类、减排时间表和额度等作出了具体规定。《联合国气候变化框架公约》及其《京都议定书》奠定了应对气候变化国际合作的法律基础。公约确立的"共同但有区别"的责任的原则,反映了各国经济发展水平、历史责任、当前人均排放上的差异,是开展国际合作的基础。根据公约规定的这一原则,发达国家应带头减少温室气体排放,并向发展中国家提供资金和技术支持;发展经济、消除贫困是发展中国家压倒一切的首要任务,发展中国家履行公约义务的程度取决于发达国家在这些基本的承诺方面能否得到切实有效的执行。

2007 年 12 月,第 13 次缔约方大会在印度尼西亚巴厘岛举行,会议着重讨论"后京都"问题,即《京都议定书》第一承诺期在 2012 年到期后如何进一步降低温室气体的排放。15 日,联合国气候变化大会通过了"巴厘岛路线图",启动了加强《公约》和《京都议定书》全面实施的谈判进程,致力于在 2009 年年底前完成《京都议定书》第一承诺期 2012 年到期后全球应对气候变化新安排的谈判并签署有关协议。

2009 年 12 月 7—18 日在丹麦首都哥本哈根召开了气候变化会议。来自 192 个国家的谈判代表召开峰会,商讨《京都议定书》一期承诺到期后的后续方案,即 2012 年至 2020 年的全球减排协议。最终,会议达成不具法律约束力的《哥本哈根协议》。

10.3.7　公众意识层面

加强公众宣传教育,提高全民应对气候变化意识。近年来,在全球变暖增温大环境下,自然灾害频发。因此必须加强应对气候变化意识和节能减排的宣传力度,普及气候变化方面的知识,规范人们活动,努力使人们养成节能环保的生活工作习惯。广泛植树造林,加强绿化;停止滥伐森林。用太阳光合作用大量吸收和固定大气中的温室气体。这些对减轻自然灾害,改善自然环境,抑制全球变化带来的危害是十分必要的。

本章小结

　　本章首先给出了气候变化的狭义和广义上的定义、简单介绍了联合国政府间气候变化专门委员会(IPCC)发布四次评估报告的情况;其次分别从自然层面和社会层面介绍了气候变化的主要影响;最后分别从国家方案层面、科学技术层面、经济层面、法制、机制层面、省级政府层面、国际层面、公众意识层面展开论述了我国应对气候变化的政策和行动。

复习思考题

　　1.气候变化的狭义和广义概念分别是什么?

　　2.论述气候变化的自然影响。

　　3.简述科学技术层面应对气候变化的几种措施。

　　4.我国省级应对气候变化项目是在获得哪三方的支持下进行的?

第 11 章 碳减排专题

本书第 10 章已经提到,气候变化,尤其是最近 50 年的气候变化主要是人类活动造成的。而人类活动中最主要的因素是二氧化碳的累计排放,二氧化碳的增温效应占温室气体总效应的六成左右。从全球来看,现在大气中不断增加的二氧化碳浓度,可以追溯到西方工业革命时期。在中国,大量排放二氧化碳的历史,虽然只有最近一二十年,但是排放的增加速度和总量都不容忽视。2007 年我国二氧化碳排放总量已经位居全球第二,仅次于美国。因此,中国的产业选择只能是化压力为动力,寻求低碳发展道路。

11.1 低碳经济概念

"低碳经济"概念首先于 2003 年 2 月 24 日由英国在《我们未来的能源——创建低碳经济》的白皮书中提出。白皮书指出,低碳经济是通过更少的自然资源消耗和更少的环境污染,获得更多的经济产出;低碳经济是创造更高的生活标准和更好的生活质量的途径和机会,也为发展、应用和输出先进技术创造了机会,同时也能创造新的商机和更多的就业机会。越来越多的国家认识到改变传统经济发展模式的重要性,认识到应该更广泛地贯彻低碳经济理念,实现产业的低碳发展,以应对全球气候变化。

气候变化给人类提供的深刻教训是,历史形成的碳密集型增长方式以及发达国家挥霍性的消费方式是不可持续的,促进人类繁荣和保障气候安全并不矛盾,在不牺牲经济增长的情况下,将温室气体排放减少到可持续发展的水平"为时未晚"。应对气候变化问题应采取双轨解决办法,一方面要加强应对气候变化的碳减排国际合作,尽力缓解气候变暖,另一方面要积极推进碳减排技术进步,力争在 21 世纪内将气温上升幅度控制在 2℃以内(联合国开发计划署,《2007—2008 年人类发展报告》)。

11.2 碳减排中的重点技术和投资热点

在联合国《2007—2008 年人类发展报告》中提出了"碳预算"概念,设定了全世界在 21 世纪将二氧化碳排放总量控制在 1.456 万亿吨以下的目标,并希望到 2050 年全球温室气体总排放量能够在 1990 年的基础上削减 50%。其途径一是碳定价征收碳税和实行限额交易制度都能发挥作用。碳税可通过降低个税抵消增加的部分,不会加重纳税负担;二是执行更严格的监管标准,呼吁各国政府对车辆废气排放、建筑物和电器设备实行更严格的标准;三是促进低碳能源供应的发展,碳捕获和碳封存(CCS,碳捕获和封存技术:是把能源利用、工业生产等过程中产生的二氧化碳捕集并封存到合适的地点中,使这些过程几乎不再有二氧化碳排放到大气中。CCS 是稳定大气温室气体浓度的减缓行动组合中的一种选择方案。)等突破性技术还有待开发;四是开展资金和技术转让方面的国际合作,建立“减缓气候变化融资机制”(CCMF),每年拨款 250 亿到 500 亿美元,增加对发展中国家低碳能源的投资,实现减缓气候变化的共同目标。

　　根据世界银行的研究,中国具有每年减排 1 亿～2 亿吨二氧化碳的潜力,可为全球提供一半以上的 CDM 项目(清洁发展机制,简称 CDM(Clean Development Mechanism),是《京都议定书》中引入的三项灵活履约机制之一)。为保证“十一五”规划目标顺利实现,改变当前的排放状况,应将普及现代化能源和低碳经济转型结合起来,让技术进步在减缓气候变化中扮演重要角色。在未来的减排中有些技术如可再生能源生产技术、先进核电发电系统、燃料电池、整体煤气化联合循环(IGCC)、先进洁净煤技术、碳捕获和碳封存技术、非常规天然气和原油生产技术、超低能耗和零排放先进交通等关键技术将产生重要作用。目前这些技术已经得到人们的重视,随着我国经济实力和技术竞争力的增强,其中一些技术会获得更多的投资而加快研发速度,如整体煤气化联合循环和洁净煤技术在我国有很大市场潜力,清洁煤技术、安装除碳、储碳装置,可再生能源等也将得到快速推动和发展。

　　碳减排中的重点技术领域会在我国很多领域带来全新的投资机会。“十一五”规划建议中提出,要开发和利用煤层气,目前我国煤矿开采过程中的煤层气绝大多数直接排放到大气中,如果加以开发利用,不仅可以带来经济价值,还使甲烷温室气体的排放得到有效控制。目前安徽淮北海孜、芦岭煤矿瓦斯利用项目已经注册成功,年减排量约 29 万吨 CO_2。在新能源和可再生能源领域,水电、风电、生物质发电、太阳能、地热等都是 CDM 项目的重点。在节能和提高能效领域常见的 CDM 项目类型有水泥生产余热发电项目,工业生产中的废气、废热、废压发电项目等。到 2020 年,中国 17% 的主要能源将来自可再生能源,这将是现今水平的两倍,其发展前景非常可观。

11.3　碳减排国际合作

　　在全球温室气体减排进程中,很多国际机构和公司也纷纷来中国进行碳减排的项目合作。2008 年初国家开发投资公司(国投集团)与英国瑞碳公司和瑞士信贷国际集团在京签署了《清洁发展机制(CDM)碳减排购买合作协议》。在协议框架下,英国瑞碳公司与瑞士信贷国际集团联合购买国投集团拥有的甘肃水电、天津超超临界和河北风电三个项目所产生的二氧化碳减排量,基于《京都议定书》(CDM)的核算标准,这三个项目的总减排量将达到 800 万吨。

英国瑞碳公司是专业的碳减排量国际买家,正在开发、投资、推广实施新能源和清洁能源相关的领域和技术,涵盖了风能、生物制能、煤层气和天然气的合理利用和垃圾管理等领域。电力行业特别是风电和小水电也是 CDM 项目的一个重点领域;通过节能和提高能效手段减少温室气体排放,也是 CDM 鼓励的一种减排模式。瑞碳将国内外资源和适用的环保护技术引入中国,并通过购买 CER(核证的二氧化碳减排量)方式将国际气候资本注入中国,帮助中国企业进行绿色升级换代。

在减缓气候变暖的国际合作中,一些适应气候变化的重点领域和技术具有很大的合作潜力。如:极端天气早期预警预报技术、气候变化影响观测、评价和分析技术、水资源开发利用和节约技术、生态系统管理及生物多样性保护技术等,通过这些技术的合作不仅可以提高发展中国家适应气候变化能力,降低气候变化带来的损失,而且在不影响经济增长的基础上加快发达国家向发展中国家转让气候有益技术的速度,拓宽合作领域。在世界自然基金会(WWF)《展望 2050 气候变化解决方案》中,提出了应对全球气候变化六种途径包括:打破能源服务和一次能源生产之间的关联;停止森林的砍伐;加快发展低排放技术;开发可塑性的燃料、能源储存和新型基础设施;使用低碳天然气替代高碳煤的使用;碳捕获及封存技术。这六种方式的组合使用,能够在满足全球在 2050 年能源需求翻一番的同时,不对全球气候造成威胁。

据专家测算,我国在 2012 年以前拥有的通过 CDM 项目减排的潜力约占全球的一半,CDM 项目减排额的转让收益可达数十亿美元。由于 CDM 项目的实施将对我国的可持续发展有积极的促进作用,国家发改委等三部门于 2005 年 10 月 12 日颁布的《清洁发展机制项目运行管理办法》,为推动我国 CDM 工作的顺利开展奠定了基础。2009 年 8 月底,国务院批准了四部委的联合请示,同意成立中国清洁发展机制基金及其管理中心,支持我国的应对气候变化工作。我国"十一五"节能减排目标实施以来,根据自身的国情和能力,通过采取各种政策措施,做到了以较低的能源消费增长速度和较低的温室气体排放增长速度,支持了经济的快速增长,为减缓温室气体排放量的增长,保护全球气候做出积极贡献。

11.4　我国节能减排工作的若干对策措施

为了发展循环经济,确保节能减排工作的顺利进行,必须有计划、有目的、有步骤地全面加强有关工作的力度和强度,发动群众,全民参与。应本着对人类、对未来高度负责的态度,尊重历史、立足当前、着眼长远、务实合作,统筹经济发展和环境保护。当前,我国应从以下六个方面强化对策实施,确保将节能减排目标落实到位。

第一,强化政府责任评价考核,强化行业协会的协调作用。要使国家"十一五"规划纲要中规定的节能减排目标真正得以实现,就应将节能减排作为考核地方政府领导班子政绩、中央企业负责人业绩的重点内容,实行节能减排问责制。进一步把节能减排工作作为综合考核评价的重要内容,将节能减排明确列为干部考核的硬指标。节能降耗责任和相应成效应纳入各级政府和各个部门的目标责任制以及领导干部年度考核体系当中,切实实行"行政问责制"和"一票否决制"。我国在开展节能减排工作中,国家和各省、自治区、直辖市的各个行业协会在宣传发动、自主创新、自律规范等各方面都应积极开展行动。这种"第三方"优势的充分发挥和正确体现,将在为企业做好技术服务,为企业解决技术难题等方面发挥积极作用。与此同时,行业协会还可在企业和政府之间架起一座畅通无阻的沟通桥梁,在积极向政府提供政策建议的同时,努力推动节能减排工作取得实效。

第二,坚决遏制高耗能、高排放,加大节能减排实施力度。为了经济社会可持续发展的目标,国家应把遏制经济增长由偏快转为过热作为当前宏观调控的首要任务。要严格高耗能、高排放行业固定资产投资项目的管理,严把土地、信贷两个闸门,提高节能环保市场准入门槛。建立新开工项目管理的部门联动机制和项目审批问责制。修订《产业结构调整指导目录》,对重点地区和重点行业实行更加严格的市场准入标准。近年来的实施结果表明,我国节能减排的产业政策已经开始落到实处,这些必将对相关产业和重点企业的长期发展产生重大影响。与此同时,由财政部、国家发改委联合制定的《财政节能技术改造奖励资金暂行管理办法》已于近期正式出台。该办法规定,对企业节能技术改造项目可按改造后实际形成的节能量给予一定奖励。

第三,用税收杠杆淘汰落后产能,抓好产业重点领域的节能工作。应充分运用和支持节能减排的财税政策;国家和地方政府要进一步加大对节能减排的投入力度,建立节能减排专项基金,对关停、淘汰、调整、改造等项目,按节能减排的效果实行定额补贴;鼓励和引导金融机构加大对节能减排技术改造项目的信贷,在税收政策上给予重点支持。我国应尽快公布千家企业能源审计和利用状况报告;总结推广第一批循环经济试点经验,尽快公布和启动第二批试点,支持一批重点项目建设;如期发布粗钢、水泥、烧碱、火电等22项高耗能产品的能耗限额强制性国家标准,以及轻型商用车等5项交通工具燃料消耗量限值标准;扩大强制性能效标识实施范围;国家机关和政府部门应立即更换全部非节能灯具。

第四,强化重点领域污染防治工作,加快节能减排的技术开发步伐。我国应重点推进燃煤电厂烟气脱硫和城市污水处理设施的建设和运行、重点流域水污染防治、饮用水安全保障和农村面源污染控制。所有燃煤脱硫机组都要安装烟气自动在线监测系统,对脱硫设施运行情况实施实时监控。对无故停运脱硫设施和脱硫设施投运率不足 80% 的扣减脱硫电价并处以高额罚款。多年来,我国通过 863 计划、973 计划、科技支撑计划、国家自然科学基金等国家科技计划和基金,将节能减排相关科研工作作为支持重点,先后支持了一大批节能减排关键技术和共性技术的研发工作;广泛开展了"节能减排科技专项行动",加快了"水体污染控制与治理"等重大专门项目的启动步伐,加大了实施力度;在钢铁、有色、电力、建材等重点行业广泛推广一批潜力大、应用面广的重大节能减排技术;在发电领域应用洁净煤技术,推进设备更新和技术改造。

第五,实施相关经济配套政策,加强对节能减排工作的监督检查。2007 年,国务院专门印发了节能减排综合性工作方案,提出了 10 个方面的 45 条措施,政策力度明显加大。抓紧出台实施《关于完善污水处理收费制度的意见》《垃圾焚烧发电价格和运行管理暂行办法》等一系列法律法规和行政管理条例;建立健全促进节能减排的税收政策体系;抓紧出台资源税改革方案,改进计征方式,提高税负水平;实行鼓励先进节能环保技术设备进口的税收优惠政策;要组织开展节能减排专项检查,检查各地区落实国务院节能减排会议和综合性工作方案的情况,在现有法律法规范畴内,按高额处罚原则,对违法排污企业实行经济处罚;继续实施和强化"区域限批"制度。对于重大环境违法案件,将公开曝光,分批挂牌督办,严肃追究责任,强化执法,促进节能减排。

第六,开展节能减排全民运动,推行环境污染责任险制度。全国上下应在政府的全力倡导和推动下,积极实施全民参与的"节能减排全民行动"。具体包括九项专项行动:企业行动、学校行动、青少年行动、家庭社区行动、军营行动、政府机构行动、科技行动、科普行动、媒体行动等。由中央十七个部委联合部署的具体行动计划和时间安排已于 2007 年 9 月 1 日正式出台。我国还应采取法律、经济、技术和相应的行政手段来解决当前的节能减排和环境污染问题,按照市场经济规律的要求出台新的环境经济政策,积极运用价格、税收、财政、信贷、收费、保险等经济手段以及影响主体行为的政策手段。国务院相关部门应联合推出新的环境财税政策、生态补偿政策、环境污染责任险等对策措施,逐步在经济快速发展的过程中,完善我国的环境经济政策体系。

本章小结

本章首先给出了低碳经济的概念,提出低碳经济在应对气候变化的经济层面上的重要作用;其次提到了实现碳减排过程中的重点技术和投资热点;然后介绍了碳减排的国际合作问题；最后，论述了我国实施碳减排战略的若干对策和措施。

复习思考题

1. 简述低碳经济的概念。
2. 简述实现碳减排的热点技术和热点投资领域。
3. 减缓气候变暖的国际合作中，有哪些适应气候变化的重点领域和技术？
4. 简述我国节能减排的六大措施。

第 12 章　清洁能源专题

结构调整已经成为近年我国能源工作的主线。国家能源局明确提出,要抓住能源供需形势相对缓和的时机,加大结构调整力度,大力发展清洁能源。清洁能源在全球范围都将成为投资热点。达沃斯世界经济论坛不久前发表的一份报告就敦促政策制定者,将清洁能源政策和投资作为经济复苏刺激计划的一部分。报告列出了八种应该扶持的"大规模清洁能源行业",包括海上风力发电、陆上风力发电、太阳能光伏发电、太阳能光热发电、市政太阳能、垃圾发电、生物燃料和地热。

12.1　清洁能源概念及分类

传统意义上,清洁能源指的是对环境友好的能源,意思为环保、排放少、污染程度小。清洁能源在我国发展至今,主要有如下九种:

1. 洁净煤技术

由于我国煤炭在能源中的重要地位,今后一段时期内,煤炭仍将是我国主要的一次能源,最直接也是最重要的就是煤炭的清洁燃烧。目前比较成熟的洁净煤技术主要包括:型煤、洗选煤、动力配煤、水煤浆、煤炭气化、煤炭液化、洁净燃烧和发电技术等。

2. 风能

我国风能资源是相对比较丰富的,按照目前流行的说法是陆上 2.54 亿 kW(按 10 m 高度),近海 7.5 亿 kW。这些数据只是一个大概,很不准确。对现代大型风力发电来说,更重要的是 50 m,甚至 100 m 高度的风力资源。目前,国家正在着手详细的风力资源调查。我国风能资源较为丰富,风能在我国的利用也较为成熟。据中国风电发展报告指出,如果充分开发,中国有能力在 2020 年实现 4000 万 kW 的风电装机容量,风电将超过核电成为中国第三大主力发电电源。

3. 太阳能

太阳能是清洁可再生的能源。目前已在我国得到较大范围的使用,主要体现为太阳能热水器的普及使用。在山东等地,太阳能产业正得到快速发展,许多技术如太阳能电池等也日臻成熟。

4. 核电

核能是清洁的能源。我国已建的核电站分别有秦山核电站、大亚湾核电站、岭澳核电站等,运行情况良好。目前是我国主要的发电来源之一,地位仅次于煤炭和水电。我国政府近期规划在 2006—2010 年期间,将积极发展核电,重点建设百万千瓦级核电站。远期规划是到 2020 年,每年核发电能力从目前的 8700 MW,增加到 40000 MW,意味着 2006—2020 年的 14 年里,中国将增建 30 座核电厂。

5. 生物质能

是指由生命物质排泄和代谢出的有机物质所蕴含的能量,我国生物质能储量丰富,70％的储量在广大的农村,应用也是主要在农村地区。

6. 水能

水能在我国早已得到大规模的使用,主要用途是发电。我国水力资源总量居世界首位,但在地域分布上极不平衡,相对集中在西南地区。全国水力资源技术可开采量最丰富的三个省(区)分别为四川、西藏和云南,其技术可开发量装机容量分别占全国的 22％、20％和 19％。水力资源主要富集于金沙江、雅砻江、大渡河、澜沧江、乌江、长江上游、南盘江红水河、黄河上游、湘西、闽浙赣、东北、黄河北干流及怒江等水电基地,这些地区总装机容量约占全国技术可开发量的 51％,占经济可开发量的 60％。

7. 地热能

我国地热资源丰富,已发现温泉有 3000 多处。地热应用前景广阔,主要指的是有效利用地下蒸汽和地热水,用途可以发电、供暖等。受资源所限,地热发电站主要集中在西藏地区。在其他地区地热也正得到越来越广泛的应用。

8. 潮汐能

潮汐能是一种海洋能,由于太阳、月球对地球的引力以及地球的自转导致海水潮涨和潮落形成的水的势能。我国海岸线绵长,潮汐能丰富,主要集中在浙江、福建、广东和辽宁等省。我国潮汐能发展已有 40 多年的历史,建成并长期运行的潮汐电站 8 座,最大的是温岭市江厦潮汐试验电站。

9. 氢能

氢能是一种新型的清洁能源,世界范围内正在掀起很热的研究高潮。我国十分重视氢能技术的开发和利用,《国家中长期科学和技术发展规划纲要(2006—2020 年)》提出要重点发展氢能的制造、运输、储存等技术。我国在氢能研究领域已经取得很多重要成果,燃料电池、燃料汽车技术都已成熟。

12.2　中国清洁能源供给现状

12.2.1　供给能力现状

众所周知,中国清洁能源储量十分丰富。清洁能源已开发的产业规模逐步扩大,如风电产业、太阳能光伏产业和太阳能热水器产业。截止到 2005 年底,全国在用太阳能热水器使用量和年产量均居世界第一。国内光伏电池及组装厂已有 10 余家,制造能力达 10 万千瓦以上。到 2006 年水电已开发 1.3 亿千瓦,全国已建成并网风电场 43 个,居世界第十位。截止到 2005 年底。全国已建成农村户用沼气池 1700 多万口,年产沼气约 65 亿立方米。

但是,对我国可再生能源开发利用情况的统计结果显示:目前风能、太阳能、地热、潮汐能、生物质能资源的开发利用率仅为 1%,水能资源也只在 28%~47%。可再生能源开发利用量占全国一次性能源消费量的比例 2003 年才达到 3%。从资源总量看,我国仅可再生能源可供发电的可开发资源量达到 20 亿千瓦,是 2004 年全国发电装机总容量的 4.5 倍。其中风能资源占以上资源总量的 50%,但其开发利用率仅为 0.08%。可见,我国清洁能源发展受到了一定程度的阻碍。

另外,清洁能源设备制造能力薄弱,导致设备国产化和商业化进程缓慢,能源产品成本居高不下。我国大部分清洁能源产品的生产厂家由于资金不足,投资缺乏连续性,生产规模小,缺乏专业化和集约化,造成国外设备引进后难以国产化,导致经济效益低,形成恶性循环。

12.2.2　生产成本现状

前文已经提到清洁能源生产成本由技术成熟度、装备制造、市场规模决定,同时成本又反作用于市场规模、经济效益,进而影响投资规模。

当前清洁能源的生产成本远高于常规能源。以发电为例,如果忽略化石能源的环境成本,清洁能源发电远高于常规化石能源。如果设燃煤发电成本为 1,则小水电发电成本约为 1.2,沼气发电成本约为 1.5,风力发电成本约为 1.7,光伏发电成本约为 11~18。从而大大削弱了市场竞争力。这是由于中国大部分清洁能源技术不成熟,市场规模小,缺乏统一的技术标准、设计规范、质量保证机制和信息服务,阻碍了市场扩大。另外,虽然清洁能源技术市场需求大,但由于国内企业技术水平不足,设备价格高,产品定价高昂,大部分市场收益被外商占据,进一步恶化中国在国际竞争中的不利局面。

因此,单纯依靠市场竞争规则,清洁能源生产在技术成熟度、产品品质、发电规模、稳定性及经济性等方面,都无法与常规化石能源相竞争。

12.2.3　投资现状

　　清洁能源产业是具有风险高、收益低等特点的战略性新兴产业,其固定资产投资比重较大,前期资金压力明显。其产生的效益要延续到整个周期内,融资成本一般较高。项目需要产生稳定的现金流来偿还借贷资金,融资成为清洁能源发展的一大难点。

　　从投资主体来看,当前投资我国清洁能源的主体是中央政府以及相关大型国有企业。但是这些有限的资金即使全部用于技术的研发、示范项目的建设上也是杯水车薪。例如,对于我国新能源和可再生能源的投资需求,原国家计委曾预计2001—2010年,10年间平均每年54亿~64亿元。而科技部"十五"期间,包括科技攻关、"863"计划和"973"计划都为清洁能源发展提供的经费总额只有3亿元。中央政府每年只有1.2亿元人民币的贴息贷款。

　　另外,由于产业政策、能源管理机制等限制,地方政府、中小企业以及社会闲置资金没有得到积极的激励和利用。我国地方政府至今没有将清洁能源发展的投入列入财政预算,缺乏稳定性和法律保障。中小企业以及社会闲置资金投资者的决策行为是理性的,追求利润最大化。由于国家清洁能源的发展目标不明确,一些激励政策缺乏稳定性和连贯性,使他们缺乏热情和信心。外商资金则由于国家对能源产业的监管限制和融资手段缺乏而不能充分利用。因此,中国清洁能源发展的管理机制急需进行制度创新。

12.3　风能

12.3.1　风能概述

　　风能是由地球表面大量空气流动所产生的动能,其特点包括(1)蕴量巨大。据估算,到达地球的太阳能中虽仅有约2%转化为风能,但其总量十分可观,全球可利用的风能比地球上可开发利用的水能总量大10倍,全世界每年燃烧煤炭得到的能量还不到风力在同一时间内提供给地球能量的1%。(2)来源丰富,取之不尽,用之不竭。风是周而复始地自然循环造成的,在地球上分布广泛。(3)没有污染,清洁无害。风能本身属清洁能源,目前成熟的风能利用和转化技术也环保无污染。(4)风能密度低。由于风能来源于空气的流动,空气密度小,导致风能量密度较低。(5)不稳定。气流变化频繁,风的脉动、日变化、季节变化等都十分明显,波动很大,具有季节性、随机性等特点。(6)地区差异大。因地形变化,风力的地区差异非常明显,邻近区域,有利地形下的风力,可能是不利地形下的几倍甚至几十倍。

12.3.2　我国开发利用风能现状

从长远看,我国常规能源正在不断减少,2030 年以后我国水资源将完全开发完,煤炭开采和运输将更加困难,为保持我国经济和社会可持续发展,必须采取措施解决能源供应。而目前,我的电源结构很不合理:中国电源结构中 75% 是燃煤火电,可再生资源和新能源只占 20% 多,这与国外正好相反。

据专家预测,我国风能储量大,分布面广,在我国新疆、广东、海南、福建浙江、山东、内蒙古、河北、辽宁等都是风力资源比较丰富的地区。据《中国风电发展报告2008》显示,我国内地及近海风能资源技术可开发量约为 10 亿多千瓦。

虽然我国风能的利用已有 2000 多年的悠久历史,但是主要是用于风力提水和船舶动力上,发展很慢。20 世纪 50 年代中期开始研制了小型现代风力提水机和发电装置。60 年代,一些风力机开始投入小批量生产。70 年代末,我国风能利用研究进入了一个新的发展阶段,主要是小型风力发电机和风力提水机。从 80 年代开始在国家政策的扶持下,我国风电产业发展势头迅猛。数据显示,2008 年新增风电装机容量 630万千瓦,总装机容量累计达到 1221 万千瓦,成为继美国、德国、西班牙之后世界第四的风电大国。风电设备制造厂商也由 2007 年的 30 多家发展到 2008 年的 70 多家增长了一倍还多。

12.3.3　我国发展风能的战略措施

1. 持续性地发展风能

如何持续地发展风能产业? 风能产业是我国一个新兴的有前景的高新技术产业。2020 年风电总装机容量要达到 3000 万千瓦的目标,为风能产业的发展提供了很大的空间,但是风能产业又是一个有风险的产业,为了健康、持续地发展风能产业,建议考虑下面两个问题:

风电机组整机制造业和部件制造业要协调发展。目前,我国许多国有制造企业和一些民营企业纷纷进入风电产业,根据不完全统计,已超过 20 余家,其中主要是采用"总装模式"制造风电机组整机,而采用"配套模式"制造风电机组零电机组整机部件的很少。

健全风能服务体系。目前,我国风能产业链还没有完全形成,特别是风能服务体系很不健全。投资商投资的重点主要在风电机组制造和风电场建设方面,而对设计与咨询,运输与安装,运行与维护,监测与认证等技术服务行业还没有完全形成气候,因此,影响风能产业的规模化发展;要加强产品质量管理,提高品可靠性。

2. 培育风能市场

需要确定一个合理的风电上网电价。风电成本一直是风能发展中的一个制约因素，风电成本主要取决于风电机组的成本。降低素成本、提高效率、增加寿命一直是风电机组发展，考虑了所追求的目标。如果在常规能源电价中，那么风能因污染环境而发生的外部成本之后，是目前最具有与常规能源竞争的可再生能源；需要解决好风电并网的问题。除此之外，在规划电场建设时同时要规划电网建设，电网公司除了要优先收购风电外，还应承担电网建设和传递电力等收购风电外的义务。最后，国家相关部门应在一定范围内给予风电产业一定的补贴，以推动风电技术的不断改进，使风电最大程度的开发利用。事实上，目前国际上新能源大国如德国、美国、西班牙都是在国家补贴的情况下做大做强的。

3. 推动风能技术创新

由于国外的核心技术也是引进不来的，必须靠自主创新来掌握核心技术。技术创新人才是关键，我国缺乏专业的技术人才。风能技术是一项高新技术，它涉及气象学、空气动力学、结构动力学、计算机技术控制技术、材料科学、机电工程、电气工程、环境科学等学科和专业。目前，已有一些高等院校设置风能专业或风能专业方向，开设风能课程培养本科生和研究生。

建立以核心技术企业为主体，市场为导向，产学研结合的技术创新体系。创新型企业必须有自主知识产权主知识品牌和持续创新能力，除了主要依靠企业在市场竞争中努力外，国家要给予重点企业在市场竞争中自身努力外的扶持和引导。在建立创新体系中，要特别注意加强产、学、研的联合，通过整合资源、联合创新、合理安排市场份额和知识产权的情况下，使企业、科研机构和高等院校优势互补，共同发展。

本章小结

本章首先给出了清洁能源概念和分类；其次分别从供给能力现状、生产能力现状、投资现状三个层面介绍了我国的清洁能源总体情况；最后重点介绍了风能：提出了风能的概念、我国开发利用风能的现状和我国发展风能的若干战略政策和措施。

复习思考题

1. 简述清洁能源的概念和分类。
2. 试论述我国清洁能源的供给能力现状。
3. 简述风能的特点。
4. 试论述我国发展风能的战略措施。

参考文献

安俊琳,杨军. 2008.《大气物理学》课程教学的几点认识[J]. 气象教育与科技,(1).

蔡厚清. 2007. 对工作分析几个有争议问题的思考[J]. 企业活力,(9):92-93.

蔡惠萍,程乾生. 2005. 属性层次模型 AHM 在选股决策中的应用[J]. 数学的实践与认识,(3):55-58.

曹丽娜,何俊仕. 2001. 基于 GIS 的洪灾损失评估方法[J]. 中国农学通报,21(6):407-410.

陈安,上官艳秋,倪慧荟. 2008. 现代应急管理体制设计研究[J]. 中国行政管理,(8):81-85.

陈宝林. 1989. 最优化理论与算法[M]. 北京:清华大学出版社,1-2.

陈继华,徐文莉. 2009. 气象经济中国生长的病理切片报告[J]. 经济问题探索,9:16-22.

陈明荣. 1990. 试论中国气候区划[J]. 地理科学,(4):308-315.

陈玉雄. 蒋孔昭. 1986. 工程管理原理——计划、进度与控制[M]. 长沙:湖南科学技术出版社.

成兆金,赵再全,靳会梅等. 2007. 气候变化对莒县农业气象灾害的影响及对策[J]. 中国农学通报,23(8).

程乾生. 1997. 层次分析法 AHP 和属性层次模型 AHM[J]. 系统工程理论与实践,(11):25-28.

程乾生. 1997. 层次分析法 AHP 和属性层次模型 AHM[J]. 系统工程理论与实践,(11):25-28.

程乾生. 1998. 属性层次模型 AHM——一种新的无结构决策方法[J]. 北京:北京大学学报,10-14.

杜继稳等. 2003. 陕西气象灾害的孕育环境和应对措施[J]. 灾害学,18(1):36-41.

范磊,孙守勋,史尧,李博. 2007. 我国主要气象灾害及监测预警发展现状[J]. 灾害学,22(3):37-40.

冯佩芝等. 1985. 中国主要气象灾害分析 1951—1980[M]. 北京:气象出版社.

冯学智等. 1998. 我国主要牧区雪灾遥感监测与评估研究[A]. 牧区雪灾的分析研究[C]. 北京:气象出版社,95-97.

符文熹等. 1998. 川西泥石流分布特征与防治原则研究[J]. 中国地质灾害与防治学报,9(1):41-45.

高庆华,聂高众,张业成,刘惠敏等. 2007. 中国减灾需求与综合减灾[M],气象出版社.

高庆华. 2003. 中国自然灾害的分布与分区减灾对策[J]. 地学前缘,(S1):258-264.

巩红. 2008. 电力企业客户满意度测评[J]. 统计与决策,(12):181-183.

郭朝阳. 2006. 管理学(中国版)[M]. 北京:北京大学出版社.

郭虎,熊亚军,扈海波. 2008. 北京市奥运期间气象灾害风险承受与控制能力分析[J]. 气象,34(2):77-82.

郭进修,李泽椿. 2005. 我国气象灾害的分类与防灾减灾对策[J]. 灾害学,**20**(12):106-110.

郭强. 2001. 对灾害的反应社会学的考察之二[J]. 社会,(12):19-21.

郭世明等. 2002. 工程概论[M]. 成都:西南交通大学出版社.

国家科委国家计委国家经贸委自然灾害综合研究组. 1998. 中国自然灾害区划研究进展[M]. 北京:海洋出版社.

郝黎仁等. 2003. spss 实用统计分析[M]. 北京:中国水利水电出版社,183,304-305.

何爱平. 2006. 区域灾害经济研究[M]. 北京:中国社会科学出版社.

何其祥. 1999. 投入产出分析[M]. 北京:科学出版社.

何天祥. 2008. 我国国际展会贸易观众满意度影响因素的实证研究[J]. 软科学,**22**(9):45-49.

何晓群,刘文卿. 2006. 应用回归分析[M]. 北京:中国人民大学出版社.

侯杰泰,温忠麟,成子娟. 2004. 结构方程模型及其应用[M]. 北京:科学教育出版社.

胡宝清. 2004. 模糊理论基础[M]. 长沙:武汉大学出版社,179-182.

胡玉衡. 1986. 系统论. 信息论. 控制论原理及其应用[M]. 郑州:河南人民出版.

扈海波,王迎春,李青春. 2008. 采用 AHP 方法的气象服务社会经济效益定量评估分析[J]. 气象,**34**(3):86-92.

黄崇福,张俊香,陈志芬,宗恬. 2004. 自然灾害风险区划图的一个潜在发展方向[J]. 自然灾害学报,**13**(2):9-15.

黄崇福. 2004. 自然灾害风险评价理论与实践[M]. 北京:科学出版社.

黄荣辉等. 2002. 我国重大气候灾害特征、形成机理和预测研究[J]. 自然灾害学报,**11**(1):1-9.

黄荣辉等. 2005. 中国重大气候灾害的种类、特征和成因[A]. 我国气象灾害的预测预警与科学防灾减灾对策[C]. 北京:气象出版社,23-43.

黄宜,董毅明. 2008. 基于结构方程模型的高校图书馆读者满意度评价研究[J]. 情报杂志,(8):155-157.

黄宗捷,蔡久忠. 1994. 气象经济学[M]. 成都:四川人民出版社.

黄宗捷,蔡久忠. 1996. 气象服务效益特征及建模原则[J]. 成都气象学院学报,**11**(2):33-39.

纪昌明,梅亚东. 2000. 洪灾风险分析[M]. 湖北:湖北科学技术出版社.

建设农业气象防灾减灾体系,服务新农村建设. http://demo. ahnw. gov. cn/kxfzg/content. asp?id=1286&lclass_id=8. 2008-11-14.

姜志武. 2007. AHM 方法在教学质量评估中的应用[J]. 科技资讯,(2):243-244.

金磊,明发源. 1996. 责任重于泰山—减灾科学管理指南[M]. 北京:气象出版社,31-61.

金石. 2008. 应对气候变化国际合作背景及趋势. 环境保护. **406**(10).

兰宏波. 2004. 洪泛区洪灾损失评估研究[D]. 武汉:华中科技大学.

黎健. 2006. 美国的灾害应急管理及其对我国相关工作的启示[J]. 自然灾害学报,**15**(4):33-38.

李安贵等. 1994. 模糊数学及其应用[M]. 北京:冶金工业出版社,178.

李法云. 2003. 环境工程学——原理与实践[M]. 辽宁:辽宁大学出版社.

李锋,郑明玺等. 2007. 山东公众气象服务效益评估[J]. 山东气象,**1**(1):22-24.

李红英. 2007. 基于 GIS 的洪灾损失评估研究——以黑河为例[D]. 西安:西安理工大学.

李健宁. 2004. 结构方程模型导论[M]. 合肥:安徽大学出版社.

李美庆,李海江. 浅谈我国应急管理的"一案三制"体系[J]. http://www. safety. com. cn/yuan/ view. asp? filename＝ns100173. txt,中国安全网

李明财,黎贞发,李春. 2009. 中国设施农业气象服务现状与前景分析[J]. 现代农业科技,(16).

李世奎. 1999. 中国农业灾害风险评价与对策[M]. 北京:气象出版社,503.

李晓东等. 1996. 气象灾害的特征及减灾决策方法研究[A]. 台风、暴雨预报警报系统和减灾研究 [C]. 北京:气象出版社,291-294.

李裕宏. 1992. 北京城的雨涝灾害及防灾对策[A]. 首都圈自然灾害与减灾对策. 北京:气象出版 社,85-93.

林而达. 1996. 中国农业对气候变化的敏感性和脆弱性[J]. 菲律宾:亚太地区气候变化脆弱性和 适应评价,(1):14-20.

刘玲,沙奕卓,白月明. 2003. 中国主要农业气象灾害区域分布与减灾对策[J]. 自然灾害学报,**12** (2):91-971.

刘玲等. 2003. 中国主要农业气象灾害区域分布与减灾对策[J]. 自然灾害学报,**12**(2):93-97.

刘萍. 2007. 灾难心理服务研究[D]. 北京:北京林业大学.

刘普寅,吴孟达. 1998. 模糊理论及其应用[M]. 长沙:国防科技大学出版社,1-6.

刘起运,陈璋,苏汝劼. 2006. 投入产出分析[M]. 北京:中国人民大学出版社.

刘新立,黄崇福,史培军. 1998. 对不完备样本下风险分析方法的改进及应用——以湖南省农村种 植业水灾为例[J]. 自然灾害学报,**7**(2):3-5.

刘新立. 2005. 区域水灾风险评估的理论与实践[M]. 北京:北京大学出版社.

刘兴倍. 2004. 管理学原理[M]. 北京:清华大学出版社.

刘英姿,何伟. 2007. 基于不同视角的客户细分方法研究综述[J]. 商场现代化,(1):271.

罗慧,谢璞,俞小鼎. 2007. 奥运气象服务社会经济效益评估个例分析[J]. 气象,**33**(3):89-94.

骆月珍,吴利红. 2008. 关于公共气象服务的几点思考[J]. 浙江气象,**29**(1):27-31.

马逢时,吴诚欧,蔡霞. 2009. 基于MINITAB的现代实用统计[M]. 北京:中国人民大学出版社, 107-110.

民政部社会福利和慈善事业促进司,2009. 中民慈善捐助信息中心. 2008年度中国慈善捐助报告.

宁宣熙. 1989. 线性规划在管理中的应用[M]. 北京:航空工业出版社,30-43.

潘诚. 2008. 试论农村灾害保险救助体系的建设[D]. 上海:复旦大学.

濮梅娟,解令运等. 1997. 江苏省气象服务效益研究(Ⅰ)公众气象服务效益评估[J]. 气象科学, (2):196-202.

气象服务效益分析方法与评估课题组. 1998. 气象服务效益分析方法与评估[M]. 北京:气象出版社.

气象服务效益评估研究课题组. 1998. 气象服务效益分析方法与评估[M]. 北京:气象出版社.

秦大河,孙鸿烈. 2004. 中国气象事业发展战略研究总论[J]. 中国气象事业发展战略研究领导小 组办公室,39-54.

秦浩,陈景武. 2006. 结构方程模型原理及其应用注意事项[J]. 中国卫生统计,**23**(4):367-369.

秦寿康. 1986. 最优化理论和方法[M]. 北京:电子工业出版社.

秦寿康. 2003. 综合评估原理与应用[M]. 北京:电子工业出版社.

邱金桓,吕达仁,陈洪滨,王庚辰,石广玉. 2003. 现代大气物理学研究进展[J]. 大气科学,(4).

权利. 2007. 论我国巨灾风险管理机制的建立[D]. 成都:西南财经大学.

任林军. 2009. 我国风暴潮灾害造成的渔民收入损失评估研究[D]. 青岛:中国海洋大学.

沈其君. 2005. SAS统计分析[M]. 北京:高等教育出版社.

斯蒂芬P. 罗宾斯,玛丽. 库尔特. 2004. 管理学(第七版)[M]. 北京:中国人民大学出版社.

宋连春,李伟. 2008. 综合气象观测系统的发展[J]. 气象,**34**(3):3-9.

宋善允,薛建军等. 2007. 中国气象服务公众效用定量评估[J]. 气象软科学,**12**(12):5-10.

宋晓秋. 2004. 模糊数学原理与方法[M]. 徐州:中国矿业大学出版社,173-177.

孙杭生,徐芃. 2009. 影响我国农业生产的气象灾害分析[J]. 边疆经济与文化,(4).

孙峥,庄丽,冯启民. 2007. 风暴潮灾情等级识别的模糊聚类分析方法研究[J]. 自然灾害学报,**16**(4):49-54.

汤超颖. 2006. 灾后临时居住设施的规划与设计[D]. 上海:东华大学.

唐蓉. 2007. 我国主要农业气象灾害及灾害研究进展[J]. 安徽农业科学,**35**(29):9354,9362.

陶建平. 2003. 长江中游平原农业洪涝灾害风险管理研究[J]. 武汉:华中农业大学.

天气会商重在"商". http://www. zgqxb. com. cn/xqx/ylsp/69682. shtml. 新气象,2009-5-11.

田喜洲. 2008. 基于结构方程模型的我国接待业员工满意度指数研究[J]. 北京理工大学学报,**10**(1):80-82.

万仲平,费浦生. 2004. 优化理论与方法[M]. 湖北:武汉大学出版社.

汪侠,梅虎. 2006. 旅游地游客满意度模型及实证研究[J]. 北京第二外国语学院学报,(7):1-6.

王宝华. 2008. 洪灾损失分析及评估模型研究[J]. 哈尔滨:东北农业大学.

王春乙. 2007. 重大农业气象灾害研究进展[M]. 北京:气象出版社,306.

王飞,尹占娥,温家洪. 2009. 基于多智能的自然灾害动态风险评估模型[J]. 地理与地理信息科学,**25**(2):86-87.

王何,白庆华. 2003. 我国三大都市圈发展研究[J]. 软科学,**17**(5):36-40.

王连成. 2002. 工程系统论[M]. 北京:中国宇航出版社.

王平. 1999. 中国农业自然灾害综合区划研究的理论与实践[J]. 北京师范大学研究生院,30-32.

王琦. 1992. 实用模糊数学[M]. 上海:科学技术文献出版社,95-100.

王润等. 2000. 20世纪重大自然灾害评析[J]. 自然灾害学报,**9**(4):9-15.

王绍玉,冯百侠. 2006. 城市灾害应急与管理[M]. 重庆:重庆出版社,136-137.

王石立. 2003. 近年来我国农业气象灾害预报方法研究概述[J]. 应用气象学报,**14**(5):574-581.

王为林. 2008. 铁路建设项目沟通管理探讨[J]. 中国铁路,(9):31-34.

王伟中. 1999. 中国可持续发展态势分析[M]. 北京:商务印书馆.

王新生,陆大春等. 2007. 安徽省公众气象服务效益评估[J]. 气象科技,**17**(2):853-857.

王玉潜,袁建文,李华. 2002. 投入产出分析的理论与方法[M]. 广州:广东高等教育出版社.

王振耀,田小红. 2006. 中国自然灾害应急救助管理的基本体系[J]. 经济社会体制比较,(5):28-34.

王振耀. 2007. 中国自然灾害应急管理的体制、机制与对策. 灾害应急处理与综合减灾[M]. 北京:北京大学出版社.

魏丽等. 2004. 暴雨型地质灾害的调查与对策研究[J]. 自然灾害学报,13(1):151-153.

魏一鸣. 2002. 洪水灾害风险管理理论[M]. 北京:北京科学出版社.

吴高任. 1992. 北京气象灾害的历史回顾与减灾对策[A]. 首都圈自然灾害与减灾对策[C]. 北京:气象出版社,1-6.

吴照云. 2001. 管理学原理[M]. 北京:经济管理出版社.

向蓉美. 2007. 投入产出法[M]. 成都:西南财经大学出版社.

项瑛,陶玫,周学东等. 2006. 江苏省 2005 年气候影响评价[C]. 2006 年江苏省病虫防治绿皮书,114-133.

肖永全等. 1997. 论城市气象灾害及防治对策[J]. 灾害学,12(1):23-27.

肖元真,马骥,吴泉国. 2008. 大力发展清洁能源全面实施节能减排. 北京大学学报(社会科学版). **9**(2).

谢军安,郝东恒,谢雯. 2008. 我国发展低碳经济的思路与对策[J]. 当代经济管理. **20**(12).

谢忠秋,丁兴烁. 2005. 应用统计学[M]. 上海:立信会计出版社. 227-228,234-240.

辛吉武,许向春. 2007. 我国的主要气象灾害及防御对策[J]. 灾害学,**22**(3):85-89.

熊曙初,罗毅辉. 2008. 大中型零售企业顾客满意度模型实证研究[J]. 华东经济管理学报,**22**(8):129-136.

徐乃璋等. 1996. 减轻气象灾害的总体对策[A]. 台风、暴雨预报警报系统和减灾研究[C]. 北京:气象出版社,286-290.

徐南荣. 1995. 科学决策理论与方法[M]. 南京:东南大学出版社.

徐祥德,王馥棠,萧永生等. 2002. 农业气象防灾调控工程与技术系统[M]. 北京:气象出版社,322.

许国志. 2000. 系统科学[M]. 上海:上海科技教育出版社.

许小峰,任国玉,王守荣,张政. 2003. 气候变化问题与我国的应对战略. 政策研究.

许自达. 1997. 洪涝灾害对策及其效益评估[M]. 南京:河海大学出版社.

杨汝清. 2004. 工程系统设计与运作[M]. 上海:上海交通大学出版社.

杨尚英,张梅梅,杨玉玲. 2007. 近 10 年来我国农业气象灾害分析[J]. 江西农业学报,**19**(7):106-108.

杨士尧. 1986. 系统科学导论[M]. 北京:农业出版社.

杨晓秋. 2008. 图书馆读者满意度调查问卷的 SPSS 设计[J]. 农业图书情报学刊,**20**(8):171-174.

姚庆海. 2007. 巨灾损失补偿机制研究——兼论政府和市场在巨灾风险管理中的作用[M]. 北京:中国财政经济出版社.

易丹辉. 2008. 结构方程模型:方法与应用[M]. 北京:中国人民大学出版社.

尹占娥. 2009. 城市自然灾害风险评估与实证研究[D]. 华东师范大学,24-25.

尹占娥. 2009. 城市自然灾害风险评估与实证研究[D]. 上海:华东师范大学,22-24.

于剑. 2007. 基于结构方程模型的航空公司顾客满意度研究[J]. 中国民航大学学报,**25**(6):

38-45.

于秀林,任雪松. 1999. 多元统计分析[M]. 北京:中国统计出版社,154.

余萍. 2007. 蓄滞洪区洪灾损失评估方法的研究及应用[D]. 天津:天津大学.

袁炜,成金华. 2008. 中国清洁能源发展现状和管理机制研究. 科学发展观研究. **12.**

袁荫棠. 1990. 概率论与数理统计[M]. 北京:中国人民大学出版社,208.

云南林学院主编. 1979. 气象学[M]. 北京:中国农业出版社.

曾扬等. 2004. 湖南省山洪灾害及防治对策[J]. 山地学报,**22**(3):337-339.

曾泽华. 2000. 江西省地质灾害的形成及防治对策[J]. 中国地质灾害与防治学报,**11**(2):18-23.

张成才,许志辉,孟令奎等. 2005. 水利地理信息系统[M]. 湖北:武汉大学出版社.

张大林. 2005. 大气科学的世纪进展与未来展望[J]. 气象学报,(5).

张华林. 1992. 北京地区的旱涝分析[A]. 首都圈自然灾害与减灾对策[C]. 北京:气象出版社,47-50.

张家放. 2002. 医用多元统计方法[M]. 武汉:华中科技大学出版社.

张克中,顾丽华,万奎,顾俊强,张斌,姜瑜君,杨旭超. 2009. 德清县气象灾害风险区划技术方法研究及其应用. 中国气象学会2009年会.

张乐勤. 2002. 未来全球气候变化对人类社会影响之初探[J]. 池州师专学报,**16**(4):31-33.

张黎黎,钱铭怡. 2004. 美国重大灾难及危机的国家心理卫生服务系统[J]. 中国心理卫生杂志,**18**(6):394-397

张明,李美荣,刘映宁,高峰,王军. 2009. 运用德尔菲法评估苹果花期冻害气象服务效益初探[J]. 第26届中国气象学会年会,(10):1581.

张屁宇,王文楷. 1993. 自然灾害区划若干理论问题的探讨[J]. 自然灾害学报,**2**(2):1-7.

张清,黄朝迎. 1998. 我国交通运输气候灾害的初步研究[J]. 灾害学,**13**(3):43-46.

张庆云等. 2005. 我国主要气象灾害的气候背景特征及其成因[A]. 我国气象灾害的预测预警与科学防灾减灾对策[C]. 北京:气象出版社,44-52.

张钛仁,宋善允,田翠英,赵瑞,李勇. 2007. 中国行业气象服务效益评估方法与分析研究[J]. 气象软科学,**33**(4).

张文焕等. 1990. 控制论. 信息论. 系统论与现代管理[M]. 北京:北京出版社.

张养才,何维勋,李世奎. 1991. 中国农业气象灾害概论[M]. 北京:气象出版社.

张养才. 1989. 中国农业气象灾害的成因及其类型的研究[J]. 灾害学,**4**(2):9-15.

章澄昌. 1997. 产业工程气象学[M]. 北京:气象出版社.

赵领娣. 2003. 中国灾害综合管理机制构建研究——以风暴潮灾害为例[D]. 青岛:中国海洋大学.

赵少奎,扬永太. 2000. 工程系统工程导论[M]. 北京:国防工业出版社.

赵思雄等. 2005. 我国气象灾害的成因、科学减灾及对策[A]. 我国气象灾害的预测预警与科学防灾减灾对策[C]. 北京:气象出版社,128-138.

赵作权,高岩松. 1996. 灾害区划研究的现状、存在问题与发展趋势[J]. 灾害学,**11**(3):1-4.

中国气象局. 2007. 我国气象服务效益评估与研究实施方案及工作进展情况报告.

中国气象局. 预防为主,提升气象防灾减灾能力——《重大气象灾害预警应急预案》解读. http://

www. cma. gov. cn/zwgk/yingjgl/200810/t20081013_18778. html. 2008-10-13.

中国气象局官方网站 http：//cdc. cma. gov. cn/atlas/index. htm.

中国气象局拟推重大气象灾害应急体系. http：//business. sohu. com/20080324/n255880552. shtml

中国气象局应急办公室缪旭明. 加强气象应急管理工作提高防灾抗灾减灾效能. http：//www. cma. gov. cn/zwgk/yingjgl/200811/t20081103_20098. html. 中国气象局.

中国气象年鉴. 2007. 北京：气象出版社[M].

中国统计年鉴. 2007. 北京：中国统计出版社[M].

中国统计年鉴. 2008. 北京：中国统计出版社[M].

周福. 1996. 德尔菲法在行业气象服务效益评估中的应用及结果分析[J]. 浙江气象科技，**7**(3)：52-54.

周三多,蒋俊,陈传明. 2001. 管理原理[M]. 南京：南京大学出版社.

周淑贞. 1997. 气象学与气候学(第三版)[M]. 高等教育出版社.

周志刚. 2005. 风险可保性理论与巨灾风险的国家管理[D]. 上海：复旦大学.

朱道元,吴诚欧,秦伟良. 1999. 多元统计分析与软件 SAS[M]. 南京：东南大学出版社,322,334.

朱隆亮,谭任绩. 2003. 物流运输组织管理[M]. 北京：机械工业出版社. 133-134.

竺乾威,邱柏生,顾丽梅. 2004. 组织行为学[M]. 上海：复旦大学出版社.

庄桂玉,崔瑞峰等. 2009. 气象灾害对我国畜牧业的影响及对策[J]. 中国牧业通讯,(5).

Dilley M,Chen R S,Deichmann U,*et al*. 2005. Natural Disaster Hotspots. A Global Risk Analysis Synthesis Report. Washington D C：Hazard Management Unit World Bank：1-29.

http：//wiki. mbalib. com/wiki/%E5%BE%B7%E5%B0%94%E8%8F%B2%E6%B3%95 2009.

http：//www. ccchina. gov. cn/cn/index. asp 中国气候变化信息网.

http：//www. cma. gov. cn/qxxw/xw/200812/t20081209_22504. html. 中国气象局.

Leslie W. Rue,Lioyd L. Byars. 刘松柏译. 2006. 管理学：技能与应用[M]. 北京：北京大学出版社.

Mackenzie L. Davis,David A. Cornwell. 王建龙译. 2002. Introduction to Environmental Engineering(环境工程导论)[M]. 北京：清华大学出版社.

Pelling M,Maskrey A,Ruiz P,*et al*. 2004. United Nations Development Programme. A global report reducing disaster risk：A challenge for development. NewYork：UNDP,1-146.

Pelling M. 2004. Visions of Risk. A Review of International Indicators of Disaster Risk and its Management[J]. ISDR/UNDP：King's College,University of London：1-56.

Richard L. Daft,Dorothy Marci. 高增安,马永红等译. 2005. 管理学原理[M]. 北京：机械工业出版社.

Wolfgang Kron. 2000. Invited lecture：Risk zonation and loss accumulation analysis for floods [J]. *Stochastic Hydraulics*,603-614.